Vahlens Übungsbücher

Investition in Übungen

von

Univ.-Prof. Dr. Hartmut Bieg

Univ.-Prof. Dr. Heinz Kußmaul

Univ.-Prof. Dr. Gerd Waschbusch

4., erweiterte und vollständig überarbeitete Auflage

Verlag Franz Vahlen München

Die Autoren sind o. Professoren für Betriebswirtschaftslehre an der Universität des Saarlandes.

Univ.-Prof. Hartmut Bieg ist tätig im Bereich Wirtschaftswissenschaft.

Univ.-Prof. Dr. Heinz Kußmaul ist Direktor des Betriebswirtschaftlichen Instituts für Steuerlehre und Entrepreneurship am Lehrstuhl für Allgemeine Betriebswirtschaftslehre, insb. Betriebswirtschaftliche Steuerlehre.

Univ.-Prof. Dr. Gerd Waschbusch ist Inhaber des Lehrstuhls für Allgemeine Betriebswirtschaftslehre, insb. Bankbetriebslehre.

ISBN Print 978 3 8006 6472 6
ISBN E-Book 978 3 8006 6473 3

Satz: PDF-Datei der Autoren
Druck und Bindung: Druckhaus Nomos
In den Lissen 12, 76547 Sinzheim
Umschlaggestaltung: Ralph Zimmermann – Bureau Parapluie

CO_2 neutral
vahlen.de/nachhaltig

Gedruckt auf säurefreiem, alterungsbeständigem Papier
(hergestellt aus chlorfrei gebleichtem Zellstoff)

Vorwort zur vierten Auflage

Für die vierte Auflage wurde das Übungsbuch etwas erweitert und vollständig überarbeitet. Die Konzeption blieb angesichts der überaus positiven Aufnahme durch die Leser unverändert.

Für die von außerordentlichem Eifer und Einsatz und großer Kompetenz getragene Unterstützung bei der inhaltlichen und formalen Überarbeitung einschließlich der Erstellung einer Druckvorlage für den Verlag gilt unser Dank *Herrn Tobias Ditzler, Master of Science*. Im Kontext der überaus kompetenten und umsichtigen Hilfe im gesamten Umfeld der Publikation geht unser besonderes „Dankeschön" an *Frau Heike Mang*. Für die lektoratsmäßige Betreuung sind wir *Herrn Dipl.-Kfm. Thomas Ammon* sehr verbunden.

Saarbrücken, im September 2020

Hartmut Bieg

Heinz Kußmaul

Gerd Waschbusch

Vorwort zur dritten Auflage

Das Übungsbuch wurde für die dritte Auflage komplett überarbeitet und an den aktuellen Stand angepasst. Die von den Lesern positiv aufgenommene Konzeption ist beibehalten worden.

Für die von großem Engagement getragene inhaltliche und formale Unterstützung einschließlich der Erstellung einer druckfertigen Vorlage für den Verlag gilt unser Dank *Herrn Florian Müller, Master of Science.* Für die konstruktiven Beiträge im gesamten Umfeld der Publikation geht unser Dank an *Frau Heike Mang. Frau Dr. Barbara Schlösser* zeigen wir uns für die harmonische Zusammenarbeit mit dem Vahlen Verlag verbunden.

Saarbrücken, im Februar 2015

Hartmut Bieg

Heinz Kußmaul

Gerd Waschbusch

Vorwort zur zweiten Auflage

Für die zweite Auflage wurde das Übungsbuch komplett überarbeitet sowie an den aktuellen Stand nach der Unternehmenssteuerreform 2008 und die Neufassung des IDW S 1 zur Unternehmensbewertung angepasst; außerdem wurde es im Bereich der statischen und dynamischen Verfahren der Investitionsrechnung jeweils um eine Aufgabe in englischer Sprache erweitert. Die von den Lesern positiv aufgenommene Konzeption des Übungsbuches ist in der Neuauflage unverändert geblieben. Inhaltlich orientiert sich das Übungsbuch an dem ebenfalls in einer Neuauflage vorliegenden Lehrbuch „Investition" von *Hartmut Bieg* und *Heinz Kußmaul*. Entsprechend dem veränderten Titel dieses Lehrbuches wurde auch der Titel des begleitenden Übungsbuches in „Investition in Übungen" umbenannt.

Für die tatkräftige inhaltliche Unterstützung bei der Überarbeitung dieses Übungsbuches danken wir *Frau Dipl.-Hdl. Jessica Knoll* und *Herrn Dipl.-Kfm. Dennis Weiler*. Unser ganz besonderer Dank gilt *Frau Dipl.-Hdl. Jessica Knoll*, die die Aufgabe der Koordination und der Erstellung einer druckferti gen Vorlage für den Vahlen Verlag übernommen hat. *Frau Silvia Comtesse*, *Frau Doris Schneider* sowie *Frau Catherine Schroeder* danken wir für die umsichtige Unterstützung im gesamten Umfeld der Publikation. Dem Lektor des Vahlen Verlages, *Herrn Dennis Brunotte*, zeigen wir uns für die harmonische Zusammenarbeit verbunden.

Für Unzulänglichkeiten sind selbstverständlich allein die Autoren verantwortlich. Den Lesern sind wir für Anregungen sowie für jeden Verbesserungshinweis dankbar.

Saarbrücken, im Juli 2009

Hartmut Bieg

Heinz Kußmaul

Gerd Waschbusch

Vorwort zur ersten Auflage

Das hier vorgelegte neue Übungsbuch wendet sich an Leser, die sich in Form von Übungsaufgaben umfassend und praxisnah mit den Fragen des Managements von Investitionen bei Unternehmen auseinandersetzen wollen. Inhaltlich orientiert sich dieses Übungsbuch an Band I und Band III des ebenfalls im Verlag Vahlen erschienenen Lehr- und Handbuches „Investitions- und Finanzierungsmanagement“ von *Hartmut Bieg* und *Heinz Kußmaul*. Es ermöglicht den Lesern, das dort ausführlich behandelte Fachgebiet der Investition insbesondere anhand rechnerisch zu lösender Aufgaben zu vertiefen.

Adressaten dieses Übungsbuches sind Lehrende und Studierende an Universitäten, Fachhochschulen, Berufsakademien, Verwaltungs- und Wirtschaftsakademien und ähnlichen Einrichtungen. Darüber hinaus ist es aber auch für den Rat suchenden Praktiker gedacht. In insgesamt neun Hauptkapiteln werden vor allem die folgenden Themengebiete behandelt:

- die statischen Verfahren der Investitionsrechnung,
- die dynamischen Verfahren der Investitionsrechnung einschließlich der dynamischen Endwertverfahren,
- die Berücksichtigung der Ertragsteuern und der Geldentwertung in der Investitionsrechnung,
- die Verfahren zur Ermittlung der optimalen Nutzungsdauer und des optimalen Ersatzzeitpunktes von Investitionen,
- die Berücksichtigung der Unsicherheit bei Investitionsentscheidungen,
- Investitionsprogrammentscheidungen,
- die Gesamtbewertung von Unternehmen als ein spezieller Anwendungsfall der Investitionsrechnung sowie
- Entscheidungen über Finanzinvestitionen.

Viele haben dazu beigetragen, dass dieses Übungsbuch entstehen konnte. Die inhaltliche Konzeption war Gegenstand von Vorlesungen und Übungen im Fach „Investition“ an der Universität des Saarlandes. Aus dem Kreise unserer Mitarbeiterinnen und Mitarbeiter danken wir *Frau Dipl.-Kffr. Karina Hilmer, Herrn Dr. Gregor Krämer* sowie *Herrn Dipl. Kfm. Christof Steiner* für die kritische Durchsicht des Manuskriptes und die damit verbundenen zahlreichen Hinweise und Verbesserungsvorschläge. *Frau Doris Schneider* sowie *Frau Catherine Schroeder* danken wir für die Sorgfalt und Mühe bei der Erstellung und Gestaltung des Manuskriptes. Sie wurden hierbei tatkräftig unterstützt von *Herrn Dipl.-Kfm. Volker Armbruster* sowie *Herrn cand. rer. oec. Marco Kaster*. Für das Lesen der Korrekturen danken wir *Frau cand. rer. oec. Anke*

Britz, Herrn cand. rer. oec. Sebastian Gräbe, Frau cand. rer. oec. Jessica Knoll sowie *Frau cand. rer. oec. Janine König. Herrn cand. rer. oec. Marco Kaster* danken wir zudem für die Mühe des Nachrechnens der Aufgaben sowie *Frau cand. rer. oec. Anke Britz* für die Erstellung des Stichwortverzeichnisses.

Unser ganz besonderer Dank gilt *Herrn Dipl.-Kfm. Christof Steiner*, der die Aufgabe der Koordination und der technischen und organisatorischen Schriftleitung übernommen hat. Seinem außerordentlichen Einsatz und nie erlahmenden Eifer haben wir zu verdanken, dass wir dem Verlag Vahlen ein druckfertiges Manuskript zur Verfügung stellen konnten.

Den Lektoren des Verlages, *Herrn Dr. Jürgen Schechler* und *Herrn Dipl.-Vw. Dieter Sobotka*, danken wir für die stets angenehme und vertrauensvolle Zusammenarbeit.

Selbstverständlich gehen alle in diesem Übungsbuch enthaltenen Fehler ausschließlich zu Lasten der Autoren. Den Lesern sind wir für Anregungen sowie für jeden Verbesserungshinweis dankbar. Richten Sie diese bitte an:

- h.bieg@mx.uni-saarland.de,
- kussmaul@bli.uni-saarland.de und/oder
- gerd.waschbusch@refi.uni-saarland.de.

Saarbrücken, im September 2006

Hartmut Bieg

Heinz Kußmaul

Gerd Waschbusch

Inhaltsübersicht

Inhaltsverzeichnis

Verzeichnis der Abbildungen

Verzeichnis der Abkürzungen

Abs.	Absatz
ADL	Advance-Decline-Line
AB	Abzinsungsfaktor
AfA	Absetzungen für Abnutzung
AG	Aktiengesellschaft
AK	Anschaffungskosten
AktG	Aktiengesetz
a. M.	am Main
APM	Arbitrage Pricing Model
APV	Adjusted Present Value
Aufl.	Auflage
AZ	Auszahlungen
BewG	Bewertungsgesetz
BIB	Bruttoinvestitionsbasis
BW	Barwert
BWF	Barwertfaktor
bzw.	beziehungsweise
ca.	circa
CAPM	Capital Asset Pricing Model
CF	Cashflow
CFROI	Cashflow Return On Investment
cm	Zentimeter
CNC	Computerized Numerical Control
const.	konstant
Cov	Kovarianz
CVA	Cash Value Added
DCF	Discounted Cashflow
d. h.	das heißt
DVFA	Deutsche Vereinigung für Finanzanalyse und Anlageberatung e. V.

E .... Erlös
eff. .... effektiv
EK .... Eigenkapital
EKZ .... Eigenkapitalzins(en)
Ent. .... Entscheidungen
EStG .... Einkommensteuergesetz
etc. .... et cetera
EUR .... Euro
e. V. .... eingetragener Verein
EV .... Endvermögen
EVA .... Economic Value Added
EW .... Ertragswert/Erwartungswert
EZ .... Einzahlungen
EZÜ .... Einzahlungsüberschuss/-überschüsse

FCF .... Free-Cashflow
FCFB .... Freier Cashflow „Brutto“ des Unternehmens
FCFN .... Freier Cashflow „Netto“ des Unternehmens
ff. .... fortfolgende
FK .... Fremdkapital
FKZ .... Fremdkapitalzins(en)
FW .... Firmenwert

G .... Gewinn
GE .... Geldeinheit
GewStG .... Gewerbesteuergesetz
GK .... Gesamtkapital
GmbH .... Gesellschaft mit beschränkter Haftung
GR .... Gleichgewichtsrendite
GuV .... Gewinn- und Verlustrechnung

HGB .... Handelsgesetzbuch

i. d. F. .... in der Fassung
i. d. R. .... in der Regel
IDW .... Institut der Wirtschaftsprüfer e. V.
i. e. S. .... im engeren Sinne

IFRS .... International Financial Reporting Standard(s)
i. H. v. .... in Höhe von
inkl. .... inklusive
insb. .... insbesondere
IRR .... Internal Rate of Return
i. S. d. .... im Sinne des
IW .... innerer Wert des Unternehmens

JE.................................. Jahresertrag

K .... Kosten
k.................................... Kapitalisierungsfaktor
kalk. .... kalkulatorisch(e/en)
Kap. .... Kapitel
KGV .... Kurs-Gewinn-Verhältnis
km .... Kilometer
KML .... Kapitalmarktlinie
Kor................................ Korrelationskoeffizient
krit. .... kritisch
kum. .... kumulierte(r)
KWF .... Kapitalwiedergewinnungsfaktor

lfd. .... laufende

max. .... maximal(e/er)
ME .... Mengeneinheit(en)
min. .... minimaler
Mio. .... Million(en)
MVA .... Market Value Added
MVP .... Minimum-Varianz-Portfolio
MWEK .... Marktwert des Eigenkapitals
MWFK .... Marktwert des Fremdkapitals
MWGK .... Marktwert des Gesamtkapitals
m. w. N. .... mit weiteren Nachweisen

NCF .... Netto-Cashflow
ND .... Nutzungsdauer

neg. .... negativ
NIR .... Nettoinvestitionsrendite
nom. .... nominal
NPV .... Net Present Value
Nr. .... Nummer

OHG .... Offene Handelsgesellschaft

p. a. .... per annum (pro Jahr)
p. M. .... pro Monat
pos. .... positiv
prod. .... produzierte

R .... Restriktionen/Rendite
RBF .... Rentenbarwertfaktor
Rn. .... Randnummer
RWN .... Barwert des Restwertes am Ende des Prognosehorizonts als Netto-Unternehmenswert

S .... Standard
S. .... Seite
SÄ .... Sicherheitsäquivalent
SG .... Schmalenbach-Gesellschaft für Betriebswirtschaft e. V.
SolZ .... Solidaritätszuschlag
stpfl. .... steuerpflichtiger
SW .... Substanzwert

TCF .... Total Cashflow
TEUR .... Tausend Euro
TRM-Methode .... *Teichroew, Robichek, Montalbano*-Methode
TRW .... Teilreproduktions(alt)wert

u. a. .... und andere
USA .... United States of America
USD .... US-Dollar

US-GAAP .... United States Generally Accepted Accounting Principles
usw. .... und so weiter
u. U. .... unter Umständen
UW .... Unternehmenswert

v. .... von
Var .... Varianz
Vers. .... Versicherung
vgl. .... vergleiche
VR-Methode .... Vermögensrentabilitäts-Methode

WACC .... Weighted Average Cost of Capital (gewogene Kapitalkosten)
WBK .... Wiederbeschaffungskosten
WML .... Wertpapiermarktlinie
WP .... Wertpapier

z. B. .... zum Beispiel
zeitabh. .... zeitabhängige(r)
z. T. .... zum Teil
ZÜ .... Zahlungsüberschuss

1 Zusammenhänge, Begriffsabgrenzungen und finanzwirtschaftliche Entscheidungskriterien

Aufgabe 1.1: Finanzwirtschaftliche Entscheidungskriterien

Nennen Sie die finanzwirtschaftlichen Entscheidungskriterien eines Betriebs!

Lösung

Die finanzwirtschaftlichen Entscheidungskriterien eines Betriebs sind:

- die Kapitalrentabilität mit ihren Ausprägungen der Eigenkapitalrentabilität, der Gesamtkapitalrentabilität, der Betriebskapitalrentabilität und der Rentabilität eines einzelnen Investitionsobjekts,
- die Liquidität,
- die Sicherheit und
- die Unabhängigkeit.

Aufgabe 1.2: Liquiditätsbegriffe

Geben Sie einen systematischen Überblick über die verschiedenen in der betrieblichen Finanzwirtschaft verwendeten Liquiditätsbegriffe!

Lösung

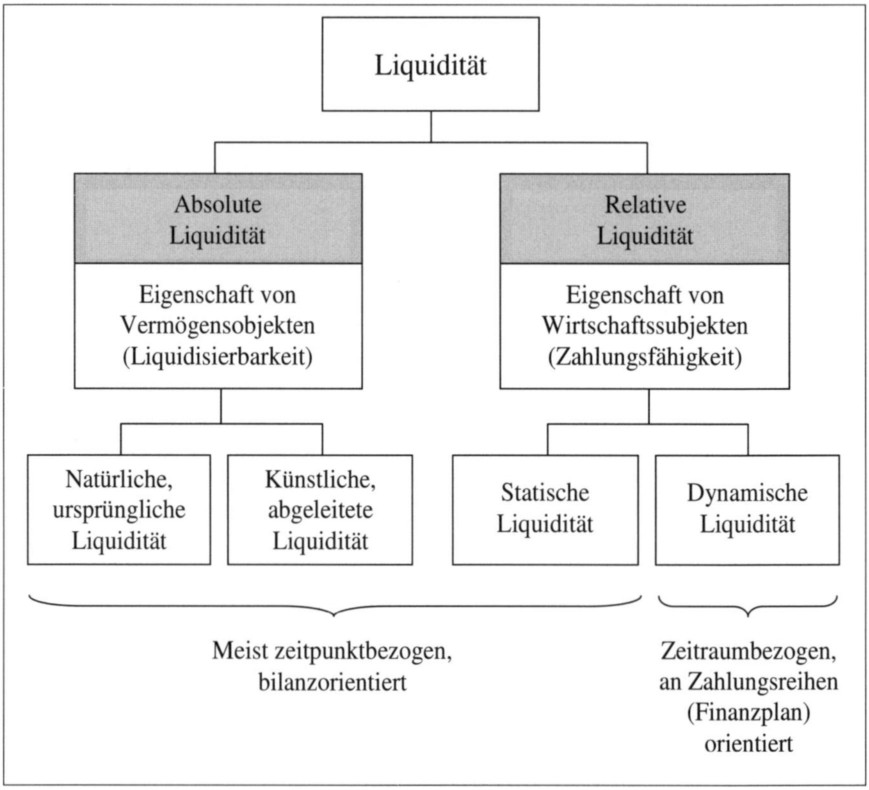

Abbildung 1: Systematisierung von Liquiditätsbegriffen[1]

Aufgabe 1.3: Aufgaben der betrieblichen Finanzwirtschaft

Mit welchen Aufgaben beschäftigt sich die betriebliche Finanzwirtschaft?

Lösung

Die für die betriebliche Finanzwirtschaft Verantwortlichen **erfassen, steuern und kontrollieren die Geldströme (Zahlungsströme)** eines Unternehmens,

---

[1] Modifiziert entnommen aus *Vormbaum, Herbert*: Finanzierung der Betriebe, 9. Aufl., Wiesbaden 1995, S. 113.

welche durch inner- und außerbetriebliche Prozesse verursacht werden.[2] Zum einen ist dabei insbesondere die termingerechte Erfüllung der bestehenden Zahlungsverpflichtungen zu gewährleisten und zum anderen ist stets darauf zu achten, dass dem Unternehmen nicht durch den Bestand zu hoher liquider Mittel Erträge verloren gehen. Daraus resultieren folgende Aufgaben:

- Die für die betriebliche Finanzwirtschaft Verantwortlichen haben langfristig den **Finanzmittelbedarf** zu **erkunden**, den das Unternehmen im leistungswirtschaftlichen Bereich, aber auch im finanzwirtschaftlichen Bereich hat. Sie haben **Finanzmittel** in ausreichendem Umfang und in der gewünschten Fristigkeit zu **beschaffen**, um diese dann **ihrer speziellen Verwendung** – etwa der Anschaffung von Realgütern oder der Beschaffung vorübergehender oder langfristiger Finanzanlagen – **zuzuführen**.
- Der zielgerechte Ablauf der Finanzmittelbeschaffung und -verwendung setzt voraus, dass der **Zahlungsverkehr** kostengünstig und schnell abgewickelt werden kann, d. h., es sind nicht nur die notwendigen Vorkehrungen für den ungestörten Ablauf des Zahlungsverkehrs zu schaffen, sondern es sind auch Neuerungen, die den Ablauf langfristig verbessern können, durchzuführen. Darüber hinaus ist im finanzwirtschaftlichen Bereich das **organisatorische Umfeld** so zu gestalten, dass das Unternehmen seine Ziele erreichen kann.
- Schließlich ist zu **kontrollieren**, ob die eingesetzten Instrumente zielgerecht arbeiten, ob die gewählte Organisationsstruktur sinnvoll ist, ob die Finanzierungsform noch zeitgerecht ist und ob die vorgenommenen Investitionen den Erwartungen entsprechen; falls Änderungen des Umweltzustandes eingetreten sind oder Erkenntnisse anderer Art vorliegen, können unverzüglich Anpassungsmaßnahmen vorgenommen werden.

Aufgabe 1.4: Bestandteile der betrieblichen Finanzwirtschaft

Mit welchen Fragestellungen befasst sich die betriebliche Finanzwirtschaft? Aus welchen Gründen erfolgt eine Zusammenfassung von Investition und Finanzierung unter dem Begriff „Finanzwirtschaft“?

---

[2] Vgl. hierzu sowie zum Nachfolgenden *Bieg, Hartmut; Kußmaul, Heinz; Waschbusch, Gerd*: Investition, 3. Aufl., München 2016, S. 20–21.

Lösung

Entsprechend der Einteilung des leistungswirtschaftlichen Bereichs eines Unternehmens in die Beschaffung von Produktionsfaktoren sowie die Produktion und den Absatz der erstellten Leistungen kann man den finanzwirtschaftlichen Bereich eines Unternehmens in die Kapitalbeschaffung (Finanzierung), die Kapitalverwendung (Investition) und die Kapitaltilgung unterteilen.[3] Die **Lehre der Finanzwirtschaft** umfasst insofern die Theorie und die Technik der Kapitalaufbringung (einschließlich der Kapitaltilgung) und der Kapitalanlage, **behandelt** also **sowohl Fragestellungen der Akquisition als auch der Disposition finanzieller Mittel**.

Die Zusammenfassung von **Investition und Finanzierung** unter dem Begriff „Finanzwirtschaft" erfolgt, weil zwischen beiden Bereichen aufgrund der ausgelösten Zahlungsmittelbewegungen **Interdependenzen** bestehen. So entstehen ohne Mittelverwendungsmöglichkeiten keine Finanzierungsprobleme; Finanzierungsfragen lassen sich nicht abschließend klären, solange die Beziehung zur Mittelverwendung nicht berücksichtigt wird. Ebenso braucht man ohne Finanzierungsmöglichkeiten nicht über Investitionsmöglichkeiten nachzudenken; Investitionsfragen können nicht ohne Berücksichtigung der finanziellen Aspekte beantwortet werden.

Vorstehendes verdeutlicht, dass innerhalb eines Unternehmens ein **enger Zusammenhang zwischen Kapitalanlage und Kapitalaufbringung** besteht. Daraus ergibt sich die Notwendigkeit der gemeinsamen Planung von Investition und Finanzierung. **Investition und Finanzierung** sind als ein **Optimierungsvorgang** anzusehen, in welchem Mittelbeschaffung und Mittelverwendung im Hinblick auf die Unternehmensziele aufeinander abzustimmen sind.

---

[3] Vgl. hierzu sowie zum Nachfolgenden *Bieg, Hartmut; Kußmaul, Heinz; Waschbusch, Gerd*: Investition, 3. Aufl., München 2016, S. 20–31.

2 Betriebliche Einordnung der Investitionsrechnung und Entscheidungen über Investitionen

Aufgabe 2.1: Zielsetzungen marktwirtschaftlicher Unternehmen

Nennen Sie die langfristigen Zielsetzungen marktwirtschaftlicher Unternehmen! Inwieweit trägt die Investitionsrechnung zur Erfüllung dieser Zielsetzungen bei?

Lösung

Die langfristige Zielsetzung der Unternehmen in einer Marktwirtschaft ist die Rentabilität des eingesetzten Kapitals; dieses Ziel lässt sich nur bei Aufrechterhaltung der Liquidität (Zahlungsfähigkeit) des Unternehmens erreichen. Aufgabe der Investitionsrechnung ist es hierbei, durch die Ermittlung der optimalen Investitionsentscheidungen einen Beitrag zur Erhöhung der Rentabilität des Unternehmens zu leisten und gleichzeitig Sorge dafür zu tragen, dass eine jederzeitige Liquidität (Zahlungsfähigkeit) des Unternehmens gewährleistet ist.

Aufgabe 2.2: Prozessphasen einer Investitionsentscheidung

Geben Sie einen Überblick über die Prozessphasen einer Investitionsentscheidung von Unternehmen!

Lösung

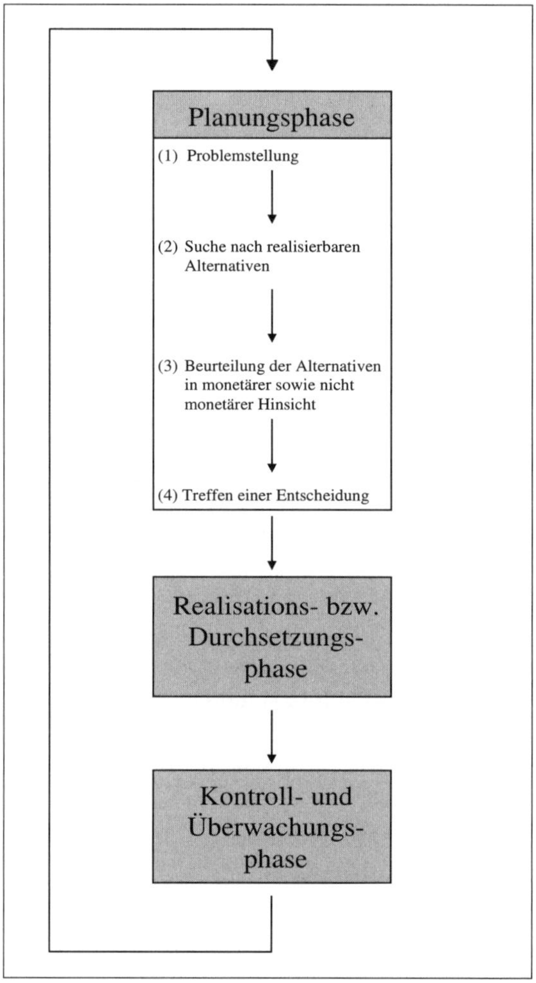

Abbildung 2: Prozessphasen bei Investitionsentscheidungen[4]

[4] Modifiziert entnommen aus *Kruschwitz, Lutz; Lorenz, Daniela*: Investitionsrechnung, 15. Aufl., Berlin/Boston 2019, S. 7.

Aufgabe 2.3: Investitionsphasen

Beschreiben Sie die einzelnen Phasen eines Investitionsprozesses!

Lösung

Ein Investitionsprozess verläuft im Allgemeinen in **drei Phasen**:[5]

(1) Planungsphase,

(2) Realisations- bzw. Durchsetzungsphase,

(3) Kontroll- und Überwachungsphase.

zu (1):

Die **Planungsphase** beginnt mit dem **Erkennen des Investitionsproblems** und mit der **Formulierung der Problemstellung**. In diesem ersten Schritt wird die Idee geboren, eine Investition durchzuführen. Der Investor muss nur dann eine Investitionsentscheidung fällen, wenn er Potenziale entdeckt und wenn er diese nutzen möchte. Er muss dann zunächst seine Ausgangssituation sorgfältig analysieren. Spätestens zu diesem Zeitpunkt muss er sich über die Ziele seiner Investitionstätigkeit Klarheit verschaffen. Nur so kann er Entscheidungskriterien ableiten, die er benötigt, um die alternativen Handlungsmöglichkeiten zu beurteilen.

Im zweiten Schritt der Planungsphase sucht der Entscheidungsträger nach Möglichkeiten, die erkannten Potenziale zu nutzen. Nach der **Zusammenstellung der sich** ihm **bietenden Alternativen** ermittelt er deren Konsequenzen, wobei aufgrund seiner Zielsetzung bereits eine Vorauswahl getroffen werden kann, bei der nicht realisierbare oder offenkundig ineffiziente Lösungen von vornherein ausscheiden. Die Ermittlung der Handlungskonsequenzen erfordert, da es sich dabei notwendigerweise immer um zukünftige Ereignisse handelt, den Einsatz von Prognose- und Schätzverfahren. Die Schwierigkeiten bei der Bestimmung dieser Daten sind ein zentrales Problem der Investitionstheorie. Gegebenenfalls müssen alternative Zukunftsentwicklungen unterstellt, quantifiziert und verarbeitet werden.

In der dritten Stufe der Planungsphase werden die nach der Vorauswahl verbliebenen **Investitionsalternativen bewertet**. Nur auf diese Projekte findet die **Investitionsrechnung im eigentlichen Sinne** überhaupt Anwendung. Die Alternativen werden hinsichtlich der monetären Ziele des Entscheidungsträ-

---

[5] Vgl. hierzu sowie zum Nachfolgenden *Bieg, Hartmut; Kußmaul, Heinz; Waschbusch, Gerd*: Investition, 3. Aufl., München 2016, S. 29–32.

gers und der hierzu relevanten Daten in eine kardinale Rangfolge gebracht. Dazu ist Vorbedingung, dass alle Handlungsmöglichkeiten nach derselben Investitionsrechenmethode beurteilt werden. Nicht monetäre Ziele und nicht quantifizierbare Daten müssen außerhalb der Investitionsrechnung berücksichtigt werden.

Im Rahmen der eigentlichen **Entscheidung** (vierter Schritt innerhalb der Planungsphase) werden die Ergebnisse der vorangegangenen Stufe zu einem endgültigen Werturteil verdichtet und alle nicht optimalen Alternativen ausgesondert.

zu (2):

In der **Realisations- bzw. Durchsetzungsphase** erfolgt der Vollzug der Investition. Die Realisations- bzw. Durchsetzungsphase ist unter finanzwirtschaftlichen Aspekten nur insofern von Interesse, als hier die sehr bedeutsamen Anfangsauszahlungen anfallen.

zu (3):

In der **Kontroll- und Überwachungsphase** erfolgt ein Soll-Ist-Vergleich, d. h. eine Gegenüberstellung des erwarteten und geplanten Zielerreichungsgrades mit dem tatsächlich realisierten Zielerreichungsgrad. Bei Abweichungen von den Planwerten sind rechtzeitig geeignete Korrekturmaßnahmen einzuleiten. Wenn zum Beispiel aufgrund einer unterplanmäßigen Auslastung die durch ein Spezialaggregat erreichten Kosteneinsparungen wesentlich geringer sind als ex ante berechnet, kann ein vorzeitiger Abbau der Anlage erwägenswert sein; für die Investitionsrechnung ergibt sich dann eine neue Problemstellung. Diese führt zum Übergang von der Kontroll- zur Planungsphase und schließt damit den Kreis des Investitionsprozesses.

Aufgabe 2.4: Zielvorstellungen von Investoren

In das Entscheidungskalkül der Investitionsrechnung gehen in erster Linie die folgenden monetären Zielvorstellungen von Investoren ein:

a) Vermögensstreben,

b) Einkommensstreben,

c) Wohlstandsstreben.

Erläutern Sie diese monetären Zielvorstellungen von Investoren!

Lösung

Teilaufgabe a)

Vermögensstreben

Im Fall des Vermögensstrebens will der Investor **ein möglichst hohes Vermögen am Ende des Planungszeitraums** erreichen. Dabei möchte er in jeder der Planperioden einen bestimmten, d. h. vorab festgelegten Geldbetrag zu Konsumzwecken aus seinem Vermögen entnehmen. Dieser Entnahmebetrag kann im Zeitablauf konstant bleiben, steigen, fallen, er kann schwanken oder auch für jede Periode mit Null angesetzt werden.

Die zeitliche Struktur des gewünschten Entnahmestroms ist jedoch von untergeordneter Bedeutung. Wesentlich ist vielmehr, dass der gewünschte Entnahmebetrag jeder Periode vorab in seiner absoluten Höhe festgelegt wird. Für die Investitionsrechnung stellt der Entnahmestrom daher eine Nebenbedingung dar, während die Handlungsalternativen, d. h. die verschiedenen Investitionsmöglichkeiten des Investors, ausschließlich nach dem mit ihnen zum Planungshorizont realisierbaren Endvermögen beurteilt werden.

Teilaufgabe b)

Einkommensstreben

Beim Einkommensstreben möchte der Investor **möglichst hohe jährliche Konsumentnahmen** erhalten. Dazu ist es erforderlich, dass das zum Ende des Planungszeitraums gewünschte Endvermögen als Nebenbedingung mit einem festen Betrag angesetzt wird, der auch den Wert Null annehmen kann. Die Investitionsvorhaben sind in diesem Fall nach der Höhe des aus ihnen erzielbaren Entnahmeniveaus zu bewerten. Auch hier kann durch Vorgaben festgelegt werden, dass die zu maximierenden Konsumentnahmen in zeitlicher Hinsicht einen steigenden, fallenden oder wechselnden Verlauf aufweisen sollen.

Teilaufgabe c)

Wohlstandsstreben

Wohlstandsstreben bedeutet, dass der Investor versucht, **sowohl** sein **jährliches Einkommen als auch** sein **Vermögen am Ende des Planungshorizonts zu maximieren**. Der Investor muss sich dann allerdings vor Beginn der Rechnung entscheiden, welchen Wert er einer Geldeinheit mehr an Endvermögen im Gegensatz zu einer Steigerung des Einkommensniveaus um eine Geldeinheit beimisst, d. h., er muss, um zu einer operablen Zielfunktion zu gelangen, zwischen Vermögens- und Einkommensstreben gewichten. Das Wohlstandsstreben kann aus diesem Grund als Verknüpfung der beiden übrigen Zielsetzungen verstanden werden. Es ist kein grundsätzlich neues Ziel.

Aufgabe 2.5: Problembereiche der Investitionsrechnung

Einzelentscheidungen im Rahmen der Investitionsrechnung sind dadurch gekennzeichnet, dass sich die gegebenen Investitionsalternativen gegenseitig vollständig ausschließen. Die hierbei auftretenden Problembereiche sind das Vorteilhaftigkeitsproblem, das Wahlproblem sowie das Investitionsdauerproblem. Erläutern Sie diese drei Problembereiche!

Lösung

Beim **Vorteilhaftigkeitsproblem** geht es um die Beurteilung einer einzigen Investitionsmöglichkeit, etwa um die Anschaffung einer bestimmten Spezialmaschine, die nur von einem einzigen Hersteller angeboten wird. Die Alternative hierzu ist der Verzicht auf Durchführung der Investition (Null-Alternative). Das Investitionsvorhaben sollte realisiert werden, wenn dadurch die Zielgröße des Investors positiv beeinflusst wird, wenn also sein Einkommensniveau und/oder der Endwert seines Vermögens dadurch ansteigt.

Das **Wahlproblem** entsteht, wenn mehrere Investitionsmöglichkeiten technisch realisierbar sind, der Investor sich aber für eine einzige Alternative entscheiden muss. Der Umstand, dass letztlich nur genau ein Projekt ausgewählt werden kann, beruht auf einer der beiden folgenden Ursachen.

Zum einen kann der für die Anschaffungsauszahlung zur Verfügung stehende Geldbetrag begrenzt sein. Er reicht nicht für alle vorteilhaften Investitionen aus, sondern nur zur Realisierung genau eines Projektes. Zum anderen können die Projekte technische Alternativen darstellen; sie dienen dem gleichen Verwendungszweck. Sie schließen sich daher aus, weil der Bedarf des Entscheidungsträgers bereits durch ein Projekt gedeckt wird.

Nachdem das beste Projekt aus den Investitionsmöglichkeiten aufgrund seiner **relativen Vorteilhaftigkeit** ausgewählt wurde, ist es zusätzlich hinsichtlich seiner **absoluten Vorteilhaftigkeit** zu überprüfen; es ist also mit dem Verzicht auf jegliche Investitionsmaßnahme (Null-Alternative) zu vergleichen. Nur wenn es einen positiven Beitrag zur Zielerreichung des Investors leistet, ist es zu realisieren. Eine Ausnahme hiervon sind gesetzlich unumgängliche Investitionen (z. B. Umweltschutzinvestitionen).

Beim **Investitionsdauerproblem** geht es um die Frage der optimalen Nutzungsdauer eines neu anzuschaffenden Investitionsgutes sowie um die des Zeitpunktes des Ausscheidens einer gegenwärtig sich in Betrieb befindlichen Anlage aus dem Produktionsprozess. Gründe für die Stilllegung einer Anlage sind beispielsweise steigende Reparaturkosten, steigende Ausschussquoten, fallende quantitative Kapazität pro Periode, fallende qualitative Leistungsfähigkeit, sinkende Liquidationserlöse der Anlage.

3 Statische Verfahren der Investitionsrechnung

3.1 Grundlagen der statischen Investitionsrechnung

Aufgabe 3.1: Statische Verfahren der Investitionsrechnung

a) Erläutern Sie die vier Verfahren der statischen Investitionsrechnung und geben Sie das jeweilige Vorteilhaftigkeitskriterium an!

b) Erläutern Sie die wesentlichen Mängel, die den statischen Verfahren der Investitionsrechnung anhaften!

Lösung

Teilaufgabe a)

Bei den statischen Investitionsrechnungsverfahren rechnet man grundsätzlich mit den aus dem internen Rechnungswesen bekannten **periodisierten Erfolgsgrößen** Kosten und Leistungen (Erlöse); als **Zielsetzung** des Investors wird **Kostenminimierung** bzw. **Gewinn- oder Rentabilitätsmaximierung** unterstellt. Dabei werden die durch ein Investitionsprojekt voraussichtlich während der Nutzungsdauer des Projekts ausgelösten Veränderungen auf eine **„Durchschnittsperiode“** bezogen („einperiodige Verfahren“); infolge der Durchschnittsberechnung bleiben zeitliche Unterschiede im Entstehen der in die Rechnung einbezogenen Größen unberücksichtigt. In bestimmten Situationen kommt bei den statischen Investitionsrechnungsverfahren als Zielsetzung des Investors auch eine **Verringerung des Risikos** (Realisation einer möglichst geringen Amortisationszeit) in Betracht.

Aus den vorstehend genannten möglichen Zielsetzungen eines Investors lassen sich die folgenden Verfahren der statischen Investitionsrechnung ableiten:

- die Kostenvergleichsrechnung,
- die Gewinnvergleichsrechnung,
- die Rentabilitätsvergleichsrechnung sowie
- die statische Amortisations(dauer)rechnung.

Bei der **Kostenvergleichsrechnung** soll aus mindestens zwei Investitionsalternativen die kostengünstigste Alternative gewählt werden. Deswegen sind bei jeder Investitionsalternative alle durch das jeweilige Projekt ausgelösten

zusätzlichen (aufwandsgleichen und kalkulatorischen) Kosten pro Durchschnittsperiode zu berücksichtigen. Allerdings können alle Kostenbestandteile, die für die Realisierung jeder Alternative in gleicher Höhe entstehen, als nicht entscheidungsrelevante Kosten außer Acht gelassen werden. Da die Kostenvergleichsrechnung die durch eine Investition erzielten Leistungen (Erlöse) vollständig vernachlässigt, kann sie nur angewendet werden, wenn nicht mit Leistungen (Erlösen) oder mit nicht von den Investitionsalternativen abhängigen Leistungen (Erlösen) gerechnet wird.

Die **Gewinnvergleichsrechnung** ermittelt als Beurteilungsmaßstab die durch das Investitionsprojekt beim Investor entstehende **Gewinnveränderung pro Durchschnittsperiode**; es geht also um die gegenüber der Situation ohne Durchführung des Investitionsvorhabens entstehende Gewinnsteigerung in der Durchschnittsperiode. Ein einzelnes Investitionsprojekt wird demnach als vorteilhaft angesehen, wenn man daraus einen positiven Gewinnbeitrag in der Durchschnittsperiode erwartet. Stehen mehrere Investitionsprojekte zur Auswahl, so ist dasjenige zu realisieren, das in der fiktiven Durchschnittsperiode die größte Gewinnsteigerung erwarten lässt.

Die **Rentabilitätsvergleichsrechnung** setzt die durchschnittlichen Gewinne, die unter Berücksichtigung kalkulatorischer Zinsen auf das Eigenkapital aus den einzelnen Investitionsprojekten erwartet werden, zum jeweils erforderlichen durchschnittlichen Kapitaleinsatz ins Verhältnis. Ein einzelnes Investitionsprojekt wird bei einer positiven Kapitalrentabilität als vorteilhaft angesehen. Unter mehreren Investitionsprojekten gilt dementsprechend dasjenige mit der höchsten positiven Kapitalrentabilität als das vorteilhafteste Investitionsprojekt.

Bei der **statischen Amortisations(dauer)rechnung** wird die Vorteilhaftigkeit einer Investition anhand einer Zeitgröße (Zeitdauer, innerhalb der die Anschaffungskosten einer Investition durch die aus dem Investitionsprojekt resultierenden Einzahlungsüberschüsse wieder zurückerwirtschaftet werden) beurteilt. Hierbei sind zwei Verfahren zu unterscheiden: Im Rahmen der **Durchschnittsmethode** berechnet man die Amortisationszeit als Quotient aus Anschaffungskosten und durchschnittlichem Kapitalrückfluss im Sinne eines durchschnittlichen Cashflows pro Periode. Bei der **Kumulationsmethode** wird dagegen die Amortisationsdauer berechnet, indem die in den einzelnen Jahren erwirtschafteten Rückflüsse solange kumuliert werden, bis die Höhe der Anschaffungsauszahlung erreicht ist. Die Kumulationsmethode löst sich somit von den periodisierten Erfolgsgrößen Kosten und Leistungen (Erlöse); sie rechnet stattdessen mit Ein- und Auszahlungen. Darüber hinaus stellt sie ein mehrperiodiges Verfahren dar.

Sowohl bei der Durchschnittsmethode als auch bei der Kumulationsmethode gilt ein einzelnes Investitionsprojekt als vorteilhaft, wenn die vorgegebene

Höchstamortisationsdauer nicht überschritten wird. Bei einem Wahlproblem ist die Investition mit der kürzesten Amortisationsdauer auszuwählen.

Teilaufgabe b)

Die im Rahmen der statischen Verfahren der Investitionsrechnung aufgrund der unterstellten Zielsetzungen der Investoren verwendeten periodisierten Erfolgsgrößen berücksichtigen nur unzureichend die finanziellen Zielsetzungen der Einkommens- bzw. Vermögensmaximierung. Darüber hinaus lassen Entscheidungen auf der Basis von Durchschnittsgrößen, wie sie für statische Investitionsrechnungsverfahren typisch sind, das zeitlich unterschiedliche Entstehen der in die Rechnung einbezogenen Größen – und die daraus unter Umständen entstehenden Zinswirkungen – unberücksichtigt. Dies ist allenfalls dann gerechtfertigt, wenn tatsächlich keine Schwankungen dieser Größen im Zeitablauf erwartet werden. Bei allen statischen Verfahren der Investitionsrechnung besteht zudem die Gefahr, dass falsche, d. h. unvollständige, Alternativen formuliert werden. Die somit angestellten unvollständigen Vergleiche können Fehlentscheidungen zur Folge haben.

3.2 Kostenvergleichsrechnung

Aufgabe 3.2: Kostenvergleichsrechnung[6]

Der Tutti-Frutti OHG werden zwei alternative Obstverarbeitungsmaschinen zum Kauf angeboten. Beide Maschinen haben eine Nutzungsdauer von 8 Jahren bei gleicher Auslastung von 12.000 ME/Jahr und einem Liquidationserlös von Null. Die Anschaffungskosten der Maschine I betragen 100.000 EUR, die der Maschine II nur die Hälfte.

Die Tutti-Frutti OHG rechnet mit einem kalkulatorischen Zinssatz von 10 % p. a. Die Ermittlung der Wertansätze abnutzbarer Gegenstände des Anlagevermögens als Basis für die Berechnung der kalkulatorischen Zinsen erfolgt nach der Durchschnittsmethode. Als Abschreibungsverfahren wählt die Tutti-Frutti OHG die lineare Abschreibung.

---

6 Stark modifiziert entnommen aus *Blohm, Hans; Lüder, Klaus; Schaefer, Christina*: Investition, 10. Aufl., München 2012, S. 134.

Des Weiteren fallen folgende Kosten an:

	Maschine I	Maschine II
Sonstige fixe Kosten (EUR/Jahr)	1.000	600
Löhne und Lohnnebenkosten (EUR/Jahr)	4.600	12.000
Materialkosten (EUR/Jahr)	1.200	1.200
Energie und sonstige variable Kosten (EUR/Jahr)	770	1.800

Welche der beiden Obstverarbeitungsmaschinen stellt für das Unternehmen die kostengünstigere Alternative dar?

Lösung

Die Auswahl der kostengünstigeren Alternative erfolgt durch einen **Vergleich der durchschnittlichen Kosten je Zeitabschnitt** unter der Annahme einer kontinuierlichen Amortisation des gebundenen Kapitals.

	Maschine I	Maschine II
(1) Anschaffungswert (EUR)	100.000	50.000
(2) Lebensdauer (Jahre)	8	8
(3) Liquidationserlös am Ende der Lebensdauer (EUR)	0	0
(4) Auslastung (ME/Jahr)	12.000	12.000
(5) Kalkulatorische Abschreibungen (EUR/Jahr)	12.500	6.250
(6) Kalkulatorische Zinsen (10 % auf die Hälfte der Anschaffungskosten) (EUR/Jahr)	5.000	2.500
(7) Sonstige fixe Kosten (EUR/Jahr)	1.000	600
(8) Fixe Kosten insgesamt (EUR/Jahr) = (5) + (6) + (7)	18.500	9.350
(9) Löhne und Lohnnebenkosten (EUR/Jahr)	4.600	12.000
(10) Materialkosten (EUR/Jahr)	1.200	1.200
(11) Energie und sonstige variable Kosten (EUR/Jahr)	770	1.800
(12) Variable Kosten insgesamt (EUR/Jahr) = (9) + (10) + (11)	6.570	15.000
(13) Kosten insgesamt (EUR/Jahr) = (8) + (12)	**25.070**	**24.350**
(14) Stückkosten (EUR/ME) = (13) ÷ (4)	**2,09**	**2,03**

Der Kostenvergleich zeigt, dass bei einer Auslastung von 12.000 Mengeneinheiten pro Jahr die Maschine II kostengünstiger arbeitet als die Maschine I. Allerdings ist der Kostenunterschied i. H. v. 720 EUR/Jahr verhältnismäßig gering. Da die Auslastung beider Maschinen gleich hoch ist, führen die hier angewandte Gesamtkostenvergleichsrechnung und die Stückkostenvergleichsrechnung zur gleichen Entscheidung.

Aufgabe 3.3: Kostenvergleichsrechnung

Wegen ausgezeichneter Absatzmöglichkeiten erwägt die Schief & Krumm GmbH eine Kapazitätserweiterung durch den fremdfinanzierten Kauf einer neuen Maschine. Der kalkulatorische Zinssatz beträgt 10 % p. a. Aus produktionstechnischer Sicht kommen zwei Maschinen in Frage, deren relevanten Daten aus der folgenden Tabelle hervorgehen. Die Angaben zu den variablen Kosten beziehen sich auf die maximale Leistungsabgabe der beiden Maschinen. Es ist davon auszugehen, dass wegen der guten Absatzlage die Kapazität voll ausgelastet werden kann.

	Maschine A	Maschine B
Anschaffungskosten (EUR)	120.000	240.000
Nutzungsdauer (Jahre)	5	6
Liquidationserlös am Ende der Nutzungsdauer (EUR)	0	24.000
Maximale Leistungsabgabe (ME/Jahr)	24.000	30.000
Sonstige fixe Kosten (EUR/Jahr)	6.600	9.300
Löhne und Lohnnebenkosten (EUR/Jahr)	27.400	22.700
Materialkosten (EUR/Jahr)	3.000	6.500
Sonstige variable Kosten (EUR/Jahr)	2.000	2.300

a) Führen Sie einen Vorteilhaftigkeitsvergleich mit Hilfe der Kostenvergleichsrechnung durch!

b) Stellen Sie die Kostenfunktionen für die beiden Alternativen auf, berechnen Sie die kritische Ausbringungsmenge zwischen den beiden Maschinen und interpretieren Sie Ihre Ergebnisse!

Lösung

Teilaufgabe a)

Vorteilhaftigkeitsvergleich mit Hilfe der Kostenvergleichsrechnung:

		Maschine A	Maschine B
(1)	**Kalkulatorische Abschreibungen:**		
	Anschaffungskosten (EUR)	120.000	240.000
–	Liquidationserlös (EUR)	0	24.000
=	Abschreibungsvolumen (EUR)	120.000	216.000
÷	Nutzungsdauer (Jahre)	5	6
=	Kalkulatorische Abschreibungen (EUR/Jahr)	24.000	36.000
(2)	**Kalkulatorische Zinsen:**		
	Anschaffungskosten (EUR)	120.000	240.000
+	Liquidationserlös (EUR)	0	24.000
=	Kapitalbindung insgesamt (EUR)	120.000	264.000
·	Hälfte	0,5	0,5
=	Durchschnittliche Kapitalbindung (EUR)	60.000	132.000
·	Zinssatz	10 %	10 %
=	Kalkulatorische Zinsen (EUR)	6.000	13.200
(3)	**Gesamte fixe Kosten:**		
	Sonstige fixe Kosten (EUR/Jahr)	6.600	9.300
+	Kalkulatorische Abschreibung (EUR/Jahr)	24.000	36.000
+	Kalkulatorische Zinsen (EUR/Jahr)	6.000	13.200
=	Gesamte fixe Kosten (K_f) (EUR/Jahr)	36.600	58.500
(4)	**Gesamte variable Kosten:**		
	Löhne und Lohnnebenkosten (EUR/Jahr)	27.400	22.700
+	Materialkosten (EUR/Jahr)	3.000	6.500
+	Sonstige variable Kosten (EUR/Jahr)	2.000	2.300
=	Gesamte variable Kosten (K_v) (EUR/Jahr)	32.400	31.500
(5)	**Gesamtkosten:**		
	Gesamte fixe Kosten (EUR/Jahr)	36.600	58.500
+	Gesamte variable Kosten (EUR/Jahr)	32.400	31.500
=	Gesamtkosten (EUR/Jahr)	69.000	90.000

(6) Stückkosten:		
Gesamtkosten (EUR/Jahr)	69.000	90.000
÷ Leistungsabgabe (ME/Jahr)	24.000	30.000
= **Stückkosten** (EUR/ME)	**2,88**	**3,00**

Da Maschine A mit 2,88 EUR/ME niedrigere Stückkosten aufweist als Maschine B mit 3,00 EUR/ME, sollte die Schief & Krumm GmbH Maschine A erwerben.

Teilaufgabe b)

Aufstellung der Kostenfunktionen, Berechnung der kritischen Ausbringungsmenge zwischen den beiden Maschinen und Interpretation der Ergebnisse:

(1) Aufstellung der Kostenfunktionen:

$$K\,(x) = K_f + k_v \cdot x$$

$$\text{mit: } k_v = \frac{K_v}{x}$$

$$\text{Maschine A: } k_v = \frac{32.400}{24.000} = 1{,}35$$

$$\text{Maschine B: } k_v = \frac{31.500}{30.000} = 1{,}05$$

$$K_A\,(x) = 36.600 \cdot 1{,}35 \cdot x$$

$$K_B\,(x) = 58.500 \cdot 1{,}05 \cdot x$$

Dabei gilt:

$K\,(x)$: Kostenfunktion;

$K_A\,(x)$: Kostenfunktion der Maschine A;

$K_B\,(x)$: Kostenfunktion der Maschine B;

K_f: Fixe Gesamtkosten;

K_v: Variable Gesamtkosten;

k_v: Variable Stückkosten;

x: Ausbringungsmenge.

(2) Gleichsetzen der beiden Kostenfunktionen:

$$K_A\,(x) = K_B\,(x)$$

$$36.600 + 1{,}35 \cdot x = 58.500 + 1{,}05 \cdot x$$

(3) Auflösen nach der kritischen Ausbringungsmenge x:

$$36.600 + 1{,}35 \cdot x = 58.500 + 1{,}05 \cdot x$$

$$0{,}3 \cdot x = 21.900$$

$$\mathbf{x = 73.000\ ME/Jahr}$$

(4) Interpretation:

Die Stückkostenergebnisse aus Teilaufgabe a) suggerieren, dass die Kosten der beiden Maschinen relativ nah beieinander liegen. Dies täuscht aber, da die Stückkosten auf der Basis unterschiedlicher Leistungsmengen ermittelt wurden. Während die Fixkosten der Maschine A lediglich auf eine Leistungsmenge von 24.000 ME/Jahr umgelegt wurden, wurden die Fixkosten bei Maschine B auf eine Leistungsmenge von 30.000 ME/Jahr umgelegt. Die kritische Ausbringungsmenge, die weit über 30.000 ME/Jahr liegt, zeigt, dass Maschine A bei gleichen Leistungsmengen pro Jahr zu günstigeren Stückkosten führt.

Aufgabe 3.4: Kostenvergleichsrechnung

In einem Fertigungsunternehmen ist zu Beginn des Jahres 01 eine schrottreife Maschine zu ersetzen. Zur Auswahl stehen drei Maschinen, die sich in Bezug auf die Anschaffungskosten, die Kapazität und die variablen Kosten pro ME des herzustellenden Produktes unterscheiden. Für die einzelnen Maschinen wurden in der Kostenrechnung folgende Daten ermittelt:

	Maschine A	Maschine B	Maschine C
Anschaffungskosten (EUR)	80.000	120.000	160.000
Nutzungsdauer (Jahre)	8	8	8
Maximale Kapazität (ME/Jahr)	10.000	12.000	15.000
Sonstige fixe Kosten (EUR/Jahr)	1.600	3.600	1.600
Löhne und Lohnnebenkosten (EUR/ME)	2,60	1,90	1,50
Materialkosten (EUR/ME)	1,50	1,30	1,20
Energiekosten (EUR/ME)	1,00	0,80	0,80
Sonstige variable Kosten (EUR/ME)	0,90	0,50	0,50

Die Abschreibung erfolgt linear. Der kalkulatorische Zinssatz beträgt 10 % p. a. Liquidationserlöse liegen keine vor.

a) Für welche Maschine sollte sich die Unternehmensleitung entscheiden, wenn mit einer durchschnittlichen Kapazitätsauslastung von

   - 5.000 ME/Jahr,
   - 8.000 ME/Jahr,
   - 10.000 ME/Jahr

   zu rechnen ist und sie ihre Entscheidung nach der Kostenvergleichsrechnung trifft?

b) In welchen Auslastungsintervallen arbeitet welche Maschine am kostengünstigsten?

Lösung

Teilaufgabe a)

	Maschine A	Maschine B	Maschine C
Kalkulatorische Abschreibungen (EUR/Jahr)	10.000	15.000	20.000
Kalkulatorische Zinsen (EUR/Jahr)	4.000	6.000	8.000
Sonstige fixe Kosten (EUR/Jahr)	1.600	3.600	1.600
Σ fixe Gesamtkosten (EUR/Jahr)	15.600	24.600	29.600

	Maschine A	Maschine B	Maschine C
Löhne und Lohnnebenkosten (EUR/ME)	2,60	1,90	1,50
Materialkosten (EUR/ME)	1,50	1,30	1,20
Energiekosten (EUR/ME)	1,00	0,80	0,80
Sonstige variable Kosten (EUR/ME)	0,90	0,50	0,50
Σ variable Stückkosten (EUR/ME)	6,00	4,50	4,00

Gesamtkosten von Maschine A (K_A), Maschine B (K_B) und Maschine C (K_C) bei einer **Auslastung von 5.000 ME/Jahr**:

$K_A = 15.600 + 6,00 \cdot 5.000$ = **45.600 EUR/Jahr**

$K_B = 24.600 + 4,50 \cdot 5.000$ = **47.100 EUR/Jahr**

$K_C = 29.600 + 4,00 \cdot 5.000$ = **49.600 EUR/Jahr**

Da Maschine A bei einer Auslastung von 5.000 ME/Jahr die geringsten Gesamtkosten pro Jahr aufweist, sollte das Unternehmen Maschine A erwerben.

Gesamtkosten von Maschine A (K_A), Maschine B (K_B) und Maschine C (K_C) bei einer **Auslastung von 8.000 ME/Jahr**:

$K_A = 15.600 + 6{,}00 \cdot 8.000 \quad = \quad$ **63.600 EUR/Jahr**

$K_B = 24.600 + 4{,}50 \cdot 8.000 \quad = \quad$ **60.600 EUR/Jahr**

$K_C = 29.600 + 4{,}00 \cdot 8.000 \quad = \quad$ **61.600 EUR/Jahr**

Da Maschine B bei einer Auslastung von 8.000 ME/Jahr die geringsten Gesamtkosten pro Jahr aufweist, sollte das Unternehmen Maschine B erwerben.

Gesamtkosten von Maschine A (K_A), Maschine B (K_B) und Maschine C (K_C) bei einer **Auslastung von 10.000 ME/Jahr**:

$K_A = 15.600 + 6{,}00 \cdot 10.000 \quad = \quad$ **75.600 EUR/Jahr**

$K_B = 24.600 + 4{,}50 \cdot 10.000 \quad = \quad$ **69.600 EUR/Jahr**

$K_C = 29.600 + 4{,}00 \cdot 10.000 \quad = \quad$ **69.600 EUR/Jahr**

Da die Maschinen B und C bei einer Auslastung von 10.000 ME/Jahr mit jeweils 69.600 EUR/Jahr geringere Gesamtkosten pro Jahr als Maschine A aufweisen, sollte das Unternehmen entweder Maschine B oder Maschine C erwerben.

Teilaufgabe b)

(1) **Aufstellung der Kostenfunktionen der Maschinen A (K_A), B (K_B) und C (K_C) in Abhängigkeit von der Ausbringungsmenge (x):**

$K_A = 15.600 + 6{,}00 \cdot x$

$K_B = 24.600 + 4{,}50 \cdot x$

$K_C = 29.600 + 4{,}00 \cdot x$

(2) **Ermittlung der kritischen Ausbringungsmengen durch Gleichsetzen der Kostenfunktionen:**

$$K_A = K_B$$

$$15.600 + 6{,}00 \cdot x = 24.600 + 4{,}50 \cdot x$$

$$\mathbf{x = 6.000\ ME/Jahr}$$

$$K_B = K_C$$

$$24.600 + 4{,}50 \cdot x = 29.600 + 4{,}00 \cdot x$$

$$\mathbf{x = 10.000\ ME/Jahr}$$

$$K_A = K_C$$

$$15.600 + 6{,}00 \cdot x = 29.600 + 4{,}00 \cdot x$$

$$\mathbf{x = 7.000\ ME/Jahr}$$

Grafische Darstellung:

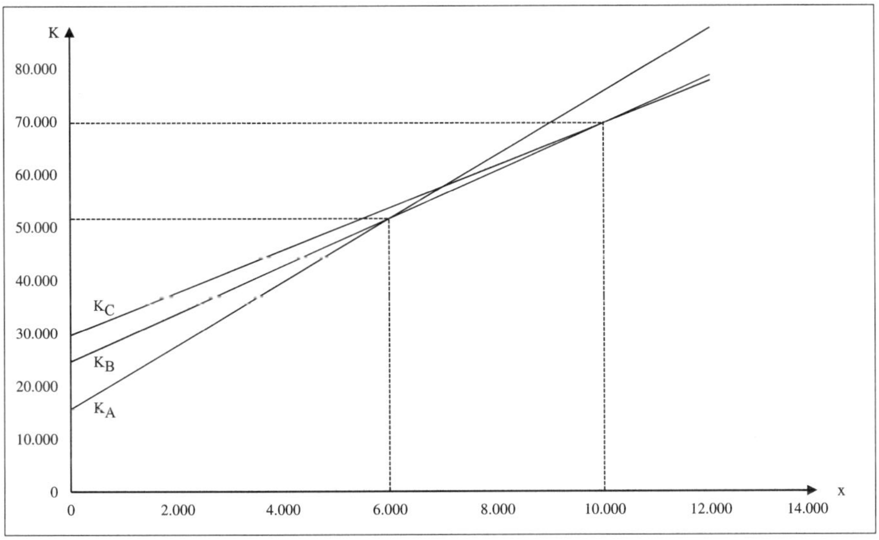

Abbildung 3: Ermittlung der kritischen Ausbringungsmengen

Im Auslastungsintervall

- von 0 ME/Jahr bis weniger als 6.000 ME/Jahr arbeitet Maschine A am kostengünstigsten,
- über 6.000 ME/Jahr bis weniger als 10.000 ME/Jahr arbeitet Maschine B am kostengünstigsten;
- über 10.000 ME/Jahr bis ∞ (genauer: bis zur Kapazitätsgrenze) arbeitet Maschine C am kostengünstigsten.

Bei einer Ausbringung von 6.000 ME/Jahr sind die Maschinen A und B kostengünstiger als die Maschine C; bei einer Ausbringung von 10.000 ME/Jahr sind die Maschinen B und C kostengünstiger als die Maschine A.

Aufgabe 3.5: Kostenvergleichsrechnung

In einem Unternehmen ist eine Maschine zu ersetzen. Für die zur Auswahl stehenden Maschinen wurden in der Kostenrechnung folgende Daten ermittelt:

	Maschine A	Maschine B
Anschaffungskosten (EUR)	140.000	130.000
Nutzungsdauer (Jahre)	10	10
Maximale Kapazität (ME/Jahr)	14.000	16.000
Löhne und Lohnnebenkosten (EUR/ME)	3,40	3,20
Materialkosten (EUR/ME)	2,40	2,50
Energiekosten (EUR/ME)	1,30	1,60
Sonstige Kosten (EUR/ME)	0,90	0,90

Die Abschreibung erfolgt linear. Der kalkulatorische Zinssatz beträgt 10 % p. a. Liquidationserlöse liegen keine vor.

Beantworten Sie die nachfolgenden Fragen unter Verwendung der Kostenvergleichsrechnung!

a) Welche Maschine ist auszuwählen, wenn mit einer Absatzmenge von 10.000 ME/Jahr gerechnet wird?

b) Welche Maschine sollte ausgewählt werden, wenn erwartet wird, dass die Absatzmenge aufgrund von Marketingaktivitäten auf 16.000 ME/Jahr erhöht werden kann?

c) Wie lautet die Entscheidung bei einer prognostizierten Absatzmenge von 18.000 ME/Jahr?

d) Erläutern Sie den Begriff „kritische Ausbringungsmenge" und berechnen Sie diese für das vorliegende Beispiel unter der Annahme, dass keine der beiden Maschinen einer Kapazitätsbeschränkung unterliegt!

e) Nehmen Sie kritisch zur Kostenvergleichsrechnung Stellung!

Lösung

Teilaufgabe a)

Da im Durchschnitt die Hälfte des eingesetzten Kapitals gebunden ist, betragen die kalkulatorischen Zinsen bei Maschine A 140.000 · 0,5 · 0,1 = 7.000 EUR/Jahr sowie bei Maschine B 130.000 · 0,5 · 0,1 = 6.500 EUR/Jahr.

	Maschine A	Maschine B
Anschaffungskosten (EUR)	140.000	130.000
Nutzungsdauer (Jahre)	10	10
Kalkulatorische Abschreibungen (EUR/Jahr)	14.000	13.000
Kalkulatorische Zinsen (EUR/Jahr)	7.000	6.500
Summe fixe Kosten (EUR/Jahr)	= 21.000	= 19.500
Variable Stückkosten (EUR/ME)	3,40 + 2,40 + 1,30 + 0,90 = 8,00	3,20 + 2,50 + 1,60 + 0,90 = 8,20
Gesamtkosten (EUR/Jahr) (für 10.000 ME)	8,00 · 10.000 + 21.000 = **101.000**	8,20 · 10.000 + 19.500 = **101.500**

Maschine A verursacht mit 101.000 EUR/Jahr die geringsten Gesamtkosten und sollte realisiert werden.

Teilaufgabe b)

Wegen der unterschiedlichen Kapazitäten der Maschinen ist ein Stückkostenvergleich erforderlich.

Maschine A:

8,00 EUR/ME + 21.000 EUR/Jahr ÷ 14.000 ME/Jahr = **9,50 EUR/ME**

Maschine B:

8,20 EUR/ME + 19.500 EUR/Jahr ÷ 16.000 ME/Jahr = **9,42 EUR/ME**

Maschine B verursacht die geringsten Stückkosten; sie sollte daher realisiert werden. Bei der Entscheidung für Maschine B wird allerdings vorausgesetzt, dass die Absatzpreise der mit der Maschine erstellten Erzeugnisse unabhängig von der Produktionsmenge sind und dass die zu erzielenden Verkaufspreise nicht unter 9,42 EUR/ME liegen.

Weiterhin ist zu beachten, dass Maschine A bereits bei 14.000 ME/Jahr ihre maximale Auslastung erreicht hat und somit eine gesteigerte Absatzmenge von 16.000 ME/Jahr nicht realisieren kann.

Teilaufgabe c)

Das Ergebnis ist identisch mit dem von Teilaufgabe b), da jede Maschine bereits ihre Kapazitätsgrenze erreicht hat.

Teilaufgabe d)

Bei der Kostenvergleichsrechnung wird diejenige mengenmäßige Ausbringung (x) als „kritische Ausbringungsmenge“ bezeichnet, bei der die Gesamtkosten pro Periode zweier zu vergleichender Investitionsobjekte gleich hoch sind. Bei mehr als zwei Investitionsobjekten erfolgt der Vergleich paarweise. Dies führt dazu, dass man i. d. R. mehr als eine kritische Ausbringungsmenge erhält. Die einzelnen kritischen Ausbringungsmengen können durch paarweisen Vergleich der Kostenfunktionen der jeweiligen Investitionsobjekte ermittelt werden.

Für das Beispiel gilt:

Kostenfunktion der Maschine A: $K_A(x) = 21.000 + 8{,}00 \cdot x$

Kostenfunktion der Maschine B: $K_B(x) = 19.500 + 8{,}20 \cdot x$

Das Gleichsetzen der beiden Kostenfunktionen und das Auflösen nach der Ausbringungsmenge x ergibt:

$21.000 + 8{,}00 \cdot x = 19.500 + 8{,}20 \cdot x$

$\rightarrow 8{,}20 \cdot x - 8{,}00 \cdot x = 21.000 - 19.500$

$\rightarrow 0{,}2 \cdot x = 1.500$

$\rightarrow$ **x = 7.500 ME/Jahr**

Bei einer Ausbringungsmenge von genau 7.500 ME/Jahr sind die Gesamtkosten beider Maschinen gleich hoch, d. h., der Entscheidungsträger ist in diesem Fall indifferent, für welche Maschine er sich nach der Kostenvergleichsrechnung entscheiden soll. Bei einer Auslastung von weniger als 7.500 ME/Jahr verursacht Maschine B die geringeren Gesamtkosten. Bei mehr als 7.500 ME/Jahr bis ∞ (genauer: bis zur Kapazitätsgrenze) ist Maschine A kostengünstiger.

Teilaufgabe e)

Die Kostenvergleichsrechnung gehört zu den statischen Verfahren der Investitionsrechnung, denen die folgenden **Eigenschaften** gemein sind:

(1) Die Zielsetzung des Investors lässt die **zeitliche Struktur** der Erfolgsströme **unberücksichtigt**, d. h., die zeitlichen Strukturen gehen unter und es sind **nur Durchschnittswerte** von Interesse.

(2) Eine **Vergleichbarkeit** der Investitionsalternativen ist **häufig nicht gegeben**. Vergleichbar sind Handlungsalternativen nur, wenn sie sich gegenseitig ausschließen. Außerdem müssen eventuell entstehende Anschlussinvestitionen bei unterschiedlichen Nutzungsdauern bzw. Ergänzungsinvestitionen bei verschiedenen Anschaffungskosten/Herstellungskosten berücksichtigt werden; dies geschieht bei den statischen Verfahren der Investitionsrechnung nicht.

(3) Mit den statischen Verfahren der Investitionsrechnung werden **Einzelentscheidungen vorbereitet**. Sie sind daher **nicht zur Lösung von Investitionsprogrammentscheidungen geeignet**.

Statische Verfahren stützen sich auf kalkulatorische Größen. Sie werden daher auch als **kalkulatorische Verfahren** bezeichnet.

Die **Prämissen der Kostenvergleichsrechnung** sind:

(1) Das Verfahren arbeitet mit **Durchschnittswerten** (durchschnittliche Kosten, durchschnittliche Auslastung).

(2) Die **zeitlichen Unterschiede im Kostenanfall** bleiben **unberücksichtigt**.

(3) Die **Leistungen (Erlöse)** der zu vergleichenden Investitionsobjekte sind **gleich hoch**.

(4) Es sind nur Aussagen über die **relative Vorteilhaftigkeit** möglich, d. h., es ist nur ein Vergleich sich gegenseitig ausschließender Alternativen möglich. Die absolute Vorteilhaftigkeit kann durch dieses Verfahren nicht ermittelt werden, da eine Gewinnbetrachtung unterbleibt.

Das Entscheidungskriterium der Kostenvergleichsrechnung lautet: Wähle das Investitionsobjekt mit den minimalen (durchschnittlichen) Kosten; es wird also das Ziel der Kostenminimierung unterstellt. Somit werden die Leistungen (Erlöse) der Investition nicht betrachtet. Da bei einem Unternehmen aber im Allgemeinen die Gewinnmaximierung im Vordergrund steht, kann die Kostenvergleichsrechnung nur dann zu einem brauchbaren Ergebnis führen, wenn die Leistungen (Erlöse) der zu vergleichenden Investitionsobjekte gleich hoch sind. Daher ist dieses Verfahren nur anwendbar, wenn die einzelnen Investitionsalternativen keine oder vergleichbare Auswirkungen auf den Absatzmarkt haben. Häufigste Investitionsarten, bei denen dieses Verfahren anwendbar ist, sind Ersatzinvestitionen, Rationalisierungsinvestitionen, Sozial- und Umweltinvestitionen.

Die Grundlage der Kostenvergleichsrechnung stellen Durchschnittswerte dar (durchschnittliche Kosten, durchschnittliche Auslastung). Werden die Kosten des ersten Jahres als Durchschnittskosten verwendet (da diese i. d. R. einfach und relativ exakt zu schätzen sind), so kann dies zu Fehlentscheidungen führen, da unterstellt wird, dass die zu vergleichenden Investitionsobjekte im Zeitablauf gleiche Kostenstrukturen besitzen.

Da die Kapazitätsauslastung einer Maschine i. d. R. nicht in jeder Periode und auch nicht innerhalb einzelner Perioden stets gleich hoch ist, führt die Berechnung einer mittleren Ausbringungsmenge dazu, dass hohe und niedrige Leistungsabgaben nivelliert werden. Dies kann dazu führen, dass eine Maschine in Spitzenzeiten nicht mehr den tatsächlichen Bedarf erfüllen kann, obwohl ihre Kapazität über der durchschnittlichen Beschäftigung liegt. Versucht man diesem Problem durch eine Produktion auf Lager zu begegnen, so darf dabei nicht übersehen werden, dass dann zusätzliche Lagerkosten anfallen können, die ebenfalls noch zu berücksichtigen sind.

Die Kostenvergleichsrechnung wird als **einperiodiges Verfahren** bezeichnet, da sie nur die Kosten einer fiktiven Durchschnittsperiode betrachtet oder sogar nur die Kosten der ersten Periode verwendet. Aus diesem Grund werden unterschiedliche Lebensdauern verschiedener Investitionsobjekte – sieht man von ihren Auswirkungen auf die kalkulatorische Periodenabschreibung ab – vernachlässigt. Somit kann diese Methode ein Investitionsobjekt als kostengünstigstes ermitteln, obwohl es im Vergleich zu den anderen Objekten noch viele Jahre länger Kosten verursacht und somit – über die gesamte Lebensdauer betrachtet – die Gesamtkosten möglicherweise viel höher sind.

Die Vorteile der Kostenvergleichsrechnung sind darin zu sehen, dass die benötigten Daten relativ problemlos aus dem internen Rechnungswesen beschafft werden können und man dann mittels vergleichsweise einfacher Rechnungen zu einer Lösung gelangt.

3.3 Gewinnvergleichsrechnung

Aufgabe 3.6: Gewinnvergleichsrechnung

Ein Unternehmen beabsichtigt die Beschaffung einer neuen Produktionsanlage zur Fertigung des Produktes P. Von diesem Produkt können pro Jahr 40.000 ME zu einem Preis von 20 EUR/ME abgesetzt werden.

Zur Wahl stehen die Anlagen A und B, für die folgende Daten ermittelt wurden:

	Anlage A	Anlage B
Anschaffungskosten (EUR)	450.000	560.000
Nutzungsdauer (Jahre)	3	4
Produktionskapazität (ME/Jahr)	30.000	40.000
Variable Produktionskosten (EUR/ME)	10	12
Fixe Produktionskosten (EUR/Jahr)	70.000	100.000

Beide Anlagen sind linear abzuschreiben. Der kalkulatorische Zinssatz beträgt 10 % p. a. Liquidationserlöse liegen keine vor.

Führen Sie für die Anlagen A und B eine statische Gewinnvergleichsrechnung durch!

Lösung

Bei der Entscheidung aufgrund der Gewinnvergleichsrechnung ist von mehreren zur Auswahl stehenden Investitionsprojekten dasjenige zu realisieren, das in der fiktiven Durchschnittsperiode zur größten (positiven) Gewinnsteigerung (Erlössteigerung – Kostensteigerung) führt.

(1) Gesamterlöse:

Anlage A

Gesamterlös A = Absatzmenge A · Absatzpreis A

= 30.000 ME/Jahr · 20 EUR/ME

= 600.000 EUR/Jahr

(Beachte: Kapazitätsbeschränkung auf 30.000 ME/Jahr)

Anlage B

Gesamterlös B = Absatzmenge B · Absatzpreis B

= 40.000 ME/Jahr · 20 EUR/ME

= 800.000 EUR/Jahr

(2) Gesamtkosten:

Anlage A

Fixe Gesamtkosten A = Fixe Produktionskosten A + Kalk. Abschreibungen A + Kalk. Zinsen A

$$= 70.000 \text{ EUR/Jahr} + \frac{450.000 \text{ EUR}}{3 \text{ Jahre}} + \frac{450.000 \text{ EUR}}{2} \cdot 10\ \% \text{ p. a.}$$

= 242.500 EUR/Jahr

Variable Gesamtkosten A = Produktionsmenge A · Variable Produktionskosten A

= 10 EUR/ME · 30.000 ME/Jahr = 300.000 EUR/Jahr

Gesamtkosten A = Fixe Gesamtkosten A + Variable Gesamtkosten A

= 242.500 EUR/Jahr + 300.000 EUR/Jahr = 542.500 EUR/Jahr

Anlage B

Fixe Gesamtkosten B = Fixe Produktionskosten B + Kalk. Abschreibungen B + Kalk. Zinsen B

$$= 100.000 \text{ EUR/Jahr} + \frac{560.000 \text{EUR}}{4 \text{ Jahre}} + \frac{560.000 \text{EUR}}{2} \cdot 10\ \% \text{ p. a.}$$

= 268.000 EUR/Jahr

Variable Gesamtkosten B = Produktionsmenge B · Variable Produktionskosten B

= 12 EUR/ME · 40.000 ME/Jahr = 480.000 EUR/Jahr

Gesamtkosten B = Fixe Gesamtkosten B + Variable Gesamtkosten B

= 268.000 EUR/Jahr + 480.000 EUR/Jahr = 748.000 EUR/Jahr

(3) Gesamtgewinne:

Anlage A

Gesamtgewinn A = Gesamterlös A – Gesamtkosten A

= 600.000 EUR/Jahr – 542.500 EUR/Jahr = **57.500 EUR/Jahr**

Anlage B

Gesamtgewinn B = Gesamterlös B – Gesamtkosten B

= 800.000 EUR/Jahr – 748.000 EUR/Jahr = **52.000 EUR/Jahr**

Da die Anlage A den größeren durchschnittlichen Gewinn pro Jahr erwirtschaftet, sollte sie gemäß der Gewinnvergleichsrechnung angeschafft werden.

Der Gewinn pro Stück ist hier nicht der adäquate Maßstab, denn er kann zu einer falschen Entscheidung führen. Aufgrund unterschiedlicher Kapazitäten der Anlagen A und B kann es sein, dass ein niedrigerer Gewinn pro Stück durch höhere Absatzmengen ausgeglichen wird.

Aufgabe 3.7: Gewinnvergleichsrechnung

Die Schief & Krumm GmbH (siehe Aufgabe 3.3 auf Seite 15) hat sich dazu entschieden, neben der bereits vorgenommenen Kostenvergleichsrechnung für die Maschinen A und B einen weiteren Vorteilhaftigkeitsvergleich anhand der Gewinnvergleichsrechnung durchzuführen.

	Maschine A	Maschine B
Anschaffungskosten (EUR)	120.000	240.000
Nutzungsdauer (Jahre)	5	6
Liquidationserlös am Ende der Nutzungsdauer (EUR)	0	24.000
Maximale Leistungsabgabe (ME/Jahr)	24.000	30.000
Sonstige fixe Kosten (EUR/Jahr)	6.600	9.300
Variable Kosten (EUR/Jahr)		
– Löhne und Lohnnebenkosten (EUR/Jahr)	27.400	22.700
– Materialkosten (EUR/Jahr)	3.000	6.500
– Sonstige variable Kosten bei maximaler Leistungsabgabe (EUR/Jahr)	2.000	2.300
Kalkulatorischer Zinssatz (p. a.)	10 %	10 %
Veräußerungspreis des hergestellten Produkts (EUR/ME)	3,50	3,50

a) Führen Sie einen Vorteilhaftigkeitsvergleich mit Hilfe der Gewinnvergleichsrechnung durch und interpretieren Sie Ihre Ergebnisse unter Berücksichtigung der Tatsache, dass die Nutzungsdauern der beiden Maschinen unterschiedlich sind! Es ist davon auszugehen, dass die jeweils maximal herstellbaren Mengen auch abgesetzt werden können.

b) Berechnen Sie die jeweiligen „Break-Even"-Punkte für die beiden Maschinen!

Lösung

Teilaufgabe a)

Vorteilhaftigkeitsvergleich mit Hilfe der Gewinnvergleichsrechnung und Interpretation der Ergebnisse unter Berücksichtigung der Tatsache, dass die Nutzungsdauern der beiden Maschinen unterschiedlich sind:

		Maschine A	Maschine B
(1)	**Gesamterlöse:**		
	Leistungsabgabe (ME)	24.000	30.000
·	Preis je Mengeneinheit (EUR/ME)	3,50	3,50
=	Gesamterlöse (EUR)	84.000	105.000
(2)	**Gesamtkosten (vgl. die Lösung zu Aufgabe 3.3):**		
	Gesamte variable Kosten (EUR/Jahr)	32.400	31.500
+	Gesamte fixe Kosten (EUR/Jahr)	36.600	58.500
=	Gesamtkosten (EUR/Jahr)	69.000	90.000
(3)	**Gewinn (nach kalk. Zinsen):**		
	Gesamterlöse (EUR/Jahr)	84.000	105.000
–	Gesamtkosten (EUR/Jahr)	69.000	90.000
=	**Gewinn (nach kalk. Zinsen)** (EUR/Jahr)	**15.000**	**15.000**

Interpretation:

Obwohl die Stückkosten bei Maschine A geringer sind (vgl. die Lösung zu Aufgabe 3.3), erwirtschaften beide Investitionsobjekte den gleichen durchschnittlichen jährlichen Gewinn nach kalkulatorischen Zinsen. Dies ist zunächst damit zu erklären, dass unterschiedliche Leistungsmengen zugrunde liegen und deshalb auch die unterstellten Gesamterlöse unterschiedlich hoch sind.

Betrachtet man die Gesamtlaufzeiten, so zeigt sich, dass bei Maschine B der durchschnittliche jährliche Gewinn nach kalkulatorischen Zinsen i. H. v. 15.000 EUR insgesamt sechsmal anfällt, bei Maschine A aber lediglich fünfmal. Ob dieser Sachverhalt Auswirkungen auf den Vorteilhaftigkeitsvergleich hat, hängt davon ab, welche Investitionsmöglichkeiten dem Unternehmen bei der Maschine A im sechsten Jahr offen stehen. Geht man davon aus, dass generell eine identische Reinvestition erfolgen kann, so ist der oben ermittelte durchschnittliche jährliche Gewinn nach kalkulatorischen Zinsen die richtige Vergleichsgröße; der Investor ist indifferent hinsichtlich der beiden Investitionsobjekte. Geht man aber davon aus, dass nach Ablauf des fünften Jahres dem Investor lediglich (Finanz-)Investitionen zur Verfügung stehen, die zu einer Verzinsung in Höhe des kalkulatorischen Zinssatzes führen, dann ist Maschine B günstiger, da sie insgesamt zu einer Reinvermögenserhöhung i. H. v. 90.000 EUR führt, Maschine A hingegen lediglich zu einer Erhöhung im Umfang von 82.500 EUR (= 75.000 EUR + 10 % · 75.000 EUR).

Teilaufgabe b)

Berechnung der jeweiligen „Break-Even"-Punkte für die beiden Maschinen:

(1) Aufstellung der Gewinnfunktion von Maschine A:[7]

$$G_A(x) = E_A(x) - K_A(x)$$
$$= 3{,}5 \cdot x - (36.600 + 1{,}35 \cdot x)$$
$$= 2{,}15 \cdot x - 36.600$$

Dabei gilt:

$G_A(x)$: Gewinnfunktion der Maschine A;

$K_A(x)$: Kostenfunktion der Maschine A;

$E_A(x)$: Erlösfunktion der Maschine A;

x: Ausbringungsmenge.

(2) Ermittlung der kritischen Ausbringungsmenge für Maschine A:

$$G_A(x) = E_A(x) - K_A(x) \overset{!}{=} 0$$
$$2{,}15 \cdot x - 36.600 = 0$$
$$2{,}15 \cdot x = 36.600$$
$$x_{krit.} \approx \mathbf{17.023\ ME/Jahr}$$

Die kritische Ausbringungsmenge und damit die Gewinnschwelle liegt bei Maschine A bei ca. 17.023 ME/Jahr.

(3) Aufstellung der Gewinnfunktion von Maschine B:[8]

$$G_B(x) = E_B(x) - K_B(x)$$
$$= 3{,}5 \cdot x - (58.500 + 1{,}05 \cdot x)$$
$$= 2{,}45 \cdot x - 58.500$$

Dabei gilt:

$G_B(x)$: Gewinnfunktion der Maschine B;

$K_B(x)$: Kostenfunktion der Maschine B;

$E_B(x)$: Erlösfunktion der Maschine B;

x: Ausbringungsmenge.

---

[7] Zur Berechnung der variablen Stückkosten vgl. die Lösung zu Aufgabe 3.3.

[8] Zur Berechnung der variablen Stückkosten vgl. die Lösung zu Aufgabe 3.3.

(4) Ermittlung der kritischen Ausbringungsmenge für Maschine B:

$$G_B(x) = E_B(x) - K_B(x) \stackrel{!}{=} 0$$

$$2{,}45 \cdot x - 58.500 = 0$$

$$2{,}45 \cdot x = 58.500$$

$$x_{krit.} \approx \mathbf{23.878\ ME/Jahr}$$

Die kritische Ausbringungsmenge und damit die Gewinnschwelle liegt bei Maschine B bei ca. 23.878 ME/Jahr.

Aufgabe 3.8: Gewinnvergleichsrechnung

Ein Hersteller plant die Anschaffung einer neuen Fertigungsmaschine. Hierfür stehen ihm zwei Alternativen zur Auswahl, über die folgende Informationen verfügbar sind:

	Maschine I	Maschine II
Anschaffungspreis (EUR)	200.000	225.000
Frachtkosten (EUR)	15.000	25.000
Errichtungskosten (EUR)	3.000	3.000
Nutzungsdauer (Jahre)	5	5
Liquidationserlös am Ende der Nutzungsdauer (EUR)	15.000	20.000
Sonstige fixe Kosten (EUR/Jahr)	5.000	15.000
Produktionsmenge (ME/Jahr)	10.000	13.000
Verkaufspreis (EUR/ME)	10,50	10,50
Variable Stückkosten (EUR/ME)	1,80	1,70

Der kalkulatorische Zinssatz beträgt 6 % p. a. Beide Maschinen sind linear abzuschreiben.

Beurteilen Sie die absolute und relative Vorteilhaftigkeit der beiden Investitionsalternativen unter Verwendung der Gewinnvergleichsrechnung! Gehen Sie bei Ihren Berechnungen davon aus, dass die jeweils maximal produzierbaren Mengen auch abgesetzt werden können.

Lösung

(1) Berechnung der jährlichen Umsatzerlöse:

$$\text{Umsatzerlöse}_{\text{Maschine I}} = 10.000\ (\text{ME/Jahr}) \cdot 10{,}50\ (\text{EUR/ME})$$
$$= 105.000\ (\text{EUR/Jahr})$$

$$\text{Umsatzerlöse}_{\text{Maschine II}} = 13.000\ (\text{ME/Jahr}) \cdot 10{,}50\ (\text{EUR/ME})$$
$$= 136.500\ (\text{EUR/Jahr})$$

(2) Berechnung der jährlichen Kosten:

Die kalkulatorischen Abschreibungen ergeben sich auf Basis des um die Fracht- und die Errichtungskosten erhöhten Anschaffungspreises abzüglich des Liquidationserlöses. Der so errechnete Betrag ist auf die Nutzungsdauer von fünf Jahren zu verteilen.

$$\text{Kalk. Abschreibungen}_{\text{Maschine I}} = \frac{200.000 + 15.000 + 3.000 - 15.000}{5}$$
$$= 40.600\ \text{EUR/Jahr}$$

$$\text{Kalk. Abschreibungen}_{\text{Maschine II}} = \frac{225.000 + 25.000 + 3.000 - 20.000}{5}$$
$$= 46.600\ \text{EUR/Jahr}$$

Wendet man den kalkulatorischen Zinssatz auf die durchschnittliche Kapitalbindung an, so erhält man die kalkulatorischen Zinsen. Die durchschnittliche Kapitalbindung entspricht der Hälfte der Summe aus den Anschaffungskosten und dem Liquidationserlös.

$$\text{Kalk. Zinsen}_{\text{Maschine I}} = \left(\frac{200.000 + 15.000 + 3.000 + 15.000}{2}\right) \cdot 0{,}06$$
$$= 116.500 \cdot 0{,}06 = 6.990\ \text{EUR/Jahr}$$

$$\text{Kalk. Zinsen}_{\text{Maschine II}} = \left(\frac{225.000 + 25.000 + 3.000 + 20.000}{2}\right) \cdot 0{,}06$$
$$= 136.500 \cdot 0{,}06 = 8.190\ \text{EUR/Jahr}$$

Kostenkategorien (EUR/Jahr)	Maschine I	Maschine II
Kalk. Abschreibungen	40.600	46.600
Kalk. Zinsen	6.990	8.190
Sonstige fixe Kosten	5.000	15.000
Variable Gesamtkosten (= variable Stückkosten · Produktionsmenge)	18.000	22.100
Gesamtkosten	70.590	91.890

(3) Berechnung der jährlichen Gewinne:

Der jährliche Gewinn ergibt sich als Differenz von Umsatzerlösen pro Jahr und Gesamtkosten pro Jahr.

$$\text{Gewinn}_{\text{Maschine I}} = \text{Umsatzerlöse}_{\text{Maschine I}} - \text{Gesamtkosten}_{\text{Maschine I}}$$
$$= 105.000 \text{ EUR/Jahr} - 70.590 \text{ EUR/Jahr}$$
$$= \mathbf{34.410\ EUR/Jahr}$$

$$\text{Gewinn}_{\text{Maschine II}} = \text{Umsatzerlöse}_{\text{Maschine II}} - \text{Gesamtkosten}_{\text{Maschine II}}$$
$$= 136.500 \text{ EUR/Jahr} - 91.890 \text{ EUR/Jahr}$$
$$= \mathbf{44.610\ EUR/Jahr}$$

(4) Ergebnis:

Beide Maschinen sind **absolut vorteilhaft**, da der jährliche Gewinn jeweils 0 EUR übersteigt. Als **relativ vorteilhaft** erweist sich die Maschine II, da deren jährlicher Gewinn höher ist als der von Maschine I.

Aufgabe 3.9: Gewinnvergleichsrechnung

Ein Unternehmen möchte sein Produktionsprogramm um das Erzeugnis Z erweitern. Für die dazu erforderliche, neu zu beschaffende Produktionsanlage wurden Angebote von drei verschiedenen Herstellern eingeholt. Auf jeder dieser Anlagen kann ausschließlich das Produkt Z hergestellt werden, von dem maximal 40.000 ME/Jahr auf dem Markt absetzbar sind. Allerdings reicht nur die Kapazität der Anlage C zur Herstellung dieser Menge aus. Werden mehr als 25.000 ME/Jahr abgesetzt, so ist dies nur zu einem niedrigeren Verkaufspreis für alle verkauften Einheiten möglich. Der kalkulatorische Zinssatz beträgt 10 % p. a. Die Anlagen sind linear abzuschreiben. Liquidationserlöse liegen keine vor.

	Anlage A	Anlage B	Anlage C
Anschaffungskosten (EUR)	100.000	120.000	150.000
Lebensdauer der Anlage (Jahre)	4	4	6
Kapazität x (ME/Jahr)	25.000	30.000	40.000
Absatzpreis p bei Vollauslastung (EUR/ME)	3,00	2,80	2,50
Variable Stückkosten k_v (EUR/ME)	1,20	1,40	0,80
Sonstige Fixkosten (EUR/Jahr)	2.000	4.000	3.000

a) Warum ist die Kostenvergleichsrechnung zur Lösung dieses Investitionsproblems ungeeignet?

b) Zu welcher Produktionsanlage würden Sie dem Investor raten, wenn er seine Entscheidung nach der Gewinnvergleichsrechnung trifft?

Lösung

Teilaufgabe a)

Die einzelnen hier zu beurteilenden Investitionsprojekte weisen bei unterschiedlichen Absatzpreisen auch unterschiedliche Erlöse auf. Da die Kostenvergleichsrechnung jedoch von der Prämisse ausgeht, dass die einzelnen Investitionsprojekte gleich hohe Erlöse erwirtschaften, ist sie zur Lösung dieses Investitionsproblems ungeeignet.

Teilaufgabe b)

Beträge in EUR/Jahr	Anlage A	Anlage B	Anlage C
$p \cdot x$ = Gesamterlöse	3,00 · 25.000 = 75.000	2,80 · 30.000 = 84.000	2,50 · 40.000 = 100.000
Kalkulatorische Abschreibungen	25.000	30.000	25.000
Kalkulatorische Zinsen	5.000	6.000	7.500
Sonstige Fixkosten	2.000	4.000	3.000
Fixe Gesamtkosten	32.000	40.000	35.500
$k_v \cdot x$ = Variable Gesamtkosten	1,20 · 25.000 = 30.000	1,40 · 30.000 = 42.000	0,80 · 40.000 = 32.000
Gesamterlöse Gesamtkosten = Gewinn	**13.000**	**2.000**	**32.500**

Da die Produktionsanlage C den höchsten positiven Gewinn aufweist, sollte das Unternehmen diese Produktionsanlage anschaffen.

3.4 Rentabilitätsvergleichsrechnung

Aufgabe 3.10: Rentabilitätsvergleichsrechnung

Ein Unternehmer erwägt die Anschaffung einer Maschine. Hierfür stehen ihm zwei Alternativen zur Verfügung. Führen Sie für diese Alternativen einen Vorteilhaftigkeitsvergleich mit Hilfe der Rentabilitätsvergleichsrechnung durch! Verwenden Sie als Kapitaleinsatz das durchschnittlich gebundene Kapital und berechnen Sie sowohl Bruttorentabilitäten (Gewinn vor kalkulatorischen Zinsen) als auch Nettorentabilitäten (Gewinn nach kalkulatorischen Zinsen)! Interpretieren Sie Ihre Ergebnisse!

	Maschine A	Maschine B
Anschaffungskosten (EUR)	150.000	250.000
Nutzungsdauer (Jahre)	5	6
Liquidationserlös am Ende der Nutzungsdauer (EUR)	5.000	25.000
Maximale Leistungsabgabe (ME/Jahr)	24.000	30.000
Sonstige fixe Kosten (EUR/Jahr)	8.500	10.950
Löhne und Lohnnebenkosten (EUR/Jahr)	24.800	23.550
Materialkosten (EUR/Jahr)	2.700	5.800
Sonstige variable Kosten (EUR/Jahr)	1.800	2.200
Kalkulatorischer Zinssatz (p. a.)	8 %	8 %
Absatzpreis (EUR/ME)	3,75	3,60

Die beiden Maschinen sind linear abzuschreiben. Es ist zudem davon auszugehen, dass die jeweils maximal produzierbaren Mengeneinheiten auch am Markt abgesetzt werden können.

Lösung

Vorteilhaftigkeitsvergleich mit Hilfe der Rentabilitätsvergleichsrechnung; Ermittlung des durchschnittlichen Gewinns nach kalkulatorischen Zinsen; Verwendung des durchschnittlich gebundenen Kapitals als Kapitaleinsatz und Berechnung der Bruttorentabilitäten (Gewinn vor kalkulatorischen Zinsen) und Nettorentabilitäten (Gewinn nach kalkulatorischen Zinsen); Interpretation der Ergebnisse:

		Maschine A	Maschine B
(1)	**Fixe Gesamtkosten:**		
	Kalk. Abschreibungen (EUR/Jahr)	29.000	37.500
+	Kalk. Zinsen (EUR/Jahr)	6.200	11.000
+	Sonstige fixe Kosten (EUR/Jahr)	8.500	10.950
=	Fixe Gesamtkosten (EUR/Jahr)	43.700	59.450
(2)	**Variable Gesamtkosten:**		
	Löhne und Lohnnebenkosten (EUR/Jahr)	24.800	23.550
+	Materialkosten (EUR/Jahr)	2.700	5.800
+	Sonstige variable Kosten (EUR/Jahr)	1.800	2.200
=	Variable Gesamtkosten (EUR/Jahr)	29.300	31.550
(3)	**Gewinn nach kalk. Zinsen:**		
	Gesamterlöse (EUR/Jahr)	90.000	108.000
–	Gesamtkosten (EUR/Jahr)	73.000	91.000
=	Gewinn nach kalk. Zinsen (EUR/Jahr)	17.000	17.000
(4)	**Durchschnittliche Kapitalbindung:**		
	Anschaffungskosten (EUR)	150.000	250.000
+	Liquidationserlös (EUR)	5.000	25.000
=	Kapitalbindung insgesamt (EUR)	155.000	275.000
·	0,5	50 %	50 %
=	Durchschnittliche Kapitalbindung (EUR)	77.500	137.500
(5)	**Bruttorentabilität:**		
	Durchschnittlicher Gewinn (nach kalk. Zinsen) (EUR)	17.000	17.000
+	Kalkulatorische Zinsen (EUR)	6.200	11.000
=	Durchschnittlicher Gewinn (vor kalk. Zinsen) (EUR)	23.200	28.000
÷	Durchschnittliche Kapitalbindung (EUR)	77.500	137.500
=	Bruttorentabilität	**29,94 %**	**20,36 %**
(6)	**Nettorentabilität:**		
	Durchschnittlicher Gewinn (nach kalk. Zinsen) (EUR)	17.000	17.000
÷	Durchschnittliche Kapitalbindung (EUR)	77.500	137.500
=	Nettorentabilität	**21,94 %**	**12,36 %**

Die **Nettorentabilität** kann als **„Überrendite“** interpretiert werden, weil sie zeigt, wie hoch die Verzinsung ist, wenn der Gewinn bereits um kalkulatorische Zinsen gemindert worden ist. Deshalb ist eine Nettorentabilität von größer Null bereits positiv zu beurteilen. Die **Bruttorentabilität** übersteigt die Nettorentabilität exakt um die Höhe des kalkulatorischen Zinssatzes. Die Bruttorentabilität kann direkt mit dem kalkulatorischen Zinssatz verglichen werden: ist sie höher, so ist das Investitionsprojekt absolut vorteilhaft.

Aufgabe 3.11: Rentabilitätsvergleichsrechnung

Der Hersteller aus Aufgabe 3.8 auf Seite 32 erwägt, zusätzlich zu der Gewinnvergleichsrechnung eine Rentabilitätsermittlung durchzuführen, um seine Entscheidung bezüglich einer der beiden Fertigungsmaschinen zu bekräftigen. Die bereits bei der Gewinnvergleichsrechnung ermittelten und hier relevanten Größen sind in der folgenden Tabelle wiedergegeben.

Relevante Größen	Maschine I	Maschine II
Gewinn nach kalk. Zinsen (EUR/Jahr)	34.410	44.610
Kalk. Zinsen (EUR/Jahr)	6.990	8.190
Durchschnittliche Kapitalbindung (EUR)	116.500	136.500
Kalk. Zinssatz (p. a.)	6 %	6 %

Berechnen Sie ausgehend von diesen Größen sowohl die Rentabilitäten unter Verwendung des modifizierten Gewinns (Bruttorentabilität) als auch die Rentabilitäten unter Verwendung des kalkulatorischen Gewinns (Nettorentabilität) der beiden Maschinen!

Lösung

(1) Berechnung der Nettorentabilitäten p. a.:

Die Nettorentabilitäten errechnet man nach folgender Formel:

$$\text{Nettorentabilität} = \frac{\text{Jährlicher Gewinn (nach kalk. Zinsen)}}{\text{Durchschnittliche Kapitalbindung}}$$

$$\text{Nettorentabilität}_{\text{Maschine I}} = \frac{34.410}{116.500} = 0{,}2954 \text{ bzw. } \mathbf{29{,}54\ \%}$$

$$\text{Nettorentabilität}_{\text{Maschine II}} = \frac{44.610}{136.500} = 0{,}3268 \text{ bzw. } \mathbf{32{,}68\ \%}$$

(2) Berechnung der Bruttorentabilitäten p. a.:

Die Bruttorentabilitäten errechnet man nach folgender Formel:

$$\text{Bruttorentabilität} = \frac{\text{Jährlicher Gewinn (nach kalk. Zinsen) + kalk. Zinsen}}{\text{Durchschnittliche Kapitalbindung}}$$

$$\text{Bruttorentabilität}_{\text{Maschine I}} = \frac{34.410 + 6.990}{116.500} = 0{,}3554 \text{ bzw. } \mathbf{35{,}54\ \%}$$

$$\text{Bruttorentabilität}_{\text{Maschine II}} = \frac{44.610 + 8.190}{136.500} = 0{,}3868 \text{ bzw. } \mathbf{38{,}68\ \%}$$

(3) Ergebnis:

Beide Maschinen sind bezüglich der Brutto- und der Nettorentabilitäten **absolut vorteilhaft**, da die Verzinsung über dem kalkulatorischen Zinssatz von 6 % p. a. liegt. Maschine II ist **relativ vorteilhaft**. Die Rentabilität von Maschine II ist in beiden Fällen höher als die von Maschine I.

Aufgabe 3.12: Rentabilitätsvergleichsrechnung[9]

Ein Unternehmen möchte durch die Anschaffung einer zusätzlichen Maschine seine Fertigungskapazitäten erweitern. Für dieses einjährige Projekt stehen zwei Maschinen zur Auswahl, die über ihre Rentabilitäten verglichen werden sollen. Für die in Frage kommenden Maschinen liegen die folgenden Daten vor:

Kostenkategorien	Maschine I	Maschine II
Anschaffungskosten (EUR)	72.000	96.000
Fixe Gesamtkosten (EUR/Monat)	22.500	31.000
Variable Stückkosten (EUR/ME)	7,60	10,40
Absatzpreis (EUR/ME)	11,90	15,90

Für die Maschinen I und II ist jeweils ein gleichförmiger Wertverlust zu unterstellen. In den angegebenen fixen Gesamtkosten sind bereits kalkulatorische Zinsen, jedoch keine kalkulatorischen Abschreibungen enthalten. Liquidationserlöse liegen keine vor.

a) Bestimmen Sie den monatlichen Gewinn in Abhängigkeit von der eingesetzten Maschine, wenn eine Absatzmenge von 10.000 ME des zu fertigenden Produkts pro Monat unterstellt wird!

---

[9] Stark modifiziert entnommen aus *Troßmann, Ernst; Werkmeister, Clemens*: Arbeitsbuch Investition, Stuttgart 2001, S. 23–24 und S. 123–124.

b) Mit welcher Maschine ist die höhere Rentabilität bezogen auf deren Anschaffungskosten zu erzielen?

Lösung

Teilaufgabe a)

(1) Ermittlung des monatlichen Abschreibungsbetrags bei einer einjährigen Nutzungsdauer der Maschine:

$$\text{Monatliche Abschreibung}_{\text{Maschine I}} = \frac{72.000 \text{ EUR}}{12 \text{ Monate}} = 6.000 \text{ EUR/Monat}$$

$$\text{Monatliche Abschreibung}_{\text{Maschine II}} = \frac{96.000 \text{ EUR}}{12 \text{ Monate}} = 8.000 \text{ EUR/Monat}$$

(2) Ermittlung der variablen Gesamtkosten:

$$\text{Variable Gesamtkosten}_{\text{Maschine I}} = 7{,}60 \text{ EUR/ME} \cdot 10.000 \text{ ME/Monat} = 76.000 \text{ EUR/Monat}$$

$$\text{Variable Gesamtkosten}_{\text{Maschine II}} = 10{,}40 \text{ EUR/ME} \cdot 10.000 \text{ ME/Monat} = 104.000 \text{ EUR/Monat}$$

(3) Ermittlung der Gesamterlöse:

$$\text{Gesamterlöse}_{\text{Maschine I}} = 11{,}90 \text{ EUR/ME} \cdot 10.000 \text{ ME/Monat} = 119.000 \text{ EUR/Monat}$$

$$\text{Gesamterlöse}_{\text{Maschine II}} = 15{,}90 \text{ EUR/ME} \cdot 10.000 \text{ ME/Monat} = 159.000 \text{ EUR/Monat}$$

Ermittlung des monatlichen Gewinns:

(Beträge in EUR/Monat)	Maschine I	Maschine II
Fixe Gesamtkosten (ohne kalk. Abschreibungen)	22.500	31.000
Kalk. Abschreibungen	6.000	8.000
Variable Gesamtkosten	76.000	104.000
Gesamtkosten	104.500	143.000
Gesamterlöse	119.000	159.000
Gewinn = Gesamterlöse – Gesamtkosten	**14.500**	**16.000**

Teilaufgabe b)

Ermittlung der Rentabilitäten bezogen auf die Anschaffungskosten der Maschinen:

$$\text{Rentabilität}_{\text{Maschine I}} = \frac{14.500}{72.000} \approx 0{,}2014 \text{ bzw. } \mathbf{20{,}14\ \%\ p.\,M.}$$

$$\text{Rentabilität}_{\text{Maschine II}} = \frac{16.000}{96.000} \approx 0{,}1667 \text{ bzw. } \mathbf{16{,}67\ \%\ p.\,M.}$$

Aufgabe 3.13: Rentabilitätsvergleichsrechnung

Eine Fluggesellschaft plant, zur Erweiterung ihres Flugzeugbestands ein neues Flugzeug zu erwerben. Zurzeit stehen drei verschiedene Flugzeuge zur Auswahl, für die die folgenden Daten ermittelt wurden:

	Flugzeug A	Flugzeug B	Flugzeug C
Anschaffungskosten (Mio. EUR)	8	9	10
Max. Flugkapazität (km/Jahr)	5.000.000	5.000.000	5.000.000
Fixe Gesamtkosten (Mio. EUR/Jahr)	1,5	1,8	1,6
Variable Stückkosten (EUR/km)	1,10	0,95	1,00

Die Fluggesellschaft erwartet, dass aufgrund der starken Nachfrage nach Fernreisen das anzuschaffende Flugzeug jedes Jahr an seiner Kapazitätsgrenze betrieben werden kann. Außerdem rechnet sie mit einem Absatzpreis i. H. v. 1,50 EUR/km. Der Fluggesellschaft stehen 5 Mio. EUR an Eigenkapital zum Erwerb des Flugzeuges zur Verfügung; der Restbetrag der Anschaffungskosten muss über die Aufnahme eines Kredites finanziert werden. Die Fremdkapitalzinsen betragen 8 % p. a., die kalkulatorischen Eigenkapitalzinsen werden mit 12 % p. a. angegeben.

Ermitteln Sie unter der Annahme, dass sowohl die kalkulatorischen Eigenkapitalzinsen als auch die Fremdkapitalzinsen in den fixen Gesamtkosten bereits enthalten sind,

a) die Eigenkapitalrentabilität,

b) die Gesamtkapitalrentabilität

für die drei Flugzeuge unter der Annahme einer kontinuierlichen Tilgung des Kredites!

Lösung

Teilaufgabe a)

Beträge in Mio. EUR/Jahr	Flugzeug A	Flugzeug B	Flugzeug C
∅ Eigenkapitalbindung	2,50	2,50	2,50
Kalk. Eigenkapitalzinsen	0,30	0,30	0,30
Fixe Gesamtkosten ohne kalk. Eigenkapitalzinsen	1,20	1,50	1,30
Variable Gesamtkosten	5,50	4,75	5,00
Gesamtkosten ohne kalk. Eigenkapitalzinsen	6,70	6,25	6,30
Gesamterlöse	7,50	7,50	7,50
Gewinn (vor EKZ und nach FKZ)	0,80	1,25	1,20
Eigenkapitalrentabilität (p. a.)	**32 %**	**50 %**	**48 %**

Teilaufgabe b)

Beträge in Mio. EUR/Jahr	Flugzeug A	Flugzeug B	Flugzeug C
Gesamtkosten ohne kalk. EKZ (siehe Teilaufgabe a))	6,70	6,25	6,30
∅ Fremdkapitalbindung	1,50	2,00	2,50
∅ Fremdkapitalzinsen	0,12	0,16	0,20
Gesamtkosten ohne kalk. Eigenkapitalzinsen und ohne Fremdkapitalzinsen	6,58	6,09	6,10
Gesamterlöse	7,50	7,50	7,50
Gewinn (vor EKZ und vor FKZ)	0,92	1,41	1,40
∅ Gesamtkapitalbindung	4,00	4,50	5,00
Gesamtkapitalrentabilität (p. a.)	**23 %**	**31,33 %**	**28 %**

Grafisch lassen sich die Begriffe Gewinn vor EKZ und vor FKZ, Gewinn vor EKZ und nach FKZ sowie Gewinn nach EKZ und nach FKZ wie folgt voneinander abgrenzen:

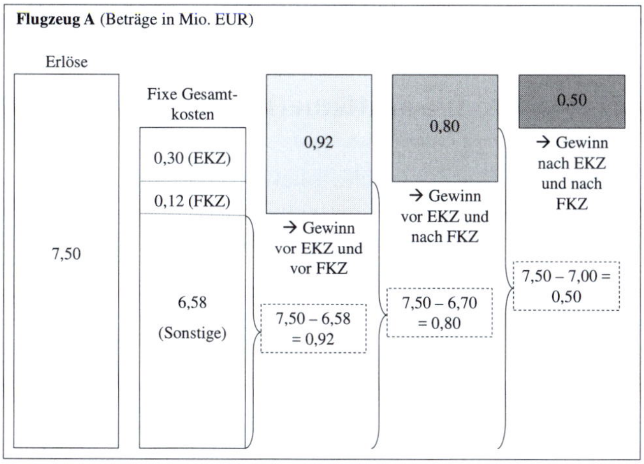
Flugzeug A (Beträge in Mio. EUR)
Erlöse
7,50
Fixe Gesamtkosten
0,30 (EKZ)
0,12 (FKZ)
6,58
(Sonstige)
0,92
→ Gewinn vor EKZ und vor FKZ
7,50 – 6,58 = 0,92
0,80
→ Gewinn vor EKZ und nach FKZ
7,50 – 6,70 = 0,80
0,50
→ Gewinn nach EKZ und nach FKZ
7,50 – 7,00 = 0,50

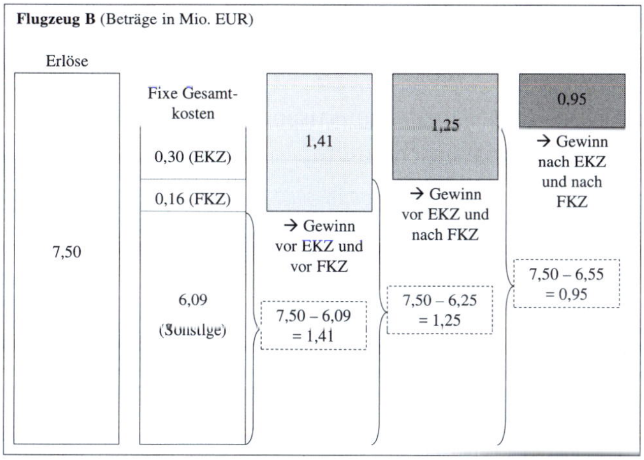
Flugzeug B (Beträge in Mio. EUR)
Erlöse
7,50
Fixe Gesamtkosten
0,30 (EKZ)
0,16 (FKZ)
6,09
(Sonstige)
1,41
→ Gewinn vor EKZ und vor FKZ
7,50 – 6,09 = 1,41
1,25
→ Gewinn vor EKZ und nach FKZ
7,50 – 6,25 = 1,25
0,95
→ Gewinn nach EKZ und nach FKZ
7,50 – 6,55 = 0,95

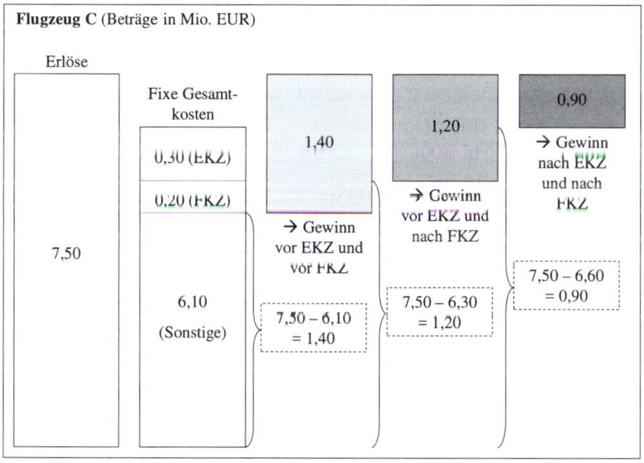
Flugzeug C (Beträge in Mio. EUR)
Erlöse
7,50
Fixe Gesamtkosten
0,30 (EKZ)
0,20 (FKZ)
6,10
(Sonstige)
1,40
→ Gewinn vor EKZ und vor FKZ
7,50 – 6,10 = 1,40
1,20
→ Gewinn vor EKZ und nach FKZ
7,50 – 6,30 = 1,20
0,90
→ Gewinn nach EKZ und nach FKZ
7,50 – 6,60 = 0,90

3.5 Statische Amortisationsrechnung

Aufgabe 3.14: Durchschnittsmethode[10]

Ein Unternehmen der Elektrobranche plant den Ausbau der Fertigung. Für dieses Vorhaben ist die Anschaffung einer Fertigungsmaschine notwendig. Hierfür kommen zwei Investitionsobjekte mit den folgenden Werten in Betracht:

	Investitionsobjekt I	Investitionsobjekt II
Anschaffungskosten (EUR)	100.000	130.000
Nutzungsdauer (Jahre)	10	10
Kalkulatorische Abschreibungen (EUR/Jahr)	10.000	13.000
∅ Gewinn (EUR/Jahr)	18.000	27.000

Welches der beiden Investitionsobjekte ist für das Unternehmen unter Zugrundelegung eines statischen Amortisationszeitvergleichs auf Basis der Durchschnittsmethode das vorteilhaftere?

Lösung

	Investitionsobjekt I	Investitionsobjekt II
∅ Rückfluss (EUR/Jahr) = ∅ Gewinn (EUR/Jahr) + kalkulatorische Abschreibungen (EUR/Jahr)	28.000	40.000
Amortisationsdauer (Jahre)	$t_I = \frac{100.000\ \text{EUR}}{28.000\ \text{EUR/Jahr}}$ $= 3{,}57$ Jahre	$t_{II} = \frac{130.000\ \text{EUR}}{40.000\ \text{EUR/Jahr}}$ $= 3{,}25$ Jahre

Das Investitionsobjekt II ist vorteilhafter als das Investitionsobjekt I, da es sich um 0,32 Jahre schneller amortisiert.

---

[10] Stark modifiziert entnommen aus *Olfert, Klaus*: Kompakt-Training Investition, 7. Aufl., Herne 2015, S. 106.

Aufgabe 3.15: Durchschnittsmethode

Ermitteln Sie für die drei in Aufgabe 3.13 auf Seite 41 beschriebenen Flugzeuge die Amortisationsdauer nach der Durchschnittsmethode! Gehen Sie dabei davon aus, dass die drei Flugzeuge jeweils 20 Jahre lang genutzt werden können und linear abgeschrieben werden. Liquidationserlöse liegen keine vor.

Lösung

Beträge in Mio. EUR/Jahr	Flugzeug A	Flugzeug B	Flugzeug C
Anschaffungskosten	8,00	9,00	10,00
Gewinn (vor kalk. EKZ und nach FKZ) (siehe Lösung zu Aufgabe 3.13) Kalk. Abschreibungen	0,80 0,40	1,25 0,45	1,20 0,50
Ø Gewinn (EUR/Jahr) + Ø kalk. Abschreibungen (EUR/Jahr) = Ø Rückfluss (EUR/Jahr)	0,80 + 0,40 = 1,20	1,25 + 0,45 = 1,70	1,20 + 0,50 = 1,70
Amortisationsdauer (Jahre)	$\frac{8{,}00}{1{,}20} = \mathbf{6{,}67}$	$\frac{9{,}00}{1{,}70} = \mathbf{5{,}29}$	$\frac{10{,}00}{1{,}70} = \mathbf{5{,}88}$

Aufgabe 3.16: Kumulationsmethode[11]

Die reiche Firmenimperiumsinhaberin Brunhilde Bonzig plant den Ausbau der Produktionskapazitäten eines ihrer Betriebe. Der mit der Koordination dieses Ausbaus betraute Willibald Weißwas holt bei verschiedenen Unternehmen Angebote bezüglich einer benötigten Spezial-Fertigungsmaschine ein. Nach längeren Beratungen werden schließlich zwei Maschinen in die engere Wahl gezogen. Es ist damit zu rechnen, dass die Maschinen in den nächsten Jahren bis zum Ende ihrer wirtschaftlichen Nutzungsdauer (jeweils 5 Jahre) folgende Zahlungsströme verursachen:

Maschine I:

Anschaffungskosten 100.000 EUR; Kapitalrückflüsse der einzelnen Jahre: 30.000 EUR, 40.000 EUR, 30.000 EUR, 20.000 EUR, 20.000 EUR.

---

[11] Stark modifiziert entnommen aus *Blohm, Hans; Lüder, Klaus; Schaefer, Christina*: Investition, 10. Aufl., München 2012, S. 147–148.

Maschine II:

Anschaffungskosten 100.000 EUR; Kapitalrückflüsse der einzelnen Jahre: 20.000 EUR, 20.000 EUR, 30.000 EUR, 40.000 EUR, 40.000 EUR.

a) Welche der beiden Maschinen ist für den Betrieb von Brunhilde Bonzig unter Zugrundelegung eines statischen Amortisationszeitvergleichs auf der Basis der Kumulationsmethode die vorteilhaftere? Beraten Sie diesbezüglich Willibald Weißwas!

b) Ändert sich etwas an Ihrer Meinung, wenn Sie Ihren Berechnungen die Durchschnittsmethode zugrunde legen? Interpretieren Sie beide Ergebnisse!

Lösung

Teilaufgabe a)

Bestimmung der statischen Amortisationszeit zweier Investitionsobjekte mit Hilfe der Kumulationsmethode:

	Maschine I		Maschine II	
Investitionsausgaben (EUR)		100.000		100.000
Lebensdauer (Jahre)		5		5
Rückfluss				
1. Jahr (EUR/Jahr)	30.000		20.000	
2. Jahr (EUR/Jahr)	40.000	Σ 100.000	20.000	Σ 110.000
3. Jahr (EUR/Jahr)	30.000		30.000	
4. Jahr (EUR/Jahr)	20.000		40.000	
5. Jahr (EUR/Jahr)	20.000		40.000	
Amortisationszeit (Jahre)		**3,00**		**3,75**

Bei der Maschine I ist die Summe der jährlichen Rückflüsse nach Ablauf von drei Jahren gleich den Investitionsausgaben. Bei der Maschine II beträgt die Summe der jährlichen Rückflüsse nach Ablauf von 4 Jahren 110.000 EUR. Wenn man unterstellt, dass die 40.000 EUR des 4. Jahres gleichmäßig über das Jahr verteilt anfallen, so sind nach 3 Jahren und 9 Monaten (also 3,75 Jahren) die Investitionsausgaben wiedergewonnen. Somit ist Maschine I – nach dem statischen Amortisationszeitvergleich auf der Basis der Kumulationsmethode – vorteilhafter als Maschine II. Sie empfehlen Willibald Weißwas die Anschaffung von Maschine I.

Anstelle der rechnerischen Ermittlung der Amortisationszeit nach der Kumulationsmethode ist auch eine grafische Bestimmung möglich. Die Amortisationszeit ergibt sich als Abszissenwert des Schnittpunkts zwischen der 100 %-Linie und der Kurve der kumulierten Rückflüsse.

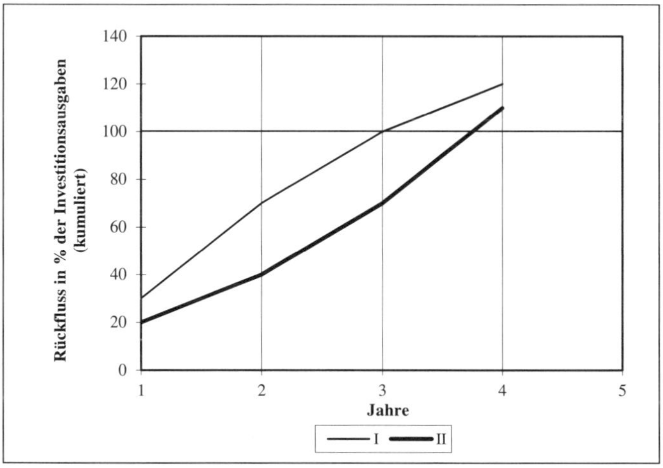

Abbildung 4: Grafische Bestimmung der Amortisationszeit nach der Kumulationsmethode

Teilaufgabe b)

Geht man von konstanten Rückflüssen je Zeitabschnitt aus und fallen Investitionsausgaben nur in t = 0 an, dann vereinfacht sich die Errechnung der statischen Amortisationszeit (Durchschnittsrechnung). In diesem Fall gilt:

$$t_i = \frac{A_{0i}}{\varnothing R_i}$$

Dabei gilt:

t_i: Statische Amortisationsdauer der Investitionsalternative i;

A_{0i}: Investitionsausgaben zum Zeitpunkt 0 für die Investitionsalternative i;

$\varnothing R_i$: Durchschnittliche Rückflüsse bei der Investitionsalternative i

Legt man den Berechnungen die Durchschnittsmethode zugrunde, so muss zunächst der durchschnittliche Kapitalrückfluss für jede Investitionsalternative berechnet werden.

$$\varnothing R_I = \frac{30.000 + 40.000 + 30.000 + 20.000 + 20.000}{5} = 28.000 \text{ EUR/Jahr}$$

$$\varnothing R_{II} = \frac{20.000 + 20.000 + 30.000 + 40.000 + 40.000}{5} = 30.000 \text{ EUR/Jahr}$$

Somit lauten die statischen Amortisationsdauern gemäß der Durchschnittsmethode:

$$t_I = \frac{100.000 \text{ EUR}}{28.000 \frac{\text{EUR}}{\text{Jahr}}} = 3{,}57 \text{ Jahre}$$

$$t_{II} = \frac{100.000 \text{ EUR}}{30.000 \frac{\text{EUR}}{\text{Jahr}}} = 3{,}33 \text{ Jahre}$$

Unter Zugrundelegung der Durchschnittsmethode ist Maschine II die vorteilhaftere, da sie die kürzere Amortisationszeit besitzt (implizite Annahme: Die Höchstamortisationsdauer beträgt mindestens 3,33 Jahre). Auf der Basis der Durchschnittsmethode empfehlen Sie somit Willibald Weißwas die Anschaffung von Maschine II.

Die unterschiedlichen Entscheidungen bei diesen beiden Methoden lassen sich auf die unterschiedliche zeitliche Rückflussstruktur nach der Kumulations- und der Durchschnittsmethode zurückführen. Während bei Maschine II anfangs durchgängig niedrigere jährliche Rückflüsse als bei Maschine I zu erwarten sind, verhält es sich zum Ende der Nutzungsdauer hin gerade umgekehrt, wobei der Durchschnittswert der Rückflüsse von Maschine II größer als der von Maschine I ist.

Aufgabe 3.17: Kumulationsmethode[12]

Der Konsum AG stehen für die Herstellung zweier alternativer Produkte zwei Investitionsalternativen A und B zur Verfügung. Mit der Investitionsalternative A kann sie ein Produkt herstellen, dessen Absatzzahlen in den folgenden Jahren stetig abnehmen werden, während die Absatzzahlen des mit der Investitionsalternative B hergestellten Produkts in den folgenden Jahren steigen werden. Sowohl die Investitionsalternative A als auch die Investitionsalternative B besitzen eine erwartete Nutzungsdauer von 8 Jahren.

Die folgende Tabelle beinhaltet für die beiden Investitionsalternativen die Zahlungsströme der nächsten 8 Jahre. Welche Entscheidung sollte der Investor treffen, wenn diese auf Grundlage der statischen Amortisationsdauer und unter Verwendung der Kumulationsmethode getroffen werden soll?

---

[12] Modifiziert entnommen aus *Kruschwitz, Lutz; Lorenz, Daniela*: Investitionsrechnung, 15. Aufl., Berlin/Boston 2019, S. 293–294.

t	Investition A		Investition B	
	Auszahlungen (EUR)	Einzahlungen (EUR)	Auszahlungen (EUR)	Einzahlungen (EUR)
0	300.000	—	225.000	—
1	13.500	120.000	15.000	60.000
2	13.500	105.000	16.500	60.000
3	15.000	90.000	16.500	60.000
4	25.500	75.000	22.500	60.000
5	16.500	60.000	18.000	60.000
6	18.000	45.000	22.500	90.000
7	18.000	30.000	30.000	120.000
8	15.000	22.500	31.500	120.000

Lösung

Die Ermittlung der Amortisationsdauern für die beiden Investitionsalternativen ist in der nachfolgenden Tabelle schematisch dargestellt:

	Investition A			Investition B		
t	Kumulierte Auszahlungen (EUR)	Kumulierte Einzahlungen (EUR)	Überschuss (EUR)	Kumulierte Auszahlungen (EUR)	Kumulierte Einzahlungen (EUR)	Überschuss (EUR)
0	300.000	0	– 300.000	225.000	0	– 225.000
1	313.500	120.000	– 193.500	240.000	60.000	– 180.000
2	327.000	225.000	– 102.000	256.500	120.000	– 136.500
3	342.000	315.000	– 27.000	273.000	180.000	– 93.000
4	367.500	390.000	22.500	295.500	240.000	– 55.500
5	384.000	450.000	66.000	313.500	300.000	13.500
6	402.000	495.000	93.000	336.000	390.000	54.000
7	420.000	525.000	105.000	366.000	510.000	144.000
8	435.000	547.500	112.500	397.500	630.000	232.500

Unter Zugrundelegung der statischen Amortisationsdauer – berechnet nach der Kumulationsmethode – sollte der Investor die Investition A verwirklichen, da **Investition A mit einer Amortisationsdauer von 4 Jahren** eine kürzere Amortisationszeit aufweist als **Investition B mit einer Amortisationsdauer von 6 Jahren**.

Nimmt man an, dass sowohl die Einzahlungen als auch die Auszahlungen gleichmäßig verteilt in den einzelnen Jahren anfallen, kann man auch die **exakten Amortisationszeitpunkte** ermitteln:

Investition A: $3+\frac{27.000}{27.000+22.500}$ = **3,55 Jahre**

Investition B: $5+\frac{13.500}{13.500+54.000}$ = **5,20 Jahre**

Diese genaueren Rechnungen sind allerdings nur dann zwingend durchzuführen, wenn die Investitionsalternativen die gleichen Amortisationsdauern (in Jahren) aufweisen.

Aufgabe 3.18: Non-Discounting Methods[13]

During a break between two classes a group of students has the idea to found a car sharing company. In doing so, they aim to supplement their income and moreover their quality of life. The initial outlay of the required car will be financed by a bank loan at an interest rate of 5.00 % p. a.

The students have two alternatives to choose from. On the one hand there is the “Wild Roadster” with an initial outlay of EUR 9,000 and on the other hand there is the “Fuzzy Van” with an initial outlay of EUR 14,000. Both vehicles have the same maximum capacity of 35,000 kilometres per year which is actually used. While using the cars at their capacity limit, the anticipated average life is 2 years for the “Wild Roadster” and 3 years for the “Fuzzy Van”. Taxes and insurance for each vehicle are EUR 2,000 per year. With regard to the manufacturer’s information, preventive maintenance should be lower for the car type “Fuzzy Van”. Average fixed costs for preventive maintenance are EUR 1,000 per year for the “Wild Roadster” and EUR 800 per year for the “Fuzzy Van”. The valuation of average repair costs is EUR 1,500 per year for the “Wild Roadster” and EUR 1,000 per year for the “Fuzzy Van”. Operating expenses are EUR 0.15 per kilometre for the “Wild Roadster” and EUR 0.17 per kilometre for the “Fuzzy Van”.

a) Compare the two alternatives by using the Cost Comparison Method!

b) According to carefully made estimates the “Wild Roadster” generated revenues of EUR 0.49 per kilometre driven. With regard to the “Fuzzy Van” the students are somehow more optimistic due to the better equipment and, therefore, estimate revenues of EUR 0.51 per kilometre driven. Use the Profit Comparison Method to decide!

---

[13] Zur englischen Terminologie vgl. den Anhang auf S. 293–294.

c) Calculate the payback period, if we assume the following salvage values:
   – "Wild Roadster": EUR 1,000,
   – "Fuzzy Van": EUR 2,000.

Lösung

Teilaufgabe a)

	"Wild Roadster"	**"Fuzzy Van"**
Initial outlay [EUR]	9,000	14,000
Capacity [kilometres per year]	35,000	35,000
Anticipated average life [in years]	2	3
Imputed depreciation [EUR per year]	$\frac{9{,}000}{2} = 4{,}500$	$\frac{14{,}000}{3} = 4{,}667$
Interest on borrowed capital [EUR per year]	$\frac{9{,}000}{2} \cdot 0.05 = 225$	$\frac{14{,}000}{2} \cdot 0.05 = 350$
Taxes and insurance [EUR per year]	2,000	2,000
Maintenance [EUR per year]	1,000	800
Repair [EUR per year]	1,500	1,000
Total fixed costs [EUR per year]	9,225	8,817
Operating expenses [EUR per kilometre]	0.15	0.17
Total variable costs [EUR per year]	$0.15 \cdot 35{,}000 = 5{,}250$	$0.17 \cdot 35{,}000 = 5{,}950$
Total costs [EUR per year]	**14,475**	**14,767**

As the average total average costs per year of the "Wild Roadster" are lower than those of the "Fuzzy Van", the students should go for the "Wild Roadster".

Teilaufgabe b)

	"Wild Roadster"	"Fuzzy Van"
Sales revenues [EUR per year]	$35{,}000 \cdot 0.49 = 17{,}150$	$35{,}000 \cdot 0.51 = 17{,}850$
– Total costs [EUR per year]	14,475	14,767
= Annual profit [EUR]	**2,675**	**3,083**

The "Fuzzy Van" generates a higher annual average profit than the "Wild Roadster" and is therefore preferable. But: The Profit Comparison Method is not appropriate in this situation because the two alternatives have different initial outlays and different anticipated average lifetimes.

Teilaufgabe c)

	"Wild Roadster"	"Fuzzy Van"
Cash inflow [EUR per year]	17,150	17,850
– Cash outflow [EUR per year]	$\frac{9{,}000 + 1{,}000}{2} \cdot 0.05$ + 2,000 + 1,000 + 1,500 + 5,250 = 10,000	$\frac{14{,}000 + 2{,}000}{2} \cdot 0.05$ + 2,000 + 800 + 1,000 + 5,950 = 10,150
= Cash flow [EUR per year]	17,150 – 10,000 = 7,150	17,850 – 10,150 = 7,700
Initial Outlay [EUR]	9,000	14,000
Payback in years	$\frac{9{,}000}{7{,}150}$ = **1.26 years**	$\frac{14{,}000}{7{,}700}$ = **1.82 years**

As the "Wild Roadster" has a shorter payback period than the "Fuzzy Van", the students should go for the "Wild Roadster".

4 Dynamische Verfahren der Investitionsrechnung

4.1 Grundlagen der dynamischen Investitionsrechnung

Aufgabe 4.1: Berechnung von Verzinsungsfaktoren[14]

Ermitteln Sie die Aufzinsungsfaktoren für einen Zinssatz von i = 4 % p. a. und Verzinsungszeiträume von 1 Jahr bis zu 10 Jahren (t = 1, …, 10)! Weshalb steigen diese Aufzinsungsfaktoren überproportional an? Wie wird diese Art von Wachstum bezeichnet?

Lösung

Jahr t	$(1 + 0{,}04)^t$	Jahr t	$(1 + 0{,}04)^t$
1	1,040000	6	1,265319
2	1,081600	7	1,315932
3	1,124864	8	1,368569
4	1,169859	9	1,423312
5	1,216653	10	1,480244

Das überproportionale Ansteigen der Aufzinsungsfaktoren beruht auf dem Zinseszinseffekt. Die Zinsen der einzelnen Jahre werden dem jeweils zu verzinsenden Betrag zugeschlagen. Bei diesem Sachverhalt handelt es sich um eine geometrische Reihe.

[14] Modifiziert entnommen aus *Troßmann, Ernst; Werkmeister, Clemens*: Arbeitsbuch Investition, Stuttgart 2001, S. 7 und S. 99.

Aufgabe 4.2: Zinseszinsrechnung[15]

a) Ein Sparkonto i. H. v. 25.300 EUR wird 8 Jahre lang mit 4,5 % p. a. verzinst. Wie groß ist das Endvermögen?

b) Frau Neureich erwirbt ein abgezinstes Wertpapier mit einem Nominalwert von 1.000 EUR, einer Laufzeit von 6 Jahren und einem nominellen Jahreszinssatz von 4,4 %. Wie hoch ist der Kurs des Wertpapiers beim Erwerb?

c) Berechnen Sie den effektiven Jahreszinssatz, wenn Frau Neureich – siehe Teilaufgabe b) – für den Kauf des abgezinsten Wertpapiers noch Transaktionskosten i. H. v. 2,5 ‰ des Nominalwerts bezahlen muss!

d) Nach wie vielen Jahren verdoppelt sich der Betrag eines Sparkontos bei einem Jahreszinssatz von 4,5 %?

Lösung

Teilaufgabe a)

Das Endvermögen (K_n) berechnet sich aus der Aufzinsung des Anfangsvermögens (K_0) mit dem einheitlichen Zinssatz i über n Jahre nach folgender Gleichung:

$$K_n = K_0 \cdot (1+i)^n$$

Hier: $K_8 = 25.300 \text{ EUR} \cdot (1+0{,}045)^8 = \mathbf{35.979{,}15\ EUR}$

Das Endvermögen beträgt nach 8 Jahren 35.979,15 EUR.

Teilaufgabe b)

Den Kurs des Wertpapiers beim Erwerb (K_0) ermittelt man durch Umformung der Ausgangsgleichung aus Teilaufgabe a) wie folgt:

$$K_n = K_0 \cdot (1+i)^n$$

$$K_0 = \frac{K_n}{(1+i)^n}$$

[15] Geringfügig modifiziert entnommen aus *Grundmann, Wolfgang*: Finanz- und Versicherungsmathematik, Leipzig 1996, S. 17.

Hier: $K_0 = \frac{1.000 \text{ EUR}}{(1 + 0{,}044)^6} = \mathbf{772{,}32\ EUR}$

Der Kurs des Wertpapiers beim Erwerb (= Kaufpreis) beträgt 772,32 EUR.

Teilaufgabe c)

Die Transaktionskosten – sie führen zu einer Erhöhung des Kaufpreises des abgezinsten Wertpapiers – betragen 2,5 ‰ · 1.000 EUR = 2,50 EUR. Der effektive Jahreszinssatz ergibt sich durch Umformung der Ausgangsgleichung aus Teilaufgabe a) und Auflösen nach dem Zinssatz i wie folgt:

$$K_n = K_0 \cdot (1 + i)^n$$

$$i = \sqrt[n]{\frac{K_n}{K_0}} - 1$$

Hier: $\sqrt[6]{\frac{1.000}{772{,}32 + 2{,}50}} - 1 = \mathbf{4{,}3438\ \%\ p.\,a.}$

Der effektive Jahreszins beläuft sich auf 4,3438 % p. a.

Teilaufgabe d)

Die Anzahl der Jahre ergibt sich durch Umformung der Ausgangsgleichung aus Teilaufgabe a) und Auflösen nach n (Jahre) durch Verwendung des Logarithmus (ln) wie folgt:

$$K_n = K_0 \cdot (1 + i)^n$$

$$n = \frac{\ln \frac{K_n}{K_0}}{\ln(1 + i)}$$

Hier: $K_n = 2 \cdot K_0 \rightarrow n = \frac{\ln \frac{2}{1}}{\ln 1{,}045} = \frac{0{,}693147}{0{,}044017} = \mathbf{15{,}75\ Jahre}$

Nach 15 Jahren und 9 Monaten hat sich der Betrag des Sparkontos verdoppelt.

Aufgabe 4.3: Zinseszinsrechnung und Zinssätze

Herr Sparsam erbt am 01.01.20 12.000 EUR, die er gleich zur Bank bringt und anlegt. Es wird ein nomineller jährlicher Zinssatz von 6 % vereinbart. Welchen Wert wird die Erbschaft am 31.12.30 haben, wenn die Bank

a) eine einfache Verzinsung,

b) eine Zinseszinsrechnung

zusagt und die Verzinsung bei Letzterer alternativ jährlich, vierteljährlich, monatlich bzw. kontinuierlich vorgenommen wird? Wie groß sind die effektiven Jahreszinssätze bei vierteljährlicher und monatlicher Verzinsung?

Lösung

Teilaufgabe a)

Einfache Verzinsung:

$$K_n = K_0 + K_0 \cdot i + K_0 \cdot i + ... + K_0 \cdot i$$

$$K_n = K_0 + n \cdot K_0 \cdot i = K_0 \cdot (1 + n \cdot i)$$

Dabei gilt:

K_n: Kapitalwert der Investition nach n Jahren;

K_0: Anfangsvermögen;

i: Zinssatz p. a.;

n: Jahre.

K_{11} = 12.000 EUR · (1 + 11 · 0,06) = **19.920,00 EUR**

Teilaufgabe b)

– Jährliche Verzinsung:

$$K_1 = K_0 + K_0 \cdot i = K_0 \cdot (1 + i)$$

$$K_2 = K_1 \cdot (1 + i) = K_0 \cdot (1 + i)^2$$

$$K_n = K_0 \cdot (1 + i)^n = K_0 \cdot q^n$$

Dabei gilt:

q^n: Aufzinsungsfaktor.

K_{11} = 12.000 EUR · $(1 + 0,06)^{11}$ = **22.779,58 EUR**

– Vierteljährliche Verzinsung:

$$K_1 = K_0 \cdot \left(1 + \frac{i}{m}\right)^{1 \cdot m}$$

$$K_2 = K_0 \cdot \left(1 + \frac{i}{m}\right)^{2 \cdot m}$$

$$K_n = K_0 \cdot \left(1 + \frac{i}{m}\right)^{n \cdot m}$$

Dabei gilt:

m: Anzahl der Zinszuschlagstermine.

$$K_{11} = 12.000 \text{ EUR} \cdot \left(1 + \frac{0{,}06}{4}\right)^{11 \cdot 4} = \mathbf{23.104{,}00\ EUR}$$

– Monatliche Verzinsung:

$$K_{11} = 12.000 \text{ EUR} \cdot \left(1 + \frac{0{,}06}{4}\right)^{11 \cdot 12} = \mathbf{23.179{,}36\ EUR}$$

– Kontinuierliche/stetige Verzinsung:

$$K_n = \lim_{m \to \infty} \left[K_0 \cdot \left(1 + \frac{i}{m}\right)^{n \cdot m} \right]$$

$$K_n = K_0 \cdot \left[\lim_{m \to \infty} \left(1 + \frac{i}{m}\right)^{m} \right]^n = K_0 \cdot e^{i \cdot n}$$

Dabei gilt:

e: *Euler*sche Zahl (= 2,71828…).

$$K_{11} = 12.000 \text{EUR} \cdot e^{0{,}06 \cdot 11} = \mathbf{23.217{,}51\ EUR}$$

Berechnung des effektiven Jahreszinses ($i_{eff.}$) bei vierteljährlicher Verzinsung:

$$K_0 \cdot (1 + i_{eff.}) = K_0 \cdot \left(1 + \frac{i}{m}\right)^{m}$$

$$i_{eff.} = \left(1 + \frac{i}{m}\right)^{m} - 1 = \left(1 + \frac{0{,}06}{4}\right)^{4} - 1 \approx 0{,}061364 \approx \mathbf{6{,}1364\ \%\ p.\ a.}$$

Berechnung des effektiven Jahreszinses ($i_{eff.}$) bei monatlicher Verzinsung:

$$i_{eff.} = \left(1 + \frac{i}{m}\right)^{m} - 1 = \left(1 + \frac{0{,}06}{12}\right)^{12} - 1 \approx 0{,}061678 \approx \mathbf{6{,}1678\ \%\ p.\ a.}$$

Aufgabe 4.4: Rentenrechnung[16]

a) Der Käufer einer Villa hat sich verpflichtet, 30 Jahre lang jeweils zum Jahresende (nachschüssig) eine Rente von 15.000 EUR an den Verkäufer zu entrichten. Welchem Barwert bzw. Endwert entspricht diese Zahlungsform, wenn ein Zinssatz von 6 % p. a. unterstellt wird?

b) Herr Spar zahlt jährlich 2.300 EUR auf ein Konto ein. Vereinfachend wird unterstellt, dass der Zeitpunkt der jährlichen Zinszahlung stets mit dem Zeitpunkt der jährlichen Einzahlung übereinstimmt. Welcher (durchschnittliche effektive) Zinssatz wurde erzielt, wenn nach 2 Jahren 4.800 EUR zur Verfügung stehen?

c) Frau Konto spart jedes Jahr 4.000 EUR. Die Einzahlung erfolgt jeweils zum Ende eines Jahres. Mit dem Kreditinstitut wird ein langfristiger Zinssatz von 5 % p. a. vereinbart. Nach wie vielen Jahren wird die Spargrenze von 100.000 EUR erreicht?

d) Herr Haben verfügt über ein Guthaben von 160.000 EUR. Welche jährliche Rentenzahlung könnte er bei einem Zinssatz von 5 % p. a. bei Vereinbarung einer ewigen Rente erhalten?

Lösung

Teilaufgabe a)

(1) Ermittlung des Barwerts der Rente (K_0):

$$K_0 = a \cdot \frac{(1+i)^n - 1}{i \cdot (1+i)^n}$$

Dabei gilt:

K_0: Barwert der Rente;

a: Jährliche Rente;

i: Zinssatz p. a.;

n: Jahre.

---

[16] Modifiziert entnommen aus *Grundmann, Wolfgang*: Finanz- und Versicherungsmathematik, Leipzig 1996, S. 32–34.

Hier: $K_0 = 15.000 \text{ EUR} \cdot \frac{(1+0{,}06)^{30} - 1}{0{,}06 \cdot (1+0{,}06)^{30}} = \mathbf{206.472{,}47\ EUR}$

Der Barwert der Rente beträgt 206.472,47 EUR.

(2) Ermittlung des Endwerts der Rente (K_n):

$$K_n = a \cdot \frac{(1+i)^n - 1}{i}$$

Dabei gilt:

K_n: Endwert der Rente;

a: Jährliche Rente;

i: Zinssatz p. a.;

n: Jahre.

Hier: $K_{30} = 15.000 \text{ EUR} \cdot \frac{(1+0{,}06)^{30} - 1}{0{,}06} = \mathbf{1.185.872{,}79\ EUR}$

Der Endwert der Rente beträgt 1.185.872,79 EUR.

Teilaufgabe b)

Gegeben ist ein nachschüssiger Rentenendwert i. H. v. 4.800 EUR. Es wurden zwei Raten zu je 2.300 EUR eingezahlt.

Ermittlung des durchschnittlichen effektiven Zinssatzes (i):

$$\frac{(1+i)^n - 1}{i} = \frac{K_n}{a}$$

Hier: $\frac{(1+i)^2 - 1}{i} = \frac{4.800 \text{ EUR}}{2.300 \text{ EUR}}$

$$\rightarrow \frac{1 + 2 \cdot i + i^2 - 1}{i} = \frac{4.800 \text{ EUR}}{2.300 \text{ EUR}} \rightarrow \frac{2+i}{1} = \frac{4.800 \text{ EUR}}{2.300 \text{ EUR}}$$

$$\rightarrow i = \frac{4.800 \text{ EUR}}{2.300 \text{ EUR}} - 2 = 0{,}086957 = \mathbf{8{,}6957\ \%\ p.\,a.}$$

Es wurde von Herrn Spar ein (durchschnittlicher effektiver) Zinssatz i. H. v. 8,6957 % p. a. erzielt.

Teilaufgabe c)

$$K_n = a \cdot \frac{(1+i)^n - 1}{i} \rightarrow n = \frac{\ln\left(\frac{K_n \cdot i}{a} + 1\right)}{\ln(1+i)}$$

Hier: $$n = \frac{\ln\left(\frac{100.000 \cdot 0{,}05}{4.000} + 1\right)}{\ln(1+0{,}05)} = \mathbf{16{,}62\ Jahre}$$

Nach 16 Jahren ist die Spargrenze von 100.000 EUR noch nicht erreicht. Nach 17 Jahren wird die Spargrenze von 100.000 EUR überschritten.

Teilaufgabe d)

$$K_0 = a \cdot \frac{(1+i)^n - 1}{i \cdot (1+i)^n}$$

$$K_0 = a \cdot \left[\frac{1}{i} \cdot \frac{(1+i)^n}{(1+i)^n} - \frac{1}{i \cdot (1+i)^n}\right]$$

$$\lim_{n \to \infty} K_0 = a \cdot \left[\frac{1}{i} \cdot \underbrace{\frac{(1+i)^n}{(1+i)^n}}_{1} - \underbrace{\frac{1}{i \cdot (1+i)^n}}_{\to 0}\right]$$

$$K_0 = a \cdot \frac{1}{i}$$

Hier: $a = K_0 \cdot i = 160.000\ \text{EUR} \cdot 0{,}05 = \mathbf{8.000\ EUR/Jahr}$

Herr Haben könnte eine ewige Rente i. H. v. 8.000 EUR/Jahr erhalten.

Aufgabe 4.5: Klassische Verfahren der dynamischen Investitionsrechnung

a) Erläutern Sie die Kapitalwertmethode, die Annuitätenmethode sowie die Methode des internen Zinsfußes und geben Sie jeweils die Definitionsgleichung und das Vorteilhaftigkeitskriterium an!

b) Schildern Sie die wesentlichen Mängel, die den klassischen Verfahren der dynamischen Investitionsrechnung anhaften!

Lösung

Teilaufgabe a)

Bei den dynamischen Verfahren der Investitionsrechnung wird die Vorteilhaftigkeit einer Investition über deren gesamte Lebensdauer hinweg betrachtet. Es erfolgt keine Bildung von Periodendurchschnittswerten. Die im Zeitablauf jeweils schwankenden Einzahlungen bzw. Einnahmen und Auszahlungen bzw. Ausgaben werden auf einen festgelegten Investitionszeitpunkt diskontiert. Eine synonyme Verwendung dieser beiden Begriffspaare ist allerdings nur dann erlaubt, wenn durch Kreditbewegungen keine zeitlichen Verwerfungen zwischen den Zahlungsmittel- und Geldvermögensveränderungen auftreten.

Kapitalwertmethode[17]

Im Rahmen der **Kapitalwertmethode** wird jede Investition durch eine bestimmte Zahlungsreihe repräsentiert. Der Kapitalwert einer Investition entspricht dem Barwert dieser Zahlungsreihe, also der Summe aller mit dem Kalkulationszinssatz i auf den Zeitpunkt t = 0, den Investitionszeitpunkt, abgezinsten Ein- und Auszahlungen, die durch das Investitionsprojekt ausgelöst werden; er stellt demnach den durch die Investition verursachten Vermögenszuwachs, bezogen auf t = 0, dar.

Definitionsgleichung der Kapitalwertmethode:

Die **Summe aller Barwerte** der durch ein Investitionsvorhaben verursachten Zahlungen wird als **Kapitalwert C_0** dieser Investition bezeichnet:

$$C_0 = \sum_{t=0}^{n} \frac{Z_t}{(1+i)^t} = \sum_{t=0}^{n} \left(\frac{E_t}{(1+i)^t} - \frac{A_t}{(1+i)^t} \right)$$

Dabei gilt:

C_0: Kapitalwert der Investition;

E_t: Einzahlungen der Periode t;

A_t: Auszahlungen der Periode t;

Z_t: Differenz zwischen den Ein- und Auszahlungen der Periode t mit folgender Wirkung:

---

[17] Vgl. *Bieg, Hartmut; Kußmaul, Heinz; Waschbusch, Gerd*: Investition, 3. Aufl., München 2016, S. 100–104.

- Einzahlungsüberschuss der Periode t, wenn $Z_t > 0$ bzw.
- Auszahlungsüberschuss der Periode t, wenn $Z_t < 0$;

i: Kalkulationszinssatz;

n: Nutzungsdauer des Investitionsobjekts;

t: Periode (t = 0, 1, 2, ..., n).

Die folgende Darstellung berücksichtigt explizit, dass

- zum Zeitpunkt t = 0 bei Realisierung der Investition keine Einzahlungen vorliegen ($E_0 = 0$ und damit $Z_0 = A_0$),
- am Ende der Nutzungsdauer eine Liquidationseinzahlung (ein Liquidationserlös) bzw. eine Liquidationsauszahlung (z. B. Abbruch- und/oder Entsorgungskosten) anfallen kann ($L_n > 0$ bzw. $L_n < 0$).

Es ergibt sich daher folgende abgewandelte Formel:

$$C_0 = -A_0 + \sum_{t=1}^{n} \frac{Z_t}{(1+i)^t} + \frac{L_n}{(1+i)^n}$$

Dabei gilt:

A_0: Anschaffungsauszahlung im Zeitpunkt t = 0;

L_n: Liquidationseinzahlung (Liquidationserlös), falls $L_n > 0$ bzw. Liquidationsauszahlung, falls $L_n < 0$.

Im Falle der Fremdfinanzierung der Investition entspricht der Kalkulationszinssatz dem tatsächlich zu zahlenden effektiven Sollzinssatz. Bei Eigenfinanzierung sind die Eigenkapitalkosten im Sinne von Opportunitätskosten als Kalkulationszinssatz heranzuziehen.

Nach der **Kapitalwertmethode** ist ein einzelnes Investitionsprojekt dann vorteilhaft, wenn sein Kapitalwert größer Null ist. Von mehreren zur Verfügung stehenden Investitionsalternativen ist diejenige für den Investor am günstigsten, die den größten positiven Kapitalwert besitzt.

Annuitätenmethode[18]

Auch bei der **Annuitätenmethode**, die eine Variante der Kapitalwertmethode darstellt, wird in einem ersten Schritt der Kapitalwert ermittelt. Dieser wird dann in einem zweiten Schritt mit Hilfe des Kapitalwiedergewinnungsfaktors in eine Annuität, also eine äquivalente, äquidistante und uniforme Zahlungs-

---

[18] Vgl. *Bieg, Hartmut; Kußmaul, Heinz; Waschbusch, Gerd*: Investition, 3. Aufl., München 2016, S. 104–107.

reihe, transformiert. Die Annuität kann als der durch die Investition verursachte Einkommenszuwachs verstanden werden, also als der Betrag, der neben Tilgung und Verzinsung in jeder Periode verfügbar ist.

Definitionsgleichung der Annuitätenmethode:

$$G_n = \sum_{t=0}^{n} \frac{Z_t}{(1+i)^t} \cdot \frac{i \cdot (1+i)^n}{(1+i)^n - 1} = C_0 \cdot KWF$$

Dabei gilt:

G_n: Annuität bei einer Nutzungsdauer von n Jahren;

C_0: Kapitalwert der Investition;

Z_t: Differenz zwischen den Ein- und Auszahlungen der Periode t mit folgender Wirkung:

- Einzahlungsüberschuss der Periode t, wenn $Z_t > 0$ bzw.
- Auszahlungsüberschuss der Periode t, wenn $Z_t < 0$;

i: Kalkulationszinssatz;

n: Nutzungsdauer des Investitionsobjekts;

t: Periode (t = 0, 1, 2, ..., n);

KWF: Kapitalwiedergewinnungsfaktor.

Eine einzelne Investition ist nach der **Annuitätenmethode** dann vorteilhaft, wenn ihre Annuität größer als Null ist. Von mehreren alternativen Handlungsmöglichkeiten des Investors ist diejenige mit der größten positiven Annuität vorzuziehen. Bei mehreren Handlungsmöglichkeiten ist zu beachten, dass die in den Vergleich einbezogenen Projekte dieselbe Nutzungsdauer aufweisen.

Methode des internen Zinsfußes[19]

Bei der **Methode des internen Zinsfußes** wird die effektive Verzinsung des jeweils gebundenen Kapitals ermittelt. Die Methode des internen Zinsfußes stellt eine Abwandlung der Kapitalwertmethode dar, indem nicht von einem gegebenen Kalkulationszinssatz ausgegangen wird, sondern derjenige Diskontierungszinsfuß gesucht wird, der zu einem Kapitalwert von Null führt. Ein Kapitalwert von Null bedeutet eine Identität zwischen dem Barwert der Einzahlungsreihe und dem Barwert der Auszahlungsreihe.

---

[19] Vgl. *Bieg, Hartmut; Kußmaul, Heinz; Waschbusch, Gerd*: Investition, 3. Aufl., München 2016, S. 107–114.

Definitionsgleichung des internen Zinsfußes:

$$\sum_{t=0}^{n} Z_t \cdot (1+r)^{-t} = 0$$

Dabei gilt:

Z_t: Einzahlungs- bzw. Auszahlungsüberschuss der Periode t;

r: Interner Zinsfuß;

n: Nutzungsdauer des Investitionsobjekts;

t: Periode (t = 0, 1, 2, …, n).

Der interne Zinsfuß r ist bei der **Methode des internen Zinsfußes** dem gegebenen Kalkulationszinssatz i (Vergleichsalternative) gegenüberzustellen. Liegt der interne Zinsfuß über dem Mindestzinsfuß i, der erzielt werden soll, so ist die Investition vorteilhaft. Bei einem Vergleich mehrerer Alternativen ist diejenige Investition am vorteilhaftesten, die den höchsten internen Zinsfuß aufweist, sofern dieser gleichzeitig größer als der Mindestzinsfuß i ist.

Teilaufgabe b)

Bei den dynamischen Investitionsrechnungsverfahren ergeben sich Probleme, wenn die zu vergleichenden Investitionen keine vollständigen Alternativen darstellen, weil die **Lebensdauern der einzelnen Investitionsobjekte unterschiedlich lang** sind und/oder weil die **Anschaffungsauszahlungen** der einzelnen Investitionsobjekte **unterschiedlich hoch** sind.

Diese beiden Probleme werden bei den verschiedenen dynamischen Investitionsrechnungsverfahren durch **unterschiedliche Wiederanlageprämissen** „gelöst". Dabei handelt es sich um Unterstellungen, wie sich alle Zahlungsüberschüsse, Ergänzungs- und Anschlussinvestitionen verzinsen. Bei der **Kapitalwertmethode** – und damit auch bei der Annuitätenmethode – wird unterstellt, dass eine **„Wiederanlage" zum Kalkulationszinssatz** erfolgt. Gilt diese Prämisse, was insbesondere bei Gültigkeit der Prämisse des vollkommenen Kapitalmarktes zutreffen wird, so ist sichergestellt, dass die in einen Vergleich einzubeziehenden Alternativen vollständig sind, denn sowohl Differenzen in der Höhe des gebundenen Kapitals als auch Differenzen hinsichtlich der Nutzungsdauern sind dann ohne Einfluss auf die Kapitalwerte der Projekte und damit auf das Entscheidungskriterium der Kapitalwertmethode. Ergänzungs- und Anschlussinvestitionen können nur zu einem jährlichen Wertzuwachs in Höhe ihres Betrages multipliziert mit dem Kalkulationszinssatz führen. Genau diese Verzinsung wird aber durch die Diskontierung mit dem Kalkulationszinssatz auf den Zeitpunkt t = 0 wieder rückgängig gemacht, so dass der entsprechende Differenzkapitalwert immer gleich Null ist.

Ein zweites Problem ergibt sich daraus, dass in einem Betrieb i. d. R. mehrere Investitionen gleichzeitig oder zeitlich gestaffelt realisiert werden sollen. Bei der Untersuchung eines einzelnen Vorhabens weiß man jedoch noch nicht, welche Investitionsvorhaben sich insgesamt in der Planungsperiode als vorteilhaft erweisen werden. Somit kennt man den Gesamtkapitalbedarf noch nicht und weiß damit auch nicht, welche Finanzierungsform zu welchen Konditionen in Frage kommt. Damit fehlt aber eine wichtige Basis zur Ermittlung der durch die Investition verursachten zusätzlichen oder entgangenen Zinsen und somit auch zur Bestimmung des Kalkulationszinssatzes. Auch dieses Problem „lösen" die Prämissen des vollkommenen und unbeschränkten Kapitalmarkts.

Diese sehr starke Vereinfachung ist allerdings nur zulässig, wenn der Zinssatz für aufzunehmendes Kapital zumindest annähernd gleich dem für anzulegendes Kapital ist. Da dies in der Realität im Allgemeinen nicht der Fall ist, ist das Ergebnis der Kapitalwertmethode nur noch als grober Anhaltspunkt anzusehen und nicht mehr in jedem Fall richtig.

Die Kapitalwertmethode steht und fällt demnach mit der Wiederanlage- und den Kapitalmarktprämissen. Ihre Nachteile beruhen primär auf diesen – häufig unrealistischen – Unterstellungen.

Die **Annuitätenmethode** als eine Modifikation der Kapitalwertmethode baut auf deren Prämissen auf. Dementsprechend gelten grundsätzlich dieselben Kritikpunkte. Zusätzlich kommen **folgende Nachteile** hinzu:

- Die Annuitätenmethode erfordert einen zusätzlichen Rechenaufwand, da in einem ersten Schritt ohnehin die Kapitalwerte der Investitionsalternativen zu bestimmen sind.
- Die Annuitätenmethode birgt die Gefahr von Fehlentscheidungen, wenn Investitionsobjekte mit unterschiedlichen Lebensdauern anhand ihrer auf die jeweilige Projektdauer berechneten Annuitäten verglichen werden.

Die Mängel der **Methode des internen Zinsfußes** liegen nicht nur in der mangelnden Interpretierbarkeit ihrer Ergebnisse (als Effektivverzinsung oder Gesamtkapitalrentabilität), sondern auch in ihrer Wiederanlageprämisse. Hier wird die „Wiederanlage" jeweils zum internen Zinsfuß des betrachteten Investitionsprojekts unterstellt, so dass sich Zahlungsüberschüsse, Ergänzungs- und Anschlussinvestitionen bei jedem Investitionsprojekt in unterschiedlicher Weise auswirken. Technische Voraussetzungen für die Gültigkeit dieser Prämisse sind zum einen die mehrmalige gleichzeitige, aber auch spätere Durchführung des Projekts sowie zum anderen die beliebige Teilbarkeit des Projekts bei gleicher interner Rendite – eine üblicherweise nicht erfüllte Voraussetzung. Die Wiederanlageprämisse wird dubios, sobald mehrere Investitionsprojekte mit verschiedenen internen Zinsfüßen beurteilt werden sollen.

Ein weiteres Problem der Methode des internen Zinsfußes besteht darin, dass zuweilen keine oder nur eine nicht eindeutige Bestimmung des internen Zinsfußes möglich ist.

Aufgabe 4.6: Gemeinsamkeiten der dynamischen Verfahren

Skizzieren Sie in Stichwortform die Gemeinsamkeiten der dynamischen Verfahren der Investitionsrechnung!

Lösung

Die Gemeinsamkeiten der dynamischen Verfahren der Investitionsrechnung sind darin zu sehen, dass

- erstens Zahlungsgrößen und keine periodisierten Erfolgsgrößen heranzuziehen sind,
- zweitens regelmäßig ein einheitlicher Zahlungszeitpunkt zugrunde gelegt wird, wobei typischerweise mit nachschüssigen, d. h. am Ende einer Periode anfallenden Zahlungen gerechnet wird,
- drittens ein einheitlicher Bezugszeitpunkt gewählt werden muss, der bei den meisten Verfahren am Beginn der Zahlungsreihe, zum Teil aber auch zu anderen Zeitpunkten wie dem Ende des Zahlungszeitraums liegt, und
- viertens mit einem Kalkulationszinssatz alle Zahlungen auf einen einheitlichen Bezugszeitpunkt auf- oder abgezinst und damit vergleichbar gemacht werden.

Aufgabe 4.7: Kalkulationszinssatz und Kapitalwert

Stellen Sie für eine typische Sachinvestition den funktionalen Zusammenhang zwischen der Höhe des Kalkulationszinssatzes und dem Kapitalwert grafisch dar und interpretieren Sie die Schnittstellen des entsprechenden Graphen mit der Ordinate und der Abszisse!

Lösung

Eine **typische Sachinvestition** ist dadurch gekennzeichnet, dass

- ihre Zahlungsreihe mit einer einzelnen Auszahlung oder mit mehreren Auszahlungen beginnt, auf die dann nur noch Einzahlungsüberschüsse folgen,
- für sie zumindest an der Stelle i = 0 der Kapitalwert C_0 positiv ist, die einfache Summe der Einzahlungen also höher ist als die der Auszahlungen (Deckungskriterium), und
- am Ende der Nutzungsdauer eine Liquidationseinzahlung (ein Liquidationserlös) bzw. eine Liquidationsauszahlung (z. B. Abbruchkosten) anfallen kann, d. h. $L_n > 0$ bzw. $L_n < 0$ ist.

Sind die mit einer Sachinvestition zusammenhängenden Ein- und Auszahlungen bei einer angenommenen Nutzungsdauer gegeben, so ergibt sich der entsprechende Kapitalwert C_0 als eine lediglich vom Kalkulationszinssatz i abhängige Größe. Dieser stellt bei einer Entscheidung über ein einzelnes Investitionsprojekt die Vergleichsalternative dar, da vorhandenes Eigenkapital zu diesem Zinssatz angelegt werden kann bzw. bei einem Verzicht auf Aufnahme zusätzlichen Fremdkapitals entsprechend geringere Zinszahlungen entstehen. Mit fallendem Kalkulationszinssatz steigt der Kapitalwert einer Investition, mit steigendem Kalkulationszinssatz fällt er unter sonst gleichen Gegebenheiten.

Kapitalwertfunktion:

$$C_0(i) = -A_0 + \sum_{t=1}^{n} \frac{Z_t}{(1+i)^t} + \frac{L_n}{(1+i)^n}$$

Dabei gilt:

C_0: Kapitalwert der Investition;

i: Kalkulationszinssatz;

A_0: Anschaffungsauszahlung im Zeitpunkt t = 0;

Z_t: Zahlungsüberschuss der Periode t mit $Z_t > 0$ oder $Z_t < 0$;

L_n: Liquidationseinzahlung (Liquidationserlös), falls $L_n > 0$ oder Liquidationsauszahlung, falls $L_n < 0$;

t: Periode (t = 1, 2, …, n);

n: Nutzungsdauer des Investitionsobjekts.

Grafische Darstellung:

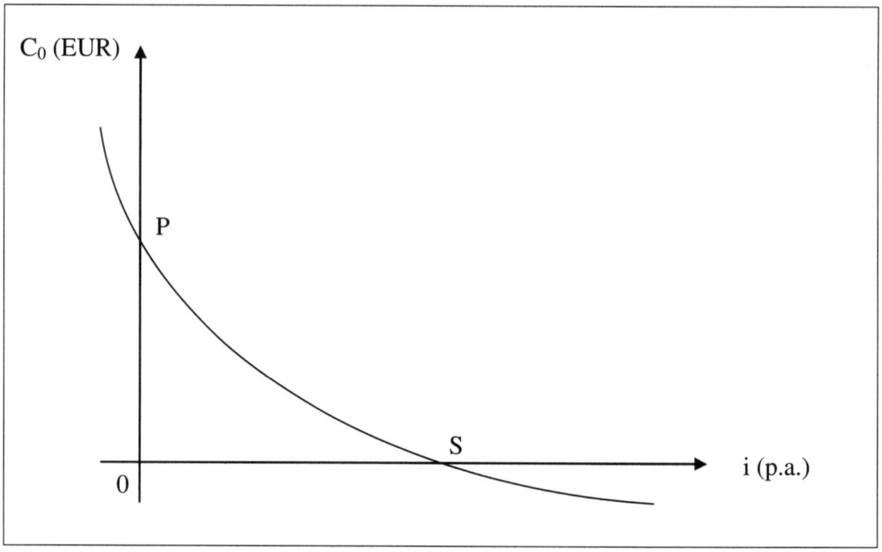

Abbildung 5: Verlauf der Kapitalwertfunktion einer typischen Sachinvestition

Der Verlauf der Kapitalwertfunktion einer typischen Sachinvestition kann folgendermaßen charakterisiert werden:

Die Kapitalwertfunktion hat mit wachsendem Kalkulationszinssatz einen **degressiven Verlauf**. An der Stelle, an der die Kapitalwertfunktion die Ordinate schneidet (Punkt P), also bei einem Kalkulationszinssatz von Null, hat sie einen Wert, der den aufsummierten nicht abgezinsten Ein- und Auszahlungen entspricht:

$$C_0(0) = -A_0 + \sum_{t=1}^{n} Z_t + L_n$$

Entsprechend dem oben vorausgesetzten Deckungskriterium ist der Kapitalwert an dieser Stelle positiv.

Der Schnittpunkt der Kapitalwertfunktion mit der Abszisse (Punkt S) bezeichnet den Wert, an dem der Kalkulationszinssatz dem internen Zinsfuß der Investition entspricht. Der Kapitalwert beträgt hier Null.

Aufgabe 4.8: Dynamische Investitionsrechenverfahren

a) Stellen Sie die Gemeinsamkeiten und Besonderheiten der verschiedenen dynamischen Investitionsrechenverfahren dar! Gehen Sie dabei auf die Zahlungsgrößen, den Zahlungszeitpunkt, den Bezugszeitpunkt und den Kalkulationszinssatz ein!

b) Kritisieren Sie kurz die Methode des internen Zinsfußes!

Lösung

Teilaufgabe a)

Zahlungsgrößen und Zahlungszeitpunkt:

Alle dynamischen Investitionsverfahren gehen von dem **pagatorischen Investitionsbegriff** aus, d. h., sie orientieren sich an den durch das Investitionsobjekt hervorgerufenen Zahlungsströmen. Die Berücksichtigung der unterschiedlichen Zahlungszeitpunkte erfolgt durch den Zinssatz. Dieser ist Ausdruck der Zeitpräferenz des Investors, denn dieser schätzt einen heute verfügbaren Geldbetrag i. d. R. höher ein als einen gleich hohen Betrag, der ihm erst später zur Verfügung steht. Liquidität bedeutet Konsummöglichkeiten, daher wird der Zins auch als Preis für entgangene anderweitige Nutzungsmöglichkeiten, als Entgelt für den Konsumverzicht bzw. als Ausdruck der Liquiditätspräferenz des Investors bezeichnet. Eine Auszahlung, die der Investor heute tätigen muss, trifft ihn also härter als eine Auszahlung, die erst in der darauf folgenden Periode erfolgen muss. Aus diesem Grund müssen die zu unterschiedlichen Zeitpunkten anfallenden Ein- und Auszahlungen mit Hilfe des Zinses auf einen einheitlichen Bezugszeitpunkt bezogen werden, um vergleichbar gemacht zu werden.

Um die angesprochene Zinswirkung exakt zu berücksichtigen, müssten die Zahlungen eigentlich taggenau erfasst werden. Dies würde die Investitionsrechnung allerdings u. U. sehr arbeitsaufwendig machen. Zudem ist es bei den meisten Investitionsobjekten nur schwer möglich, die tatsächlichen Zeitpunkte der Ein- und Auszahlungen im Voraus exakt zu bestimmen, wie dies z. B. bei einem festverzinslichen Wertpapier üblicherweise möglich ist. Die tatsächlichen Zeitpunkte der Ein- und Auszahlungen müssen häufig ebenso wie ihre tatsächliche Höhe geschätzt werden. Daher hat man folgende sinnvolle Vereinfachungen für die Rechnungen vereinbart. Man unterteilt den gesamten zu betrachtenden Investitionszeitraum in Perioden. In der Regel entspricht eine Periode einem Jahr. Man kann jedoch auch kürzere Perioden (Quartale, Monate) oder längere Perioden (5-Jahreszeiträume) wählen.

Man unterstellt sodann, dass die einzelnen Einzahlungen (E_t) und Auszahlungen (A_t) einer Periode jeweils zum gleichen Zeitpunkt anfallen. In der Mehrzahl der Fälle ist dies das Periodenende. Man bezeichnet eine auf dieser Prämisse beruhende Rechnung als **nachschüssig**. Man kann allerdings auch die Annahme treffen, dass die Zahlungen zu Beginn der einzelnen Perioden anfallen. In diesem Fall handelt es sich dann um eine **vorschüssige** Rechnung. Im Folgenden wird nur auf die nachschüssige Rechnung eingegangen.

Aufgrund dieser getroffenen Annahme können die Ein- und Auszahlungen einer Periode problemlos miteinander saldiert werden, so dass zur Rechnungsvereinfachung nur die saldierten **Nettozahlungen** ($Z_t = E_t - A_t$) in die Rechnung einfließen. Sind die Nettozahlungen positiv ($Z_t > 0$), so liegt ein Überschuss der Einzahlungen über die Auszahlungen vor. Man spricht dann von einem **Einzahlungsüberschuss**. Bei negativen Nettozahlungen ($Z_t < 0$) besteht ein Überschuss der Auszahlungen über die Einzahlungen. Dieser wird als **Auszahlungsüberschuss** bezeichnet.

Bezugszeitpunkt:

Wie bereits erwähnt, müssen die zu unterschiedlichen Zeitpunkten anfallenden Nettozahlungen durch Auf- bzw. Abzinsung auf einen **Bezugszeitpunkt** vergleichbar gemacht werden, um zu einer einheitlichen Beurteilungsgröße zusammengefasst werden zu können. Mit Hilfe dieser Beurteilungsgröße kann dann sowohl über die **absolute Vorteilhaftigkeit** eines einzelnen Investitionsobjekts als auch über die **relative Vorteilhaftigkeit** mehrerer Investitionsalternativen entschieden werden.

Der **Bezugszeitpunkt** kann beliebig gewählt werden. Er hat selbst **keinen Einfluss** auf die Entscheidung der **Vorteilhaftigkeit** der Investition. Üblich ist es jedoch, die einzelnen Zahlungen auf den Anfang oder das Ende des Planungszeitraumes ab- bzw. aufzuzinsen. Wählt man das **Ende des Planungszeitraumes**, so erhält man den **Endwert einer Investition**, der den Betrag ausdrückt, um den das Endvermögen des Investors aufgrund dieser Investition höher sein wird als ohne ihre Realisation.

Wählt man hingegen als Bezugszeitpunkt den **Beginn eines Planungszeitraumes**, so erhält man den **Kapitalwert einer Investition**. Dieser Wert drückt den Betrag aus, um den der Gegenwartswert des Vermögens des Investors aufgrund der Investition ansteigt. Beide Größen entsprechen dem Ziel des Vermögensstrebens des Investors, zum einen der Maximierung des Endwertes des Vermögens ohne zwischenzeitliche Entnahmen des Investors und zum anderen der Maximierung des Gegenwartswertes des Vermögens, wenn in Zukunft keine weiteren Entnahmen während des Planungszeitraumes getätigt werden.

Am häufigsten wählt man in der Praxis die Abzinsung auf den Beginn des Investitionsprojekts; man erhält so den Kapitalwert der Investition.

Kalkulationszinssatz:

Die Auf- bzw. Abzinsung der Nettozahlungen erfolgt mit einem speziellen Zinssatz, dem Kalkulationszinssatz i.

Die **Wahl des Kalkulationszinssatzes** ist dabei von entscheidendem Einfluss auf das Ergebnis der Investitionsrechnung, weshalb seiner Festlegung große Bedeutung zukommt.

Die Frage der Ermittlung des Kalkulationszinsfußes wird in der Literatur z. T. heftig diskutiert. Aus Vereinfachungsgründen leitet man ihn in der Praxis von den tatsächlich anfallenden Kapitalkosten ab. So entspricht er bei einer Finanzierung der Investition durch Fremdkapital dem tatsächlich zu zahlenden Fremdkapitalzins, d. h. dem effektiven Sollzins bzw. dem Kapitalmarktzins für aufzunehmende Gelder entsprechender Fristigkeit; bei einer Finanzierung der Investition durch neues Eigenkapital entspricht er der Rendite einer Alternativanlage. Liegt eine Mischfinanzierung aus Eigen- und Fremdkapital vor, so ist dementsprechend ein Mischzinssatz zu ermitteln.

Steht ausreichend Eigenkapital für die Realisierung der Investition zur Verfügung, so geht man vom Habenzinssatz aus, sofern das zur Verfügung stehende Kapital nicht besser zur Tilgung von Fremdkapital verwendet werden sollte.

In der Regel geht man in den Rechnungen davon aus, dass der **Zinssatz** über den Planungszeitraum **konstant** bleibt. Man kann allerdings auch einen **variablen Zinssatz** unterstellen. In diesem Fall muss der konstante Zinssatz i durch den zeitabhängigen variablen Zinssatz i_t ersetzt werden. Die Rechnung wird dadurch allerdings etwas umständlicher.

Teilaufgabe b)

Der interne Zinsfuß wird oft als Rendite bzw. Effektivverzinsung des jeweils gebundenen Kapitals interpretiert. Somit verbessert eine Investition die Konsummöglichkeiten des Investors, wenn im Falle der Fremdfinanzierung der interne Zinsfuß größer als der Kreditzins ist bzw. wenn mindestens die Eigenkapitalkosten gedeckt sind. Diese Interpretation des internen Zinssatzes bzw. des kritischen Zinssatzes verkennt, dass auch bei der Methode des internen Zinsfußes die **Wiederanlageprämisse** gilt. Anders als bei der Kapitalwertmethode wird hier allerdings nicht davon ausgegangen, dass jeglicher Geldbetrag zum Kalkulationszinsfuß angelegt bzw. aufgenommen werden kann, sondern bei dieser Methode geschieht dies zum internen Zinssatz. Dies birgt mehrere Probleme in sich. So ist es nicht nur zweifelhaft, ob z. B. überschüssige Beträge tatsächlich zu einem im Vergleich mit dem Kapitalmarktzins eventuell sehr hohen internen Zins wieder angelegt werden können. Auch leidet insbesondere die Vergleichbarkeit der Investitionsobjekte darunter, dass die Wiederanlageprämisse bei jedem Objekt mit einem anderen Zinssatz erfolgen kann.

Dies führt dazu, dass es bei einer unterschiedlichen Kapitalbindung, die z. B. auf unterschiedlichen Anschaffungsauszahlungen oder unterschiedlich langen Nutzungsdauern basieren kann, aufgrund der unterschiedlichen Wiederanlageprämisse der internen Zinsfußmethode bei der Vorteilhaftigkeitsentscheidung zwischen mehreren Investitionsobjekten zu anderen Rangfolgen kommen kann als bei der Kapitalwertmethode.

Die **Wiederanlageprämisse** des internen Zinsfußes ist jedoch in sich bereits **widersprüchlich**, da sie einerseits davon ausgeht, dass Kapitalbeschaffung und -anlage jeweils zum internen Zinsfuß erfolgen können, andererseits aber als Vergleichsmaßstab der Kalkulationszinsfuß herangezogen wird, der genau den Zins angibt, zu dem eine Kapitalbeschaffung und -anlage alternativ erfolgen könnte. Der Vollständigkeit halber ist an dieser Stelle zu erwähnen, dass ein großer Nachteil der internen Zinsfußmethode auch darin liegt, dass der interne Zinsfuß nicht immer exakt bestimmt werden kann. So gibt es Situationen, in denen es keinen eindeutig bestimmbaren internen Zinsfuß gibt, sondern mehrere interne Zinsfüße nebeneinander existieren oder aber sich kein einziger interner Zinsfuß berechnen lässt.

4.2 Kapitalwertmethode

Aufgabe 4.9: Kapitalwertmethode

Ein in der Gummibranche tätiges Unternehmen, die Gummi AG, beabsichtigt, aufgrund eines neu gewonnenen Großkunden die jährliche Produktionsmenge an Gummiteilen zu erhöhen. Voraussetzung hierfür ist die Anschaffung einer neuen Maschine. Die zur Auswahl stehenden Maschinen A und B werden im Fall ihrer Anschaffung in den nächsten Jahren während ihrer wirtschaftlichen Nutzungsdauer folgende Zahlungsreihen verursachen:

T	0	1	2	3	4	5
$Z_{t\,A}$ (TEUR)	– 300	85	90	80	80	70
$Z_{t\,B}$ (TEUR)	– 230	95	95	95	–	–

Dabei gilt:

Z_t: Differenz zwischen den Ein- und Auszahlungen von Maschine A bzw. von Maschine B der Periode t mit folgender Wirkung:

- Einzahlungsüberschuss der Periode t, wenn $Z_t > 0$ bzw.
- Auszahlungsüberschuss der Periode t, wenn $Z_t < 0$.

Der relevante Kalkulationszinssatz beträgt 10 % p. a.

a) Führen Sie einen Vergleich mit Hilfe der Kapitalwertmethode durch!

b) Erklären Sie möglichst genau, welche ökonomische Bedeutung ein Kapitalwert von z. B. 100 EUR hat!

c) Was halten Sie von dem Argument, dass der unter Teilaufgabe a) vorgenommene Vergleich unvollständig ist, weil sich die beiden Investitionsobjekte in Anschaffungsauszahlung, Nutzungsdauer und Zahlungsstruktur unterscheiden?

Lösung

Teilaufgabe a)

$$\begin{aligned}\text{Kapitalwert A } (C_{0A}) &= -300 + 85 \cdot 1{,}1^{-1} + 90 \cdot 1{,}1^{-2} + 80 \cdot 1{,}1^{-3} + 80 \cdot 1{,}1^{-4} \\ &\quad + 70 \cdot 1{,}1^{-5} \\ &= \mathbf{9{,}86\ TEUR}\end{aligned}$$

$$\begin{aligned}\text{Kapitalwert B } (C_{0B}) &= -230 + 95 \cdot \text{RBF } (10\ \%/3\ \text{Jahre}) \\ &= -230 + 95 \cdot \frac{1{,}1^3 - 1}{0{,}1 \cdot 1{,}1^3} = -230 + 95 \cdot 2{,}486852 \\ &= \mathbf{6{,}25\ TEUR}\end{aligned}$$

Entscheidung: $C_{0A} > C_{0B} > 0$. Da Maschine A einen höheren Kapitalwert als Maschine B aufweist, sollte Maschine A ausgewählt werden.

Tcilaufgabc b)

Annahme eines Kapitalwerts von $C_0 = 100$ EUR:

C_0 gibt den auf den Bezugszeitpunkt t = 0 bezogenen Vermögenszuwachs des Investors an, der ihm über die Tilgung seiner Anschaffungsauszahlung und die Verzinsung des eingesetzten Kapitals hinaus zu x % p. a. (gewünschte jährliche Mindestverzinsung) zufließt.

Teilaufgabe c)

Problematiken:

- Ergänzungsinvestition (70 TEUR);
- Anschlussinvestitionen (4. und 5. Jahr);
- Zahlungsstrukturdifferenzen (10 TEUR im 1. Jahr, 5 TEUR im 2. Jahr, 15 TEUR im 3. Jahr).

Unter Zugrundelegung eines vollkommenen Kapitalmarkts ist der Vergleich vollständig, da die Kapitalwerte der Teilproblembereiche jeweils Null sind.[20]

Aufgabe 4.10: Kapitalwertmethode

Ein Tankstellenpächter, dessen Pachtvertrag in 5 Jahren abläuft, plant die Anschaffung einer Auto-Waschanlage zum Preis von 100.000 EUR. Wegen der technischen Ausgereiftheit von Auto-Waschanlagen rechnet er damit, in 5 Jahren noch einen Liquidationserlös von 25.000 EUR zu erzielen. Weiterhin glaubt er, schon im ersten Jahr 5.000 Kunden abfertigen und danach noch jeweils eine 10 %ige Steigerung gegenüber dem Vorjahr erreichen zu können. Als Werbepreis will er im ersten Jahr das Angebot von 3,50 EUR je Waschvorgang einführen. Doch soll der Preis zu Beginn jedes neuen Jahres um 0,50 EUR je Waschvorgang angehoben werden.

An fixen Gesamtkosten – vorwiegend Instandhaltungskosten – fallen 2.000 EUR in den ersten beiden und 2.500 EUR in den letzten drei Jahren an. Durch den Verbrauch an Strom, Wasser und Reinigungsmitteln fallen zudem bei jedem Waschvorgang Kosten i. H. v. 0,60 EUR an, die sich jedes Jahr wahrscheinlich um 0,04 EUR je Waschvorgang erhöhen werden.

Unterstellen Sie zunächst einen Kalkulationszinssatz von 10 % p. a.

a) Stellen sie in einem ersten Schritt anhand der folgenden Tabelle die relevanten Daten zusammen! Runden Sie hierbei Ihre Ergebnisse auf volle EUR-Beträge!

	Jahr 1	Jahr 2	Jahr 3	Jahr 4	Jahr 5
Anzahl der Kunden (Waschvorgänge)					
Preis je Waschvorgang					
Umsatzerlöse					
Variable Stückkosten					
Variable Gesamtkosten					
Fixe Gesamtkosten					
Kalkulatorische Abschreibungen					
Kalkulatorische Zinsen					

---

[20] Vgl. dazu auch Aufgabe 4.5, Teilaufgabe b), S. 64.

b) Treffen Sie eine Investitionsentscheidung nach der Gewinnvergleichsrechnung!

c) Treffen Sie eine Investitionsentscheidung nach der Kapitalwertmethode und vergleichen Sie Ihr Ergebnis mit Teilaufgabe b)! Gehen Sie bei Ihrer Berechnung vereinfachend davon aus, dass sowohl die Umsatzerlöse als auch die variablen Gesamtkosten und die Instandhaltungskosten jeweils zum Ende einer Periode zahlungswirksam werden.

d) Wie hoch müsste der Liquidationserlös im fünften Jahr sein, damit der Tankstellenpächter nach der Kapitalwertmethode gerade indifferent hinsichtlich seiner Entscheidung ist?

e) Unterstellen Sie nunmehr, dass der Kapitalmarkt unvollkommen ist. Einzahlungsüberschüsse können zu 6 % p. a. angelegt werden, Kredite müssen zu 10 % p. a. verzinst werden. Berechnen Sie den Vermögensendwert der Investition, wenn der Tankstellenpächter zu Beginn der Investition über Eigenmittel i. H. v. 50.000 EUR verfügt! Unterstellen Sie weiterhin, dass eingehende Einzahlungsüberschüsse zunächst zur Kredittilgung verwendet werden, bis der Kredit vollständig zurückgezahlt ist.

Lösung

Teilaufgabe a)

	Jahr 1	Jahr 2	Jahr 3	Jahr 4	Jahr 5
Anzahl der Kunden (Waschvorgänge)	5.000	5.500	6.050	6.655	7.321
Preis je Waschvorgang (EUR/ME)	3,50	4,00	4,50	5,00	5,50
Umsatzerlöse (EUR)	17.500	22.000	27.225	33.275	40.266
Variable Stückkosten (EUR/ME)	0,60	0,64	0,68	0,72	0,76
Variable Gesamtkosten (EUR)	3.000	3.520	4.114	4.792	5.564
Fixe Gesamtkosten (EUR)	2.000	2.000	2.500	2.500	2.500
Kalkulatorische Abschreibungen (EUR)	15.000	15.000	15.000	15.000	15.000
Kalkulatorische Zinsen (EUR)	6.250	6.250	6.250	6.250	6.250

$$\varnothing \text{ kalkulatorische Abschreibungen} = \frac{100.000 - 25.000}{5} = 15.000 \text{ EUR/Jahr}$$

$$\varnothing \text{ kalkulatorische Zinsen} = \frac{100.000 + 25.000}{2} \cdot 0{,}1 = 6.250 \text{ EUR/Jahr}$$

Teilaufgabe b)

	∅ Umsatzerlöse	28.053 EUR
–	∅ kalkulatorische Abschreibungen	15.000 EUR
–	∅ kalkulatorische Zinsen	6.250 EUR
–	∅ fixe Gesamtkosten	2.300 EUR
–	∅ variable Gesamtkosten	4.198 EUR
=	∅ Gewinn	**305 EUR** > 0

Nach der Gewinnvergleichsrechnung sollte die Auto-Waschanlage angeschafft werden.

Kritik an den statischen Methoden:

- Die Kapitalbindung wird falsch eingeschätzt.
- Es werden keine genauen Zahlungszeitpunkte berücksichtigt.
- Die Zinsen werden nur grob eingerechnet.

Teilaufgabe c)

Beträge in EUR	1	2	3	4	5
E_t L_5	17.500	22.000	27.225	33.275	40.266 + 25.000
A_t	5.000	5.520	6.614	7.292	8.064
Z_t L_5	12.500	16.480	20.611	25.983	32.202 + 25.000

$$C_0 = -100.000 + 12.500 \cdot 1{,}1^{-1} + 16.480 \cdot 1{,}1^{-2} + 20.611 \cdot 1{,}1^{-3} + 25.983 \cdot 1{,}1^{-4}$$
$$+ 32.202 \cdot 1{,}1^{-5} + 25.000 \cdot 1{,}1^{-5}$$
$$= -21.789{,}53 + 25.000 \cdot 1{,}1^{-5}$$
$$= \mathbf{-6.266{,}50\ EUR}$$

Dabei gilt:

E_t: Einzahlungen zum Zeitpunkt t;

A_t: Auszahlungen zum Zeitpunkt t;

Z_t: Einzahlungsüberschüsse zum Zeitpunkt t;

L_5: Liquidationserlös zum Zeitpunkt t = 5;

C_0: Kapitalwert zum Zeitpunkt t = 0.

Da der Kapitalwert negativ ist, sollte der Tankstellenpächter die Auto-Waschanlage nicht erwerben. Aufgrund der Einbeziehung der Zahlungszeitpunkte der einzelnen Zahlungen, insbesondere aufgrund der „späten" Einzahlungen, erhält man ein anderes Vorteilhaftigkeitsergebnis als bei Teilaufgabe b).

Teilaufgabe d)

$L_5 \cdot 1{,}1^{-5} = 21.789{,}53$ EUR

$\rightarrow$ L_5 **= 35.092,26 EUR**

Teilaufgabe e)

t	C_{t-1} (EUR)	Verzinsung (p. a.) $i_s = 0{,}1$; $i_h = 0{,}06$	lfd. Z_t bzw. L_n (EUR)	C_t (EUR)
1	– 100.000,00 + 50.000,00 = – 50.000,00	5.000,00	+ 12.500	42.500,00
2	– 42.500,00	– 4.250,00	+ 16.480	– 30.270,00
3	– 30.270,00	– 3.027,00	+ 20.611	– 12.686,00
4	– 12.686,00	– 1.268,60	+ 25.983	+ 12.028,40
5	+ 12.028,40	+ 721,70	+ 32.202 + 25.000	**+ 69.952,10**

Eine Finanzinvestition mit einem Habenzinssatz von 6 % p. a. weist einen Vermögensendwert (C_n) i. H. v. 66.911,28 EUR (= 50.000 · $1{,}06^5$) auf. Da der Vermögensendwert der Investition höher ist als der Vermögensendwert einer vergleichbaren Finanzinvestition, sollte der Tankstellenpächter die Auto-Waschanlage erwerben.

Aufgabe 4.11: Kapitalwertmethode

Ein Investor hat die Möglichkeit, 150.000 EUR entweder in das Investitionsprojekt A oder in das Investitionsprojekt B zu investieren. Die beiden Investitionsprojekte sind durch die folgenden Zahlungsreihen gekennzeichnet:

Investitionsprojekt A:

Periode	0	1	2	3	4
Anschaffungs-auszahlung (EUR)	150.000	–	–	–	–
Laufende Einzahlungen (EUR)	–	60.000	80.000	90.000	90.000
Laufende Auszahlungen (EUR)	–	20.000	30.000	40.000	50.000
Liquidationserlös (EUR)	–	–	–	–	20.000

Investitionsprojekt B:

Periode	0	1	2	3	4
Anschaffungs-auszahlung (EUR)	150.000	–	–	–	–
Laufende Einzahlungen (EUR)	–	84.700	50.000	100.000	90.000
Laufende Auszahlungen (EUR)	–	20.000	20.000	40.000	80.000
Liquidationserlös (EUR)	–	–	–	–	30.000

a) Für welches der beiden Investitionsprojekte sollte sich der Investor entscheiden, wenn er die Kapitalwertmethode verwendet und sein Kalkulationszinssatz 10 % p. a. beträgt (Bezugszeitpunkt ist das Ende der Periode 0)?

b) Berechnen Sie für die beiden Investitionsprojekte den Endwert, wenn der Kalkulationszinssatz 10 % p. a. beträgt und als Bezugszeitpunkt das Ende der Periode 4 gewählt wird!

Lösung

Teilaufgabe a)

Kapitalwert des Investitionsprojekts A (C_{0A}):

$$C_{0A} = -150.000 + 40.000 \cdot 1{,}1^{-1} + 50.000 \cdot 1{,}1^{-2} + 50.000 \cdot 1{,}1^{-3} + 60.000 \cdot 1{,}1^{-4}$$
$$= \mathbf{+\,6.232{,}50\ EUR}$$

Kapitalwert des Investitionsprojekts B (C_{0B}):

$$C_{0B} = -150.000 + 64.700 \cdot 1{,}1^{-1} + 30.000 \cdot 1{,}1^{-2} + 60.000 \cdot 1{,}1^{-3} + 40.000 \cdot 1{,}1^{-4}$$
$$= \mathbf{+\,6.011{,}00\ EUR}$$

Da der Kapitalwert des Investitionsprojekts A positiv und größer als der des Investitionsprojekts B ist, sollte sich der Investor für das Investitionsprojekt A entscheiden.

Teilaufgabe b)

Endwert des Investitionsprojekts A zum Ende der Periode 4 (C_{4A}):

$C_{4A} = C_{0A} \cdot 1{,}1^4 = 6.232{,}50 \cdot 1{,}1^4 =$ **+ 9.125,00 EUR**

Endwert des Investitionsprojekts B zum Ende der Periode 4 (C_{4B}):

$C_{4B} = C_{0B} \cdot 1{,}1^4 = 6.011{,}00 \cdot 1{,}1^4 =$ **+ 8.800,71 EUR**

Aufgabe 4.12: Kapitalwertmethode

Gegeben sind die folgenden Zahlungen in den Perioden 0 bis 4:

Periode	0	1	2	3	4
Einzahlungen (EUR)	100.000	150.000	200.000	250.000	300.000
Auszahlungen (EUR)	150.000	140.000	70.000	–	200.000

Wie hoch ist der Kapitalwert (C_0) bei einem Kalkulationszinssatz i von

a) 0 % p. a.,

b) 1 % p. a.,

c) 2 % p. a.,

d) 3 % p. a.,

e) 4 % p. a.,

f) 5 % p. a.,

g) 6 % p. a.,

h) 7 % p. a.,

i) 8 % p. a.,

j) 9 % p. a.,

k) 10 % p. a.?

Lösung

Teilaufgabe a)

C_0 = – 50.000 + 10.000 + 130.000 + 250.000 + 100.000 = **+ 440.000 EUR**

Teilaufgabe b)

$$C_0 = -50.000 + \frac{10.000}{1+0{,}01} + \frac{130.000}{(1+0{,}01)^2} + \frac{250.000}{(1+0{,}01)^3} + \frac{100.000}{(1+0{,}01)^4}$$

= **+ 426.085,05 EUR**

Teilaufgabe c)

$$C_0 = -50.000 + \frac{10.000}{1+0{,}02} + \frac{130.000}{(1+0{,}02)^2} + \frac{250.000}{(1+0{,}02)^3} + \frac{100.000}{(1+0{,}02)^4}$$

= **+ 412.720,99 EUR**

Teilaufgabe d)

$$C_0 = -50.000 + \frac{10.000}{1+0{,}03} + \frac{130.000}{(1+0{,}03)^2} + \frac{250.000}{(1+0{,}03)^3} + \frac{100.000}{(1+0{,}03)^4}$$

= **+ 399.880,33 EUR**

Teilaufgabe e)

$$C_0 = -50.000 + \frac{10.000}{1+0{,}04} + \frac{130.000}{(1+0{,}04)^2} + \frac{250.000}{(1+0{,}04)^3} + \frac{100.000}{(1+0{,}04)^4}$$

= **+ 387.537,20 EUR**

Teilaufgabe f)

$$C_0 = -50.000 + \frac{10.000}{1+0{,}05} + \frac{130.000}{(1+0{,}05)^2} + \frac{250.000}{(1+0{,}05)^3} + \frac{100.000}{(1+0{,}05)^4}$$

$$= \mathbf{+\ 375.667{,}29\ EUR}$$

Teilaufgabe g)

$$C_0 = -50.000 + \frac{10.000}{1+0{,}06} + \frac{130.000}{(1+0{,}06)^2} + \frac{250.000}{(1+0{,}06)^3} + \frac{100.000}{(1+0{,}06)^4}$$

$$= \mathbf{+\ 364.247{,}69\ EUR}$$

Teilaufgabe h)

$$C_0 = -50.000 + \frac{10.000}{1+0{,}07} + \frac{130.000}{(1+0{,}07)^2} + \frac{250.000}{(1+0{,}07)^3} + \frac{100.000}{(1+0{,}07)^4}$$

$$= \mathbf{+\ 353.256{,}82\ EUR}$$

Teilaufgabe i)

$$C_0 = -50.000 + \frac{10.000}{1+0{,}08} + \frac{130.000}{(1+0{,}08)^2} + \frac{250.000}{(1+0{,}08)^3} + \frac{100.000}{(1+0{,}08)^4}$$

$$= \mathbf{+\ 342.674{,}35\ EUR}$$

Teilaufgabe j)

$$C_0 = -50.000 + \frac{10.000}{1+0{,}09} + \frac{130.000}{(1+0{,}09)^2} + \frac{250.000}{(1+0{,}09)^3} + \frac{100.000}{(1+0{,}09)^4}$$

$$= \mathbf{+\ 332.481{,}10\ EUR}$$

Teilaufgabe k)

$$C_0 = -50.000 + \frac{10.000}{1+0{,}10} + \frac{130.000}{(1+0{,}10)^2} + \frac{250.000}{(1+0{,}10)^3} + \frac{100.000}{(1+0{,}10)^4}$$

$$= \mathbf{+\ 322.658{,}97\ EUR}$$

4.3 Annuitätenmethode

Aufgabe 4.13: Annuitätenmethode

Erläutern Sie die Annuitätenmethode in Stichwortform! Gehen Sie dabei auf die Begriffe äquivalent, äquidistant und uniform ein! Stellen Sie die Bestimmungsgleichung für die Annuitätenmethode auf!

Lösung

Bei der Annuitätenmethode wird der Erfolg anhand von Periodenerfolgen und nicht von Totalerfolgen ausgewiesen. Die ursprüngliche Zahlungsreihe wird in eine geänderte Zahlungsreihe mit folgenden Eigenschaften transformiert:

- Äquivalent: Der Kapitalwert der ursprünglichen Zahlungsreihe und der Kapitalwert der geänderten Zahlungsreihe sind identisch.
- Äquidistant: Die Zahlungen weisen denselben zeitlichen Abstand auf.
- Uniform: Die Zahlungen sind alle gleich groß.

Kapitalwert der transformierten Zahlungsreihe:

$$C_0 = \sum_{t=1}^{n} Z_t \cdot (1+i)^{-t}$$

Gemäß dem Erfordernis der Uniformität im Rahmen der Annuitätenmethode gilt:

$$C_0 = Z \cdot \sum_{t=1}^{n} (1+i)^{-t} = Z \cdot \text{RBF (i \%/ n Jahre)}$$

$$\rightarrow G_n = \frac{C_0}{\text{RBF (i \%/ n Jahre)}} = C_0 \cdot \text{KWF (i \%/ n Jahre) für } G_n = Z$$

Dabei gilt:

C_0: Kapitalwert der Investition zum Zeitpunkt t = 0;

Z_t: Gleich hohe jährliche Einzahlungsüberschüsse;

i: Kalkulationszinssatz p. a.;

t: Periode (t = 1, 2, …, n);

G_n: Annuität einer Investition.

Aufgabe 4.14: Annuitätenmethode

Die Gummi AG (siehe Aufgabe 4.9 auf Seite 72) möchte die zwei Maschinen, die zur Auswahl stehen, um die Produktionsmenge an Gummiteilen zu erhöhen, nach der Anwendung der Kapitalwertmethode mit einer weiteren Methode vergleichen. Der relevante Kalkulationszinssatz beträgt weiterhin 10 % p. a. Die Daten der beiden Maschinen gibt die folgende Tabelle wieder:

t	0	1	2	3	4	5
$Z_{t\,A}$ (TEUR)	– 300	85	90	80	80	70
$Z_{t\,B}$ (TEUR)	– 230	95	95	95	–	–

Dabei gilt:

Z_t : Differenz zwischen den Ein- und Auszahlungen von Maschine A bzw. von Maschine B der Periode t mit folgender Wirkung:

- Einzahlungsüberschuss der Periode t, wenn $Z_t > 0$ bzw.
- Auszahlungsüberschuss der Periode t, wenn $Z_t < 0$.

a) Führen Sie einen Vorteilhaftigkeitsvergleich mit Hilfe der Annuitätenmethode durch!

b) Erklären Sie möglichst genau, welche ökonomische Bedeutung eine Annuität von z. B. 10 EUR hat!

c) Führen die Kapitalwertmethode und die Annuitätenmethode

(1) bei der Beurteilung eines einzelnen Investitionsobjekts,

(2) beim Vergleich sich gegenseitig ausschließender Investitionsobjekte bei jeweils gleicher Laufzeit

immer zur gleichen Investitionsentscheidung? Begründen Sie Ihre Antwort!

Lösung

Teilaufgabe a)

Kapitalwert der Maschine A (C_{0A}):

$$C_{0A} = -300 + 85 \cdot 1{,}1^{-1} + 90 \cdot 1{,}1^{-2} + 80 \cdot 1{,}1^{-3} + 80 \cdot 1{,}1^{-4} + 70 \cdot 1{,}1^{-5}$$
$$= \mathbf{+\,9{,}86\ TEUR}$$

Kapitalwert der Maschine B (C_{0B}):

C_{0B} = – 230 + 95 · RBF (i = 10 %/n = 3 Jahre) = – 230 + 95 · 2,486852
= **+ 6,25 TEUR**

Annuität der Maschine A (G_{5A}):

G_{5A} = C_{0A} · KWF (i = 10 %/n = 5 Jahre) = 9,86 · 0,263797
= **+ 2,60 TEUR**

Annuität der Maschine B (G_{5B}):

G_{5B} = C_{0B} · KWF (i = 10 %/n = 5 Jahre) = 6,25 · 0,263797
= **+ 1,65 TEUR**

Entscheidung: $G_{5A} > G_{5B} > 0$. Da Maschine A eine höhere Annuität aufweist als Maschine B, sollte Maschine A ausgewählt werden. Darüber hinaus ist zu beachten, dass grundsätzlich keine Abweichung in den Nutzungsdauern der zwei Maschinen bestehen darf, weshalb in dem vorliegenden Fall eine Anpassung insoweit vorgenommen werden muss, als die Annuitäten der beiden Maschinen für die gleiche Zeitdauer, hier 5 Jahre, errechnet werden. Ansonsten würde eine Verteilung des Kapitalwertes auf jeweils unterschiedliche Zeiträume vorgenommen werden.

Teilaufgabe b)

Unterstellung einer Annuität von G_n = 10 EUR:

Eine positive Annuität gibt den konstanten Betrag an, den der Investor (während der Nutzungsdauer) der Investition am Ende jeder Periode entnehmen könnte, ohne die Tilgung der Anschaffungsauszahlung und die gewünschte Mindestverzinsung des gebundenen Kapitals zum Kalkulationszinssatz zu gefährden.

Teilaufgabe c)

(1) Vorteilhaftigkeitsproblem:

C_0	KWF (i %/n Jahre)	$G_n = C_0 \cdot$ KWF (i %/n Jahre)
> 0	> 0	> 0
= 0	> 0	= 0
< 0	> 0	< 0

Bei der Beurteilung eines einzelnen Investitionsobjekts führen Kapitalwertmethode und Annuitätenmethode immer zur gleichen Investitionsentscheidung.

(2) Wahlproblem:

$$C_{0A} \overset{<}{\underset{>}{=}} C_{0B} \rightarrow \frac{G_{nA}}{KWF(i\,\%/n\,Jahre)} \overset{<}{\underset{>}{=}} \frac{G_{nB}}{KWF(i\,\%/n\,Jahre)} \rightarrow G_{nA} \overset{<}{\underset{>}{=}} G_{nB}$$

Auch bei einem Vergleich sich gegenseitig ausschließender Investitionsobjekte führen Kapitalwertmethode und Annuitätenmethode unter der Prämisse, dass keine Abweichung in den Nutzungsdauern der einbezogenen Investitionsobjekte besteht, immer zur gleichen Investitionsentscheidung. Ansonsten würde eine Verteilung des Kapitalwerts auf jeweils unterschiedliche Zeiträume erfolgen.

Aufgabe 4.15: Annuitätenmethode[21]

Ein Unternehmen investiert in eine Maschine 5.000 EUR und erwartet für den Zeitraum der Nutzungsdauer von drei Jahren die folgenden Überschüsse:

Jahr	1	2	3
Einzahlungsüberschuss (EUR)	2.700	2.200	1.500

Der Kalkulationszinssatz i beträgt 8 % p. a. Welcher Betrag könnte am Ende eines jeden Jahres entnommen werden, ohne die gewünschte Mindestverzinsung des gebundenen Kapitals zum Kalkulationszinssatz und die Tilgung der Anschaffungsauszahlung zu gefährden?

Lösung

Zuerst ist nach der Kapitalwertmethode vorzugehen:

Jahr n	Zahlungsstrom (EUR)	Abzinsungsfaktor $\frac{1}{(1+i)^n}$	Barwerte (EUR)	Kumulation der Barwerte (EUR)
0	– 5.000	1	– 5.000,00	–
1	2.700	0,925926	2.500,00	– 2.500,00
2	2.200	0,857339	1.886,15	– 613,85
3	1.500	0,793832	1.190,75	576,90
Kapitalwert der Investition (C_0)				576,90

[21] Stark modifiziert entnommen aus *Olfert, Klaus; Reichel, Christopher*: Kompakt-Training Investition, 5. Aufl., Ludwigshafen (Rhein) 2009, S. 126–127 (in der aktuellen Aufl. nicht mehr enthalten).

Der Kapitalwert wird daraufhin in die Annuitätenformel eingesetzt:

$$G_3 = C_0 \cdot \text{KWF}\,(i = 8\,\%/n = 3\text{ Jahre}) = C_0 \cdot \frac{0{,}08 \cdot 1{,}08^3}{1{,}08^3 - 1}$$

$$= 576{,}90\text{ EUR} \cdot 0{,}388034 = \mathbf{223{,}86\ EUR}$$

Ergebnis: Der Betrag von 223,86 EUR kann jedes Jahr entnommen werden, ohne die gewünschte Mindestverzinsung des gebundenen Kapitals zum Kalkulationszinsfuß und die Tilgung der Anschaffungsauszahlung zu gefährden.

Zur Probe und zur Veranschaulichung soll folgende Tabelle dienen:

Jahr	Kapital (EUR)	Zins (EUR)	Tilgung (EUR)	G_3 (EUR)	Erlös (EUR)
1	5.000,00	400,00	2.076,14	223,86	2.700
2	2.923,86	233,91	1.742,23	223,86	2.200
3	1.181,63	94,53	1.181,61	223,86	1.500

Aufgabe 4.16: Annuitätenmethode

Es ist die Dicke der Isolierung einer Heizungsanlage festzulegen.

Dicke der Isolierung (cm)	Anschaffungskosten der Isolierung (EUR)	Kosten des Energieverlustes pro Jahr (EUR)
0	–	4.000
1	4.000	2.200
2	5.800	1.100
3	7.600	821
4	9.600	640

Die Lebensdauer der Isolierung beträgt 10 Jahre, der Kalkulationszinsfuß 10 % p. a.

Ermitteln Sie die kostenminimale Dicke der Isolierung mittels der dynamischen Annuitätenmethode und interpretieren Sie das Ergebnis!

Lösung

Bei der Ermittlung der Annuitäten der verschiedenen Isolierungen ist davon auszugehen, dass die Anschaffungskosten der Isolierungen und die Energiekosten jeweils zahlungswirksam sind. Üblicherweise werden Kapitalwerte und Annuitäten auf der Grundlage von Einzahlungsüberschüssen ermittelt, wobei die Investitionsalternative mit dem höchsten positiven Kapitalwert bzw. der höchsten positiven Annuität gesucht wird. Da hier jedoch nur Auszahlungen gegeben sind, ist sinnvollerweise die (kosten-)minimale Annuität gesucht.

Grundsätzlich werden bei der Annuitätenmethode zunächst die Kapitalwerte ermittelt. Diese werden dann mit dem entsprechenden Kapitalwiedergewinnungsfaktor multipliziert.

Bei der hier vorliegenden Aufgabenstellung kann allerdings einfacher vorgegangen werden. Da die Kosten des Energieverlustes in jedem Jahr konstant sind, stellen sie eine eigenständige Annuität dar. Folglich sind nur noch die Anschaffungskosten durch Multiplikation mit dem Kapitalwiedergewinnungsfaktor in eine (Teil-)Annuität umzurechnen, die dann zu den Energiekostenannuitäten zu addieren ist, um die gesamte Annuität zu erhalten.

Anschaffungskosten · KWF (i = 10 %/n = 10 Jahre) + Energiekostenannuität = gesamte Annuität

0 cm:	0 · 0,162745 + 4.000	=	0 + 4.000	= 4.000,00 EUR
1 cm:	4.000 · 0,162745 + 2.200	=	650,98 + 2.200	= 2.850,98 EUR
2 cm:	5.800 · 0,162745 + 1.100	=	943,92 + 1.100	= **2.043,92 EUR**
3 cm:	7.600 · 0,162745 + 821	=	1.236,86 + 821	= 2.057,86 EUR
4 cm:	9.600 · 0,162745 + 640	=	1.562,35 + 640	= 2.202,35 EUR

Die kostenminimierende Isolierung hat eine Dicke von 2 cm. Sie verursacht 2.043,92 EUR („Annuitäts-")Kosten pro Jahr.

Aufgabe 4.17: Annuitätenmethode

a) Ermitteln Sie – ausgehend von den Angaben aus Aufgabe 4.11 auf Seite 78 –, für welches der beiden Investitionsprojekte sich der Investor entscheiden sollte, wenn er seine Entscheidung nach der Annuitätenmethode trifft und sein Kalkulationszinssatz weiterhin 10 % p. a. beträgt!

b) Wie würde die Entscheidung lauten, wenn die Annuität nicht über die Nutzungsdauer der Investitionsprojekte (4 Jahre), sondern über 10 Jahre berechnet würde?

Lösung

Teilaufgabe a)

Kapitalwerte des Investitionsprojekts A (C_{0A}) und des Investitionsprojekts B (C_{0B}) (siehe Lösung zu Aufgabe 4.11 auf Seite 79) bei einer Nutzungsdauer der Investitionsprojekte von jeweils 4 Jahren:

$C_{0A} = 6.232{,}50$ EUR; $C_{0B} = 6.011{,}00$ EUR.

Umwandlung der Kapitalwerte des Investitionsprojekts A und des Investitionsprojekts B in 4-jährige Annuitäten (G_{4A} und G_{4B}):

$$G_{4A} = 6.232{,}50 \cdot \text{KWF}\ (i = 10\ \%/n = 4\ \text{Jahre}) = 6.232{,}50 \cdot \frac{0{,}1 \cdot (1+0{,}1)^4}{(1+0{,}1)^4 - 1}$$

$$= 6.232{,}50 \cdot 0{,}315471 = \mathbf{1.966{,}17\ EUR}$$

$$G_{4B} = 6.011{,}00 \cdot \text{KWF}\ (i = 10\ \%/n = 4\ \text{Jahre}) = 6.011{,}00 \cdot \frac{0{,}1 \cdot (1+0{,}1)^4}{(1+0{,}1)^4 - 1}$$

$$= 6.011{,}00 \cdot 0{,}315471 = \mathbf{1.896{,}30\ EUR}$$

Da die Annuität des Investitionsprojekts A (G_{4A}) positiv und größer als die Annuität des Investitionsprojekts B (G_{4B}) ist, sollte sich der Investor für Investitionsprojekt A entscheiden.

Teilaufgabe b)

Die Entscheidung würde sich gegenüber Teilaufgabe a) nicht ändern, da der Kapitalwert bei beiden Investitionsprojekten lediglich über einen längeren Zeitraum verteilt wird, die Rangfolge der Investitionsprojekte sich somit nicht ändern kann. Dies wird im Folgenden gezeigt.

$$\text{KWF}\ (i = 10\ \%/n = 10\ \text{Jahre}) = \frac{0{,}1 \cdot (1+0{,}1)^{10}}{(1+0{,}1)^{10} - 1} = 0{,}162745$$

$$G_{10A} = 6.232{,}50 \cdot 0{,}162745 = \mathbf{1.014{,}31\ EUR}$$

$$G_{10B} = 6.011{,}00 \cdot 0{,}162745 = \mathbf{978{,}26\ EUR}$$

4.4 Methode des internen Zinsfußes

Aufgabe 4.18: Methode des internen Zinsfußes

Die Gummi AG (siehe Aufgabe 4.9 auf Seite 72 und Aufgabe 4.14 auf Seite 83) möchte – neben der Kapitalwertmethode und der Annuitätenmethode – einen weiteren Vergleich der zwei Investitionsobjekte durchführen. Dabei fällt die Entscheidung auf die Anwendung der internen Zinsfußmethode.

t	0	1	2	3	4	5
$Z_{t\,A}$ (TEUR)	– 300	85	90	80	80	70
$Z_{t\,B}$ (TEUR)	– 230	95	95	95	–	–

Dabei gilt:

Z_t : Differenz zwischen den Ein- und Auszahlungen von Maschine A bzw. von Maschine B der Periode t mit folgender Wirkung:

- Einzahlungsüberschuss der Periode t, wenn $Z_t > 0$ bzw.
- Auszahlungsüberschuss der Periode t, wenn $Z_t < 0$.

Der Kalkulationszinssatz beträgt weiterhin 10 % p. a.

a) Stellen Sie die allgemeine Bestimmungsgleichung für den internen Zinsfuß r unter Anwendung der linearen Interpolation auf!

b) Berechnen Sie für beide Investitionsobjekte den internen Zinsfuß (jeweils zwei Iterationsschritte)! Vergleichen und interpretieren Sie die gewonnenen Daten mit dem Ergebnis bei Anwendung der Kapitalwertmethode der Aufgabe 4.9 auf Seite 73!

c) Führen die Kapitalwertmethode und die interne Zinsfußmethode immer zur gleichen Investitionsentscheidung

   (1) bei der Beurteilung eines einzelnen Investitionsobjekts,

   (2) beim Vergleich sich gegenseitig ausschließender Investitionsobjekte?

   Begründen Sie Ihre Antwort!

Lösung

Teilaufgabe a)

Der interne Zinsfuß r eines Investitionsvorhabens ist so zu wählen, dass die erwirtschafteten Zahlungsüberschüsse Z_t gerade ausreichen, das eingesetzte Kapital A_0 zurückzugewinnen und die Verzinsung des Kapitals zum internen

Zinsfuß r sicherzustellen (d. h., der interne Zinsfuß ist so zu wählen, dass der Kapitalwert C_0 der Zahlungsreihe gleich Null ist).

$$C_0 = -A_0 + \sum_{t=1}^{n} Z_t \cdot (1+r)^{-t} \stackrel{!}{=} 0$$

Lineare Interpolation:

1. Schritt: Bestimmung eines Versuchszinssatzes i_1, bei dem $C_{01} > 0$ ist.

2. Schritt: Bestimmung eines Versuchszinssatzes i_2, bei dem $C_{02} < 0$ ist.

3. Schritt: Lineare Interpolation.

Die Gleichung der **Methode der linearen Interpolation** zur Ermittlung des internen Zinsfußes beruht auf den mathematischen Strahlensätzen und hat folgendes Aussehen:[22]

$$\hat{r} = i_1 - C_{01} \cdot \frac{i_2 - i_1}{C_{02} - C_{01}}$$

Bei der Methode der linearen Interpolation wird auf eine approximative Lösung zurückgegriffen, um die obige Gleichung zu bestimmen. Bei diesem Näherungsverfahren berechnet man in einem ersten Schritt den Kapitalwert C_{01} für einen Kalkulationszinssatz i_1, in dessen Nähe man den internen Zinsfuß vermutet. Ist dieser positiv (negativ), so wird im zweiten Schritt ein höherer (niedrigerer) Kalkulationszinssatz i_2 gewählt und für diesen ebenfalls der Kapitalwert C_{02} berechnet. Unter Verwendung der beiden auf diese Weise ermittelten Kapitalwerte lässt sich dann eine erste Näherungslösung $\hat{r}$ für den internen Zinsfuß mit Hilfe der **linearen Interpolation** bestimmen.

Teilaufgabe b)

Investitionsobjekt A:

1. Iterationsschritt:

Versuchszinssatz i_1: 10 % p. a.

Versuchszinssatz i_2: 13 % p. a.

$$C_{01} = -300 + \frac{85}{1+0{,}1} + \frac{90}{(1+0{,}1)^2} + \frac{80}{(1+0{,}1)^3} + \frac{80}{(1+0{,}1)^4} + \frac{70}{(1+0{,}1)^5}$$

$$\approx 9{,}86 \text{ TEUR}$$

[22] Vgl. zur Herleitung dieser Gleichung sowie nachfolgend *Bieg, Hartmut; Kußmaul, Heinz; Waschbusch, Gerd*: Investition, 3. Aufl., München 2016, S. 109–110.

$$C_{02} = -300 + \frac{85}{1+0{,}13} + \frac{90}{(1+0{,}13)^2} + \frac{80}{(1+0{,}13)^3} + \frac{80}{(1+0{,}13)^4} + \frac{70}{(1+0{,}13)^5}$$

$$\approx -11{,}79 \text{ TEUR}$$

$$\hat{r}_A = 0{,}1 - 9{,}86 \cdot \frac{0{,}13-0{,}10}{-11{,}79-9{,}86} \approx \mathbf{11{,}3663\ \%\ p.\,a.}$$

2. Iterationsschritt:

Versuchszinssatz i_1: 11,00 % p. a.

Versuchszinssatz i_2: 11,3663 % p. a.

$$C_{01} = -300 + \frac{85}{1+0{,}11} + \frac{90}{(1+0{,}11)^2} + \frac{80}{(1+0{,}11)^3} + \frac{80}{(1+0{,}11)^4} + \frac{70}{(1+0{,}11)^5}$$

$$\approx 2{,}36 \text{ TEUR}$$

$$C_{02} = -300 + \frac{85}{1+0{,}113663} + \frac{90}{(1+0{,}113663)^2} + \frac{80}{(1+0{,}113663)^3} + \frac{80}{(1+0{,}113663)^4}$$

$$+ \frac{70}{(1+0{,}113663)^5} \approx -0{,}34 \text{ TEUR}$$

$$\hat{r}_A = 0{,}11 - 2{,}36 \cdot \frac{0{,}113663-0{,}11}{-0{,}34-2{,}36} \approx \mathbf{11{,}3202\ \%\ p.\,a.}$$

Investitionsobjekt B:

1. Iterationsschritt:

Versuchszinssatz i_1: 10 % p. a.

Versuchszinssatz i_2: 13 % p. a.

$$C_{01} = -230 + \frac{95}{1+0{,}1} + \frac{95}{(1+0{,}1)^2} + \frac{95}{(1+0{,}1)^3} \approx 6{,}25 \text{ TEUR}$$

$$C_{02} = -230 + \frac{95}{1+0{,}13} + \frac{95}{(1+0{,}13)^2} + \frac{95}{(1+0{,}13)^3} \approx -5{,}69 \text{ TEUR}$$

$$\hat{r}_B = 0{,}1 - 6{,}25 \cdot \frac{0{,}13-0{,}10}{-5{,}69-6{,}25} \approx \mathbf{11{,}5704\ \%\ p.\,a.}$$

2. Iterationsschritt:

Versuchszinssatz i_1: 11,00 % p. a.

Versuchszinssatz i_2: 11,5704 % p. a.

$$C_{01} = -230 + \frac{95}{1+0{,}11} + \frac{95}{(1+0{,}11)^2} + \frac{95}{(1+0{,}11)^3} \approx 2{,}15 \text{ TEUR}$$

$$C_{02} = -230 + \frac{95}{1+0{,}115704} + \frac{95}{(1+0{,}115704)^2} + \frac{95}{(1+0{,}115704)^3} \approx -0{,}13 \text{ TEUR}$$

$$\hat{r}_B = 0{,}11 - 2{,}15 \cdot \frac{0{,}115704 - 0{,}11}{-0{,}13 - 2{,}15} \approx \mathbf{11{,}5379\ \%\ p.\,a.}$$

Entscheidung: $\hat{r}_B > \hat{r}_A > i$. Da Maschine B einen höheren internen Zinsfuß als Maschine A und Maschine A einen höheren internen Zinsfuß als den Kalkulationszinssatz i. H. v. 10 % aufweist, sollte Maschine B ausgewählt werden.

Beachte: Im Rahmen der in Aufgabe 4.9 auf Seite 72 durchgeführten Kapitalwertmethode galt $C_{0A} > C_{0B} > 0$ und es wurde Maschine A ausgewählt.

Es treten somit bei Anwendung der Kapitalwertmethode und bei Anwendung der internen Zinsfußmethode u. U. unterschiedliche Rangfolgen auf. Dies ist darauf zurückzuführen, dass unterschiedliche Kapitalbindungen und Nutzungsdauern vorliegen. Diese können bei der Kapitalwertmethode (Anlage der Mittel zu i) und der internen Zinsfußmethode (Anlage der Mittel zum jeweiligen Zinssatz r) – wie im vorliegenden Fall – zu unterschiedlichen Ergebnissen führen (widersprüchliche Wiederanlageprämissen).[23]

Problem: Es ist eine Gleichung n-ten Grades zu lösen. Es besteht also die Möglichkeit, dass man n verschiedene Lösungen erhält (gemäß dem Fundamentalsatz der Algebra).

Besteht in der zu lösenden Gleichung nur ein Vorzeichenwechsel, so existiert nur eine Lösung (wobei der interne Zinsfuß genau dann positiv ist, wenn die kumulierten Einzahlungen größer sind als die kumulierten Auszahlungen).

Teilaufgabe c)

(1) Vorteilhaftigkeitsproblem:

Ein positiver Kapitalwert bedingt immer einen internen Zinsfuß r, der größer als der Kalkulationszinsfuß i ist.

Bei Vorteilhaftigkeitsproblemen kommen die Kapitalwertmethode und die interne Zinsfußmethode immer zu gleichen Ergebnissen.

(2) Wahlproblem:

Es lässt sich zeigen, dass bei bestimmten Funktionsverläufen zweier Investitionsalternativen aus der Anwendung der Kapitalwertmethode und der internen Zinsfußmethode unterschiedliche Ergebnisse resultieren können.

---

[23] Vgl. dazu Aufgabe 4.5, Teilaufgabe b), S. 64.

Bei Wahlproblemen kommen die Kapitalwertmethode und die interne Zinsfußmethode nicht immer zu gleichen Ergebnissen.

Aufgabe 4.19: Methode des internen Zinsfußes[24]

Einem Unternehmen stehen drei Investitionsprojekte zur Auswahl. Für die jeweiligen Projekte werden folgende Zahlungen prognostiziert:

Jahr	Projekt I (EUR)	Projekt II (EUR)	Projekt III (EUR)
0	– 150.000	– 210.000	– 180.000
1	20.000	– 30.000	30.000
2	30.000	– 20.000	– 20.000
3	40.000	20.000	120.000
4	50.000	120.000	– 20.000
5	60.000	170.000	220.000
6	– 20.000	120.000	– 20.000

Bestimmen Sie die internen Zinsfüße der drei Projekte! Verwenden Sie als Versuchszinssätze $i_1 = 5\ \%$ p. a. und $i_2 = 15\ \%$ p. a. (jeweils nur einen Iterationsschritt)!

Lösung

Die internen Zinsfüße sind mit der Methode der linearen Interpolation nach der folgenden Formel zu ermitteln:

$$\hat{r} = i_1 \quad C_{01} \quad \frac{i_2 - i_1}{C_{02} - C_{01}}$$

Dabei gilt:

$\hat{r}$: Interner Zinsfuß p. a. der Investition;

i_1: Versuchszinssatz 1 p. a.;

i_2: Versuchszinssatz 2 p. a.;

C_{01}: Kapitalwert der Investition zum Zeitpunkt t = 0 und bei Verwendung des Versuchszinssatzes 1 p. a.;

---

[24] Modifiziert entnommen aus *Troßmann, Ernst; Werkmeister, Clemens*: Arbeitsbuch Investition, Stuttgart 2001, S. 29 und S. 131–132.

C_{02}: Kapitalwert der Investition zum Zeitpunkt t = 0 und bei Verwendung des Versuchszinssatzes 2 p. a.

Projekt I:

$$C_{01} = -150.000 + \frac{20.000}{(1+0{,}05)^1} + \frac{30.000}{(1+0{,}05)^2} + \frac{40.000}{(1+0{,}05)^3} + \frac{50.000}{(1+0{,}05)^4} + \frac{60.000}{(1+0{,}05)^5} - \frac{20.000}{(1+0{,}05)^6}$$

$$= +4.034{,}39 \text{ EUR}$$

$$C_{02} = -150.000 + \frac{20.000}{(1+0{,}15)^1} + \frac{30.000}{(1+0{,}15)^2} + \frac{40.000}{(1+0{,}15)^3} + \frac{50.000}{(1+0{,}15)^4} + \frac{60.000}{(1+0{,}15)^5} - \frac{20.000}{(1+0{,}15)^6}$$

$$= -33.852{,}02 \text{ EUR}$$

$$\hat{r}_I = 0{,}05 - 4.034{,}39 \cdot \frac{0{,}15 - 0{,}05}{-33.852{,}02 - 4.034{,}39} = \mathbf{6{,}0649\ \%\ p.\,a.}$$

Projekt II:

$$C_{01} = -210.000 - \frac{30.000}{(1+0{,}05)^1} - \frac{20.000}{(1+0{,}05)^2} + \frac{20.000}{(1+0{,}05)^3} + \frac{120.000}{(1+0{,}05)^4} + \frac{170.000}{(1+0{,}05)^5} + \frac{120.000}{(1+0{,}05)^6}$$

$$= +82.034{,}33 \text{ EUR}$$

$$C_{02} = -210.000 - \frac{30.000}{(1+0{,}15)^1} - \frac{20.000}{(1+0{,}15)^2} + \frac{20.000}{(1+0{,}15)^3} + \frac{120.000}{(1+0{,}15)^4} + \frac{170.000}{(1+0{,}15)^5} + \frac{120.000}{(1+0{,}15)^6}$$

$$= -33.049{,}76 \text{ EUR}$$

$$\hat{r}_{II} = 0{,}05 - 82.034{,}33 \cdot \frac{0{,}15 - 0{,}05}{-33.049{,}76 - 82.034{,}33} = \mathbf{12{,}1282\ \%\ p.\,a.}$$

Projekt III:

$$C_{01} = -180.000 + \frac{30.000}{(1+0{,}05)^1} - \frac{20.000}{(1+0{,}05)^2} + \frac{120.000}{(1+0{,}05)^3} - \frac{20.000}{(1+0{,}05)^4} + \frac{220.000}{(1+0{,}05)^5} - \frac{20.000}{(1+0{,}05)^6}$$

$$= +75.088{,}75 \text{ EUR}$$

$$C_{02} = -180.000 - \frac{30.000}{(1+0{,}15)^1} - \frac{20.000}{(1+0{,}15)^2} + \frac{120.000}{(1+0{,}15)^3} - \frac{20.000}{(1+0{,}15)^4} + \frac{220.000}{(1+0{,}15)^5} - \frac{20.000}{(1+0{,}15)^6}$$

$$= -836{,}70 \text{ EUR}$$

$$\hat{r}_{III} = 0{,}05 - 75.088{,}75 \cdot \frac{0{,}15 - 0{,}05}{-836{,}70 - 75.088{,}75} = \mathbf{14{,}8898\ \%\ p.a.}$$

Aufgabe 4.20: Methode des internen Zinsfußes

a) Für welches der in Aufgabe 4.11 auf Seite 78 dargestellten Investitionsprojekte A und B sollte sich der Investor entscheiden, wenn er die Methode des internen Zinsfußes verwendet und den internen Zinsfuß mittels der linearen Interpolation ermittelt? Verwenden Sie dabei 11,5 % p. a. und 12 % p. a. als Versuchszinssätze! Der vom Investor vorgegebene Vergleichszinssatz beträgt 10 % p. a.

b) Wie ist der Wechsel der Vorteilhaftigkeit der beiden Investitionsprojekte zwischen der Kapitalwertmethode (Aufgabe 4.11, Teilaufgabe a), Seite 79) und der Methode des internen Zinsfußes (siehe Teilaufgabe a) der vorliegenden Aufgabe) zu erklären?

Lösung

Teilaufgabe a)

Investitionsprojekt A:

$i_1 = 11{,}5\ \%\ \text{p.a.};\quad C_{01} = +982{,}02 \text{ EUR}$

$i_2 = 12\ \%\ \text{p.a.};\quad C_{02} = -705{,}92 \text{ EUR}$

$$\hat{r}_A = i_1 - C_{01} \cdot \frac{i_2 - i_1}{C_{02} - C_{01}}$$

$$= 0{,}115 - 982{,}02 \cdot \frac{0{,}12 - 0{,}115}{-705{,}92 - 982{,}02} = \mathbf{11{,}7909\ \%\ p.a.}$$

Dabei gilt:

$\hat{r}_A$: Interner Zinsfuß des Investitionsprojektes A p. a.;

i_1: Versuchszinssatz 1 des Investitionsprojektes A p. a.;

i_2: Versuchszinssatz 2 des Investitionsprojektes A p. a.;

C_{01}: Kapitalwert des Investitionsprojektes A zum Zeitpunkt t = 0 und bei Verwendung des Versuchszinssatzes 1 p. a.;

C_{02}: Kapitalwert des Investitionsprojektes A zum Zeitpunkt t = 0 und bei Verwendung des Versuchszinssatzes 2 p. a.

Investitionsprojekt B:

$i_1 = 11{,}5\ \%\ \text{p.a.};\quad C_{01} = +1.321{,}40\ \text{EUR}$

$i_2 = 12\ \%\ \text{p.a.};\quad C_{02} = -188{,}79\ \text{EUR}$

$$\hat{r}_B = i_1 - C_{01} \cdot \frac{i_2 - i_1}{C_{02} - C_{01}}$$

$$= 0{,}115 - 1.321{,}40 \cdot \frac{0{,}12 - 0{,}115}{-188{,}79 - 1.321{,}40} = \mathbf{11{,}9375\ \%\ p.a.}$$

Dabei gilt:

$\hat{r}_B$: Interner Zinsfuß des Investitionsprojektes B p. a.;

i_1: Versuchszinssatz 1 des Investitionsprojektes B p. a.;

i_2: Versuchszinssatz 2 des Investitionsprojektes B p. a.;

C_{01}: Kapitalwert des Investitionsprojektes B zum Zeitpunkt t = 0 und bei Verwendung des Versuchszinssatzes 1 p. a.;

C_{02}: Kapitalwert des Investitionsprojektes B zum Zeitpunkt t = 0 und bei Verwendung des Versuchszinssatzes 2 p. a.

Da der interne Zinsfuß des Investitionsprojektes B höher als der des Investitionsprojektes A ist und auch über dem vom Investor vorgegebenen Vergleichszinssatz liegt, sollte sich der Investor für Investitionsprojekt B entscheiden.

Teilaufgabe b)

Der Grund für den Wechsel der Vorteilhaftigkeit der beiden Investitionsprojekte ist in den unterschiedlichen Wiederanlageprämissen zu sehen. Während in Aufgabe 4.11, Teilaufgabe a) auf Seite 79 davon ausgegangen wird, dass bei beiden Investitionsprojekten die Wiederanlage zum Kalkulationszinsfuß i. H. v. 10 % p. a. erfolgt, wird in Teilaufgabe a) der vorliegenden Aufgabe unterstellt, dass die Wiederanlage bei Investitionsprojekt A zu 11,7909 % p. a. und bei Investitionsprojekt B zu 11,9375 % p. a. erfolgt. Bei sich schneidenden Kapitalwertfunktionen kann es demnach – wie im vorliegenden Fall – zu einem Wechsel der Vorteilhaftigkeit der Investitionsprojekte kommen. Dies setzt allerdings voraus, dass sich der zum Vergleich herangezogene Kalkulationszinsfuß links vom Schnittpunkt der sich schneidenden Kapitalwertfunktionen befindet.

Aufgabe 4.21: Methode des internen Zinsfußes

Gegeben sind die folgenden Zahlungen in den Perioden 0 bis 5:

Periode	0	1	2	3	4	5
Einzahlungen (EUR)	10.000	20.000	10.000	50.000	30.000	20.000
Auszahlungen (EUR)	50.000	10.000	10.000	30.000	15.000	12.000

Berechnen Sie den internen Zinsfuß mithilfe der Methode der linearen Interpolation! Wählen Sie als Versuchszinssätze

a) 6 % p. a. bzw. 13 % p. a.,

b) 7 % p. a. bzw. 12 % p. a.,

c) 8 % p. a. bzw. 11 % p. a.,

d) 9 % p. a. bzw. 10 % p. a.

Lösung[25]

Teilaufgabe a)

9,6511 % p. a.

---

[25] Zur Vorgehensweise der Berechnung vgl. die Lösung zu Aufgabe 4.19 auf den Seiten 93 bis 95.

Teilaufgabe b)

9,5248 % p. a.

Teilaufgabe c)

9,4405 % p. a.

Teilaufgabe d)

9,3984 % p. a.

4.5 Dynamische Amortisationsrechnung

Aufgabe 4.22: Dynamische Amortisationsrechnung

Die Gummi AG (siehe Aufgabe 4.9 auf Seite 72) strebt eine Erweiterung der Gummiproduktion an und möchte zwei in Frage kommende Maschinen mit der dynamischen Amortisationsrechnung vergleichen. Der Kalkulationszinssatz beträgt 10 % p. a.

t	0	1	2	3	4	5
$Z_{t\,A}$ (TEUR)	– 300	85	90	80	80	70
$Z_{t\,B}$ (TEUR)	– 230	95	95	95	–	–

a) Für welches Investitionsobjekt sollte sich die Gummi AG entscheiden, wenn sie zur Beurteilung der Vorteilhaftigkeit die dynamische Amortisationsdauer zugrunde legt?

b) Welche Bedeutung sollte ein Entscheidungsträger Ihrer Meinung nach der dynamischen Amortisationsdauer beimessen?

Lösung

Teilaufgabe a)

Bei der Berechnung der dynamischen Amortisationsdauer wird nach dem Zeitraum gesucht, in dem die Summe der Barwerte der Einzahlungsüberschüsse die Anschaffungsauszahlung deckt. Für diesen mit der Periode w endenden Zeitraum gilt folgende Gleichung:

$$C_0 = -A_0 + \sum_{t=1}^{w} Z_t \cdot (1+i)^{-t} \overset{!}{=} 0 \rightarrow A_0 = \sum_{t=1}^{w} Z_t \cdot (1+i)^{-t}$$

Dabei gilt:

Z_t: Differenz zwischen den Ein- und Auszahlungen der Periode t mit folgender Wirkung:

- Einzahlungsüberschuss der Periode t, wenn $Z_t > 0$ bzw.
- Auszahlungsüberschuss der Periode t, wenn $Z_t < 0$;

t: Periode (t = 0, 1, 2, 3, 4, 5);

i: Kalkulationszinssatz;

A_0: Anschaffungsauszahlung;

w: Zeitraum (Amortisationsdauer), in dem die Summe der Barwerte der Einzahlungsüberschüsse die Anschaffungsauszahlung deckt.

Die dynamische Amortisationsdauer ist somit die Zeitspanne w, innerhalb derer die Anschaffungsauszahlung A_0 durch die späteren Einzahlungsüberschüsse Z_t zurückgewonnen und die gewünschte Mindestverzinsung des eingesetzten Kapitals zum Kalkulationszinssatz i erzielt wird.

Maschine A:

t	Z_t (TEUR)	$Z_t \cdot (1+i)^{-t}$ (Barwerte) (TEUR)	$\sum_{t=1}^{n} Z_t \cdot (1+i)^{-t}$ (Kumulierte Barwerte) (TEUR)
1	85	77,27	77,27
2	90	74,38	151,65
3	80	60,11	211,76
4	80	54,64	266,40
5	70	43,46	**309,86 > 300 (= A_0)**

Die dynamische Amortisationsdauer der Maschine A (t_{AmA}) beträgt 5 Jahre.

Maschine B:

t	Z_t (TEUR)	$Z_t \cdot (1+i)^{-t}$ (Barwerte) (TEUR)	$\sum_{t=1}^{n} Z_t \cdot (1+i)^{-t}$ (Kumulierte Barwerte) (TEUR)
1	95	86,36	86,36
2	95	78,51	164,87
3	95	71,37	**236,24 > 230 (= A_0)**

Die dynamische Amortisationsdauer der Maschine B (t_{AmB}) beträgt 3 Jahre.

Da die dynamische Amortisationsdauer des Investitionsobjekts B (t_{AmB}) geringer ist als die dynamische Amortisationsdauer des Investitionsobjekts A (t_{AmA}), sollte das Investitionsobjekt B ausgewählt werden. Voraussetzung hierfür ist, dass die dynamische Amortisationsdauer des Investitionsobjekts B unterhalb der gewünschten Höchstamortisationsdauer liegt.

Teilaufgabe b)

Die dynamische Amortisationsrechnung berücksichtigt ausschließlich Risikogesichtspunkte. Sie benachteiligt Investitionsprojekte mit anfänglich niedrigen Einzahlungsüberschüssen, die jedoch im Zeitablauf kontinuierlich steigen, da solche Investitionsprojekte i. d. R. abgelehnt werden (obwohl u. U. ein hoher Kapitalwert vorliegt). Ebenso erfolgt eine willkürliche Festlegung der Höchstamortisationsdauer (je größer die Risikoscheu des Investors, desto geringer wird die vorgegebene Höchstamortisationsdauer sein).

Die dynamische Amortisationsrechnung sollte höchstens ein Ergänzungs- und kein Entscheidungskriterium sein (wenn Investitionsprojekte denselben Gewinn/Kapitalwert erwirtschaften, kann die dynamische Amortisationsrechnung zu Rate gezogen werden).

Aufgabe 4.23: Dynamische Amortisationsrechnung

Für welches der in Aufgabe 4.11 auf Seite 78 dargestellten Investitionsprojekte A und B sollte sich der Investor entscheiden, wenn er seine Entscheidung nach der dynamischen Amortisationsrechnung trifft, sein Kalkulationszinssatz 11,9 % p. a. beträgt und er eine Höchstamortisationsdauer von 4 Jahren vorgibt?

Lösung

Periode t	Investitionsprojekt A (Beträge in EUR)		
	Z_t	$Z_t \cdot (1+i)^{-t}$	Kumulierte Barwerte
0	– 150.000	– 150.000,00	– 150.000,00
1	40.000	35.746,20	– 114.253,80
2	50.000	39.930,97	– 74.322,83
3	50.000	35.684,51	– 38.638,32
4	60.000	38.267,57	**– 370,75**

Periode t	Investitionsprojekt B (Beträge in EUR)		
	Z_t	$Z_t \cdot (1+i)^{-t}$	Kumulierte Barwerte
0	– 150.000	– 150.000,00	– 150.000,00
1	64.700	57.819,48	– 92.180,52
2	30.000	23.958,58	– 68.221,94
3	60.000	42.821,41	– 25.400,53
4	40.000	25.511,71	**111,18**

Die Amortisationsdauer des Investitionsprojektes B liegt zwischen 3 und 4 Jahren und damit unter der vom Investor vorgegebenen Höchstamortisationsdauer; das Investitionsprojekt A amortisiert sich hingegen nie. Daher sollte sich der Investor für das Investitionsprojekt B entscheiden.

Aufgabe 4.24: Dynamische Amortisationsrechnung[26]

a) In einem Betrieb wurde eine maximal zulässige Amortisationsdauer von 5 Jahren festgelegt. Es ist eine Rationalisierungsinvestition geplant, durch die eine alte Anlage mit einem Stundenkostensatz von 8 EUR durch eine neue Anlage mit einem Stundenkostensatz von 5,50 EUR ersetzt werden soll. Die Anlage wird 2.400 Stunden pro Jahr benötigt. Sollte man dem Betrieb den Kauf der neuen Anlage unter Zugrundelegung der statischen Amortisationsrechnung empfehlen, falls Anschaffungskosten i. H. v. 24.000 EUR anfallen?

b) Berechnen Sie, ob sich die in Teilaufgabe a) beschriebene Investition innerhalb der maximal zulässigen Zeit von 5 Jahren unter Zugrundelegung der dynamischen Version der Amortisationsrechnung amortisieren wird (i = 10 % p. a.)!

Lösung

Teilaufgabe a)

Eine alte Anlage soll durch eine neue kostengünstiger arbeitende Anlage ersetzt werden. In diesem Fall (Vorliegen einer Rationalisierungsinvestition) findet die statische Amortisationsrechnung (∅-Methode) wie folgt Anwendung:

---

[26] Modifiziert entnommen aus *Däumler, Klaus-Dieter; Grabe, Jürgen; Meinzer, Christoph R.*: Investitionsrechnung verstehen, 14. Aufl., Herne 2019, S. 265–266 und S. 424–425.

$$\text{Amortisationszeit (Jahre) } t_{Am} = \frac{\text{Anschaffungskosten (neu)}}{\text{Minderauszahlungen der neuen Anlage}}$$

$$= \frac{24.000 \text{ EUR}}{(8 \frac{\text{EUR}}{\text{Std.}} - 5{,}50 \frac{\text{EUR}}{\text{Std.}}) \cdot 2.400 \left(\frac{\text{Std.}}{\text{Jahr}}\right)}$$

$$= \mathbf{4 \text{ Jahre}}$$

Die errechnete Amortisationszeit ist geringer als die maximal zulässige Amortisationsdauer von 5 Jahren. Daher sollte die neue Anlage gekauft werden.

Beachte: Die Anschaffungskosten der alten Anlage dürfen nicht angesetzt werden, da diese entscheidungsirrelevant sind. Die alte Anlage wurde in der Vergangenheit angeschafft („sunk costs"). Hingegen sind die Stundenkostensätze der alten Anlage anzusetzen, da diese bei einem Kauf der neuen Anlage tatsächlich wegfallen würden (sogenannte entscheidungsrelevante Kosten).

Teilaufgabe b)

t	Minderauszahlungen (EUR) (1)	Barwerte (EUR) $(2) = (1) \cdot (1+i)^{-t}$	Kumulierte Barwerte (EUR) $(3) = \sum_{t=1}^{n}(2)$
1	$(8 - 5{,}5) \cdot 2.400 = 6.000$	5.454,55	5.454,55
2	6.000	4.958,68	10.413,23
3	6.000	4.507,89	14.921,12
4	6.000	4.098,08	19.019,20
5	6.000	3.725,53	22.744,73
6	6.000	3.386,84	**26.131,57 > 24.000**

Dabei gilt:

t: Periode (t = 1, 2, 3, 4, 5, 6);

i: Kalkulationszinssatz.

Erst im 6. Jahr übersteigen die kumulierten Barwerte der jährlichen Minderauszahlungen die Anschaffungskosten der neuen Anlage. Die durch die dynamische Version der Amortisationsrechnung ermittelte Amortisationsdauer beträgt somit 6 Jahre und überschreitet die maximal zulässige Amortisationsdauer von 5 Jahren. Die alte Anlage sollte demnach weiterbetrieben werden.

Aufgabe 4.25: Discounting Methods[27]

The toy company "Play and Fun" plans on producing a new special speaking teddy bear. Therefore, "Play and Fun" needs to buy a new machine. The company can choose from the three alternatives A, B and C. Each of these alternatives has an anticipated average life of 5 years and generates one of the following cash flows:

Amounts in EUR	0	1	2	3	4	5
A	– 90,000	+ 20,000	+ 20,000	+ 20,000	+ 20,000	+ 20,000 + 25,000
B	– 110,000	+ 20,000	+ 25,000	+ 30,000	+ 25,000	+ 25,000 + 30,000
C	– 140,000	+ 25,000	+ 35,000	+ 40,000	+ 25,000	+ 30,000 + 40,000

A discount rate of 10 % applies.

a) Compare the three alternatives by using the Net Present Value Method!

b) Compare the three alternatives by using the Annuity Method!

c) Compare the three alternatives by using the Internal Rate of Return Method! Use 10 % and 15 % as discount rates (use one iterative step)!

d) Compare the three alternatives by using the Discounting Payback Method!

Lösung

Teilaufgabe a)

$$NPV_A = -90' + 20' \cdot \frac{1.1^5 - 1}{1.1^5 \cdot 0.1} + 25' \cdot 1.1^{-5}$$
$$= \text{EUR } 1{,}338.77$$

$$NPV_B = -110' + 20' \cdot 1.1^{-1} + 25' \cdot 1.1^{-2} + 30' \cdot 1.1^{-3} + 25' \cdot 1.1^{-4} + 55' \cdot 1.1^{-5}$$
$$\mathbf{= EUR\ 2{,}608.43}$$

$$NPV_C = -140' + 25' \cdot 1.1^{-1} + 35' \cdot 1.1^{-2} + 40' \cdot 1.1^{-3} + 25' \cdot 1.1^{-4} + 70' \cdot 1.1^{-5}$$
$$= \text{EUR } 2{,}245.31$$

B generates the highest Net Present Value and should therefore be preferred.

---

27 Zur englischen Terminologie vgl. den Anhang auf S. 293–294.

Teilaufgabe b)

$$\text{annuity}_A = 1{,}338.77 \cdot \frac{1.1^5 \cdot 0.1}{1.1^5 - 1} = \text{EUR } 353.16$$

$$\text{annuity}_B = 2{,}608.43 \cdot \frac{1.1^5 \cdot 0.1}{1.1^5 - 1} = \textbf{EUR 688.10}$$

$$\text{annuity}_C = 2{,}245.31 \cdot \frac{1.1^5 \cdot 0.1}{1.1^5 - 1} = \text{EUR } 592.31$$

B generates the highest annuity and should therefore be preferred.

Teilaufgabe c)

Internal Rate of Return A:

$$NPV_1 = -90' + 20' \cdot \frac{1.1^5 - 1}{1.1^5 \cdot 0.1} + 25' \cdot 1.1^{-5} = \text{EUR } 1{,}338.77$$

$$NPV_2 = -90' + 20' \cdot \frac{1.15^5 - 1}{1.15^5 \cdot 0.15} + 25' \cdot 1.15^{-5} = \text{EUR } -10{,}527.48$$

$$IRR_A = 0.1 - 1{,}338.77 \cdot \frac{0.15 - 0.1}{-10{,}527.48 - 1{,}338.77} = 10.5641\ \%$$

Internal Rate of Return B:

$$NPV_1 = -110' + 20' \cdot 1.1^{-1} + 25' \cdot 1.1^{-2} + 30' \cdot 1.1^{-3} + 25' \cdot 1.1^{-4} + 55' \cdot 1.1^{-5}$$
$$= \text{EUR } 2{,}608.43$$

$$NPV_2 = -110' + 20' \cdot 1.15^{-1} + 25' \cdot 1.15^{-2} + 30' \cdot 1.15^{-3} + 25' \cdot 1.15^{-4}$$
$$+ 55' \cdot 1.15^{-5} = \text{EUR } -12{,}341.07$$

$$IRR_B = 0.1 - 2{,}608.43 \cdot \frac{0.15 - 0.1}{-12{,}341.07 - 2{,}608.43} = \mathbf{10.8724\ \%}$$

Internal Rate of Return C:

$$NPV_1 = -140' + 25' \cdot 1.1^{-1} + 35' \cdot 1.1^{-2} + 40' \cdot 1.1^{-3} + 25' \cdot 1.1^{-4} + 70' \cdot 1.1^{-5}$$
$$= \text{EUR } 2{,}245.31$$

$$NPV_2 = -140' + 25' \cdot 1.15^{-1} + 35' \cdot 1.15^{-2} + 40' \cdot 1.15^{-3} + 25' \cdot 1.15^{-4}$$
$$+ 70' \cdot 1.15^{-5} = \text{EUR } -16{,}398.99$$

$$IRR_C = 0.1 - 2{,}245.31 \cdot \frac{0.15 - 0.1}{-16{,}398.99 - 2{,}245.31} = 10.6021\ \%$$

B generates the highest internal rate of return and should therefore be preferred.

Teilaufgabe d)

Payback Period A:

period	cash inflow [EUR]	discounted cash inflow [EUR]	cumulated discounted cash inflow [EUR]
1	20,000	18,181.82	18,181.82
2	20,000	16,528.93	34,710.75
3	20,000	15,026.30	49,737.05
4	20,000	13,660.27	63,397.32
5	45,000	27,941.46	91,338.78 > 90,000

$$t_A = (5-1) + \frac{90{,}000 - 63{,}397.32}{27{,}941.46} = 4{,}95 \text{ years}$$

Payback Period B:

period	cash inflow [EUR]	discounted cash inflow [EUR]	cumulated discounted cash inflow [EUR]
1	20,000	18,181.82	18,181.82
2	25,000	20,661.16	38,842.98
3	30,000	22,539.44	61,382.42
4	25,000	17,075.34	78,457.76
5	55,000	34,150.67	112,608.43 > 110,000

$$t_B = (5-1) + \frac{110{,}000 - 78{,}457.76}{34{,}150.67} = \mathbf{4{,}92 \text{ years}}$$

Payback Period C:

period	cash inflow [EUR]	discounted cash inflow [EUR]	cumulated discounted cash inflow [EUR]
1	25,000	22,727.27	22,727.27
2	35,000	28,925.62	51,652.89
3	40,000	30,052.59	81,705.48
4	25,000	17,075.34	98,780.82
5	70,000	43,464.49	142,245.31 > 140,000

$$t_C = (5-1) + \frac{140{,}000 - 98{,}780.82}{43{,}464.49} = 4{,}95 \text{ years}$$

B has the shortest payback period and should therefore be preferred.

4.6 Varianten der „klassischen" dynamischen Verfahren

Aufgabe 4.26: Kontenausgleichsverbot[28]

Der Pfennigfuchs GmbH stehen hinsichtlich einer geplanten Investition folgende sich gegenseitig ausschließende Alternativen zur Verfügung:

t	0	1	2	3
$Z_{t\,I}$ (EUR)	– 10.000	3.000	4.000	6.000
$Z_{t\,II}$ (EUR)	– 12.000	3.500	5.000	5.500

Die Zinsraff-Bank bietet dem Unternehmen einen Habenzinssatz von 4 % p. a. und einen Sollzinssatz von 8 % p. a. an.

a) Erklären Sie kurz die Vermögensendwertmethode unter der Nebenbedingung des Kontenausgleichsverbots verbal und rechnerisch!

b) Berechnen Sie den Vermögensendwert der beiden Investitionsobjekte unter der Nebenbedingung des Kontenausgleichsverbots! Welchem Investitionsobjekt geben Sie den Vorzug?

Lösung

Teilaufgabe a)

Bei der Vermögensendwertmethode wird der Vermögensendwert einer Investition durch Aufzinsung aller Zahlungen auf das Ende des Planungszeitraums bestimmt. Unter der realistischen Annahme, dass der Sollzinssatz über dem Habenzinssatz liegt, ist eine Einzelinvestition als vorteilhaft anzusehen, wenn sie einen positiven Vermögensendwert besitzt, da dann eine über dem Sollzinssatz (Kalkulationszinssatz für Kapitalaufnahme) liegende Investitionsrendite erzielt wird.[29] Für den Alternativenvergleich gilt, dass die Investition mit dem höheren Vermögensendwert vorteilhafter ist. Die Kalkülformulierung kann vereinfacht werden, wenn unterstellt wird, dass für die Einzahlungs- bzw. Auszahlungsüberschüsse während des Planungszeitraums jeweils eine getrennte Vermögensbestandsführung ohne Ausgleich erfolgt und erst am Ende des Planungshorizonts eine Zusammenführung zur Ermittlung des Vermö-

---

[28] Modifiziert entnommen aus *Perridon, Louis; Steiner, Manfred; Rathgeber, Andreas*: Finanzwirtschaft der Unternehmung, 17. Aufl., München 2017, S. 95–96.

[29] Vgl. *Bieg, Hartmut; Kußmaul, Heinz; Waschbusch, Gerd*: Investition, 3. Aufl., München 2016, S. 123–124.

gensendwertes C_n vorgenommen wird (**Kontenausgleichsverbot**). Ferner wird angenommen, dass sich das negative Vermögenskonto C^- mit dem Sollzinssatz i_{soll} und das positive Vermögenskonto C^+ mit dem Habenzinssatz i_{haben} während des gesamten Planungszeitraums verzinst.

Positives Vermögenskonto am Ende des Planungszeitraums:

$$C_n^+ = \sum_{t=1}^{n} Z_t^+ \cdot \left(1 + i_{haben}\right)^{n-t}$$

Negatives Vermögenskonto am Ende des Planungszeitraums:

$$C_n^- = \sum_{t=0}^{n} Z_t^- \cdot \left(1 + i_{soll}\right)^{n-t}$$

Vermögensendwert der Investition:

$$C_n = C_n^+ - C_n^- = \sum_{t=1}^{n} Z_t^+ \cdot \left(1 + i_{haben}\right)^{n-t} - \sum_{t=0}^{n} Z_t^- \cdot \left(1 + i_{soll}\right)^{n-t}$$

Dabei gilt:

C_n: Vermögensendwert der Investition am Ende der Periode t = n;

Z_t^+: Einzahlungsüberschuss der Periode t;

Z_t^-: Auszahlungsüberschuss der Periode t;

i_{haben}: Zinssatz für Kapitalanlage (Habenzinssatz);

i_{soll}: Zinssatz für Kreditaufnahme (Sollzinssatz);

n: Nutzungsdauer des Investitionsobjekts;

t: Periode (t = 0, 1, 2, ..., n).

Teilaufgabe b)

Der Vergleich zweier alternativer Investitionen anhand ihrer Vermögensendwerte in n = 3 für den Fall eines Habenzinssatzes von 4 % p. a. und eines Sollzinssatzes von 8 % p. a. und unter der Nebenbedingung des Kontenausgleichsverbots führt zu folgendem Ergebnis:

Investitionsobjekt I:

t	Z_t^- (EUR)	Z_t^+ (EUR)	Aufzinsungs-faktoren	C_n^- (EUR)	C_n^+ (EUR)
0	10.000		1,259712	12.597,12	
1		3.000	1,081600		3.244,80
2		4.000	1,040000		4.160,00
3		6.000	1,000000		6.000,00
				12.597,12	13.404,80

Investitionsobjekt II:

t	Z_t^- (EUR)	Z_t^+ (EUR)	Aufzinsungs-faktoren	C_n^- (EUR)	C_n^+ (EUR)
0	12.000		1,259712	15.116,54	
1		3.500	1,081600		3.785,60
2		5.000	1,040000		5.200,00
3		5.500	1,000000		5.500,00
				15.116,54	14.485,60

$C_n^I = C_n^+ - C_n^- = 13.404{,}80 \text{ EUR} - 12.597{,}12 \text{ EUR} = \mathbf{+\ 807{,}68\ EUR}$

Das Investitionsobjekt I besitzt einen positiven Vermögensendwert und ist damit absolut gesehen vorteilhaft.

$C_n^{II} = C_n^+ - C_n^- = 14.485{,}60 \text{ EUR} - 15.116{,}54 \text{ EUR} = \mathbf{-\ 630{,}94\ EUR}$

Das Investitionsobjekt II ist absolut gesehen nicht vorteilhaft. Daher ist das Investitionsobjekt I vorzuziehen; es besitzt einen höheren und positiven Vermögensendwert.

Eine Vergleichbarkeit der Investitionsalternativen ist nur gegeben, wenn die Vermögensendwerte für den gleichen Endzeitpunkt ermittelt werden. Unterschiedliche Investitionslaufzeiten können durch Berücksichtigung von Ergänzungsinvestitionen (Ergänzung der kürzeren Laufzeit) oder Restnutzungswerten (Verkürzung der längeren Laufzeit) auf einen einheitlichen Vergleichszeitpunkt bezogen werden. Dabei ist allerdings zu berücksichtigen, dass reine Finanzinvestitionen bei einem über dem Anlagezinssatz liegenden Kapitalaufnahmezinssatz zu einem negativen Vermögensendwert führen. Finanzergänzungsinvestitionen sind daher bei diesen Bedingungskonstellationen nicht zweckmäßig. Dagegen können bereits planbare Sachinvestitionen als Ergänzung in das Kalkül mit einbezogen werden.

Aufgabe 4.27: Kontenausgleichsgebot

a) Erklären Sie kurz die Vermögensendwertmethode unter der Nebenbedingung des Kontenausgleichsgebots verbal und rechnerisch!

b) Es gelten die Daten der Aufgabe 4.26 auf Seite 106. Berechnen Sie den Vermögensendwert der beiden Investitionsobjekte unter der Nebenbedingung des Kontenausgleichsgebots! Welchem Investitionsobjekt geben Sie den Vorzug?

Lösung

Teilaufgabe a)

Bei der Vermögensendwertmethode mit Kontenausgleichsgebot wird der Einzahlungsüberschuss der jeweiligen Periode in voller Höhe zunächst zum Abbau eines eventuell bestehenden negativen Vermögens (der Schulden) genutzt, und erst nach dessen (deren) Tilgung ist eine Anlage dieser erwirtschafteten finanziellen Mittel zum Habenzinssatz i_{haben} möglich. Es gilt deshalb:[30]

$$C_t = (E_t - A_t) + C_{t-1} \cdot (1 + z) = Z_t + C_{t-1} \cdot (1 + z)$$

mit:

$z = i_{soll}$, wenn $C_{t-1} < 0$

$z = i_{haben}$, wenn $C_{t-1} > 0$

Dabei gilt:

C_t: Vermögenswert der Investition am Ende der Periode t;

C_{t-1}: Vermögenswert der Investition am Ende der Periode t – 1;

E_t: Einzahlungen der Periode t;

A_t: Auszahlungen der Periode t;

Z_t: Zahlungsüberschuss der Periode t (Differenz zwischen Einzahlungen und Auszahlungen der Periode t) mit $Z_t > 0$ oder $Z_t < 0$;

t: Periode (t = 0, 1, 2, ..., n).

---

[30] Vgl. *Bieg, Hartmut; Kußmaul, Heinz; Waschbusch, Gerd*: Investition, 3. Aufl., München 2016, S. 124–125.

Teilaufgabe b)

Der Vergleich zweier alternativer Investitionen anhand ihrer Vermögensendwerte in n = 3 für den Fall eines Habenzinssatzes von 4 % p. a. und eines Sollzinssatzes von 8 % p. a. und unter der Nebenbedingung des Kontenausgleichsgebots führt zu folgendem Ergebnis:

t	Investitionsobjekt I			Investitionsobjekt II		
	Z_t^I (EUR)	$C_{t-1}^I \begin{cases} 1{,}08; C_{t-1}^I \leq 0 \\ 1{,}04; C_{t-1}^I \geq 0 \end{cases}$ (EUR)	C_t^I (EUR)	Z_t^{II} (EUR)	$C_{t-1}^{II} \begin{cases} 1{,}08; C_{t-1}^{II} \leq 0 \\ 1{,}04; C_{t-1}^{II} \geq 0 \end{cases}$ (EUR)	C_t^{II} (EUR)
0	– 10.000	–	– 10.000	– 12.000	–	– 12.000
1	+ 3.000	– 10.800	– 7.800	+ 3.500	– 12.960	– 9.460
2	+ 4.000	– 8.424	– 4.424	+ 5.000	– 10.216,80	– 5.216,80
3	+ 6.000	– 4.777,92	**+ 1.222,08**	+ 5.500	– 5.634,14	**– 134,14**

Der Vergleich zeigt, dass das Investitionsobjekt I einen höheren Vermögensendwert besitzt und damit vorteilhafter ist als das Investitionsobjekt II. Zudem gilt: Nur das Investitionsobjekt I ist auch absolut vorteilhaft.

Aufgabe 4.28: *Teichroew, Robichek, Montalbano* (TRM)-Methode

Die von einer Investition ausgelösten Zahlungsgrößen lauten:

t	0	1	2
Z_t (EUR)	– 550.000	600.000	80.000

a) Erläutern Sie kurz die *Teichroew, Robichek, Montalbano* (TRM)-Methode und stellen Sie die dazugehörige Bestimmungsgleichung auf!

b) Berechnen Sie den kritischen Sollzinssatz der Investition nach der TRM-Methode für einen Habenzinssatz von 5 % p. a.! Verwenden Sie als Versuchs-Sollzinssätze r_{s1} = 20 % p. a. und r_{s2} = 25 % p. a.!

Lösung

Teilaufgabe a)

Bei der TRM-Methode der dynamischen Investitionsrechnung wird ein kritischer Sollzinssatz berechnet, bei dem der Vermögensendwert einer Investition gleich Null ist. Diese Methode repräsentiert eine Sollzinssatzmethode mit Kontenausgleichsgebot, d. h., der Einzahlungsüberschuss der jeweiligen Periode findet zunächst in voller Höhe Verwendung zum Abbau eines eventuell bestehenden negativen Vermögens und erst nach dessen Tilgung erfolgt eine Anlage dieser erwirtschafteten finanziellen Mittel zum Habenzinssatz i_{haben}; Auszahlungsüberschüsse werden primär über eigengebildete Projektmittel finanziert.[31]

Formal kann die TRM-Methode folgendermaßen dargestellt werden:

$$C_t = Z_t + C_{t-1} \cdot (1 + z) = 0$$

mit:

$$z = r_s, \text{ wenn } C_{t-1} < 0$$

$$z = i_{haben}, \text{ wenn } C_{t-1} > 0$$

Dabei gilt:

C_t: Vermögenswert der Investition am Ende der Periode t;

C_{t-1}: Vermögenswert der Investition am Ende der Periode t – 1;

Z_t: Zahlungsüberschuss der Periode t (Differenz zwischen Einzahlungen und Auszahlungen der Periode t) mit $Z_t > 0$ oder $Z_t < 0$;

r_s: Kritischer Sollzinssatz;

i_{haben}: Zinssatz für Kapitalanlage (Habenzinssatz);

t: Periode (t = 0, 1, 2, ..., n).

Durch die Verwendung eines mathematischen Näherungsverfahrens kann ein Nutzenwert für den kritischen Sollzinssatz ermittelt werden.

Teilaufgabe b)

1. Versuchszinssatz (r_{s1} = 20 % p. a.):

t	C_{t-1} (EUR)	z	Z_t (EUR)	C_t (EUR)
0	–	–	– 550.000	– 550.000
1	– 550.000	20 %	600.000	– 60.000
2	– 60.000	20 %	80.000	C_{21} = 8.000

31 Vgl. *Bieg, Hartmut; Kußmaul, Heinz; Waschbusch, Gerd*: Investition, 3. Aufl., München 2016, S. 125–127; vgl. allgemein zur TRM-Methode *Teichroew, Daniel; Robichek, Alexander A.; Montalbano, Michael*: An Analysis of Criteria for Investment and Financing Decisions under Certainty, in: Management Science 1965/66, S. 155–179.

2. Versuchszinssatz (r_{s2} = 25 % p. a.):

t	C_{t-1} (EUR)	z	Z_t (EUR)	C_t (EUR)
0	–	–	– 550.000	– 550.000
1	– 550.000	25 %	600.000	– 87.500
2	– 87.500	25 %	80.000	C_{22} = – 29.375

$$\hat{r}_s = r_{s1} - C_{21} \cdot \frac{r_{s2} - r_{s1}}{C_{22} - C_{21}} = 0{,}20 - 8.000 \cdot \frac{0{,}25 - 0{,}20}{-29.375 - 8.000}$$

$$= \mathbf{0{,}210702}$$

Der kritische Sollzinssatz nach der TRM-Methode beträgt **21,0702 % p. a.**

Aufgabe 4.29: Vermögensrentabilitäts (VR)-Methode

Gegeben seien die folgenden Daten für ein Investitionsobjekt:

t	0	1	2
Z_t (EUR)	– 70.000	80.000	10.000

a) Erläutern Sie kurz die Vermögensrentabilitäts (VR)-Methode und stellen Sie die dazugehörige Bestimmungsgleichung auf!

b) Berechnen Sie den kritischen Sollzinssatz dieser Investition nach der VR-Methode! Verwenden Sie für Ihre Rechnung den Habenzinssatz von 5 % p. a. sowie die Versuchs-Sollzinssätze r_{s1} = 10 % p. a. und r_{s2} = 20 % p. a.!

Lösung

Teilaufgabe a)

Bei der VR-Methode – einer weiteren Ausprägungsform der Sollzinssatzmethode – wird ein kritischer Sollzinssatz berechnet, bei dem der Vermögensendwert einer Investition unter der Nebenbedingung eines Kontenausgleichsverbots gleich Null ist. Der kritische Sollzinssatz r_s ist derjenige Zinssatz, bei dem der Stand des positiven Vermögenskontos am Ende des Planungszeitraums gleich dem Stand des negativen Vermögenskontos am Ende des Planungszeitraums ist. Eine Verzinsung der Einzahlungsüberschüsse der jeweiligen Perioden erfolgt also bis zum Ende des Planungszeitraums zum Habenzinssatz i_{haben}; Auszahlungsüberschüsse müssen durch Zuführung von Kapital finanziert werden, für das eine Verzinsung in Höhe des Sollzinssatzes

r_s angenommen wird und das außerdem erst am Ende des Planungszeitraums zurückgezahlt wird.[32]

Formeln:

$$C_n^+ = \sum_{t=1}^{n} E_t \cdot (1+i_{haben})^{n-t}$$

$$C_n^- = \sum_{t=0}^{n} A_t \cdot (1+r_s)^{n-t}$$

$$C_n = C_n^+ - C_n^- \stackrel{!}{=} 0 \rightarrow C_n^+ \stackrel{!}{=} C_n^-$$

Dabei gilt:

C_n: Vermögensendwert der Investition am Ende der Periode t = n;

E_t: Einzahlungen der Periode t;

A_t: Auszahlungen der Periode t;

i_{haben}: Zinssatz für Kapitalanlage (Habenzinssatz);

r_s: Kritischer Sollzinssatz;

n: Nutzungsdauer des Investitionsobjekts,

t: Periode (t = 0, 1, 2, ..., n).

Teilaufgabe b)

1. Versuchszinssatz (r_{s1} = 10 % p. a.):

C_{21}^+ = 80.000 EUR · 1,05 + 10.000 EUR = 94.000 EUR

C_{21}^- = 70.000 EUR · $1{,}1^2$ = 84.700 EUR

C_{21} = 94.000 EUR – 84.700 EUR = 9.300 EUR > 0

2. Versuchszinssatz (r_{s2} = 20 % p. a.):

C_{22}^+ = C_{21}^+ = 94.000 EUR

C_{22}^- = 70.000 EUR · $1{,}2^2$ = 100.800 EUR

C_{22} = 94.000 EUR – 100.800 EUR = – 6.800 EUR < 0

---

[32] Vgl. *Bieg, Hartmut; Kußmaul, Heinz; Waschbusch, Gerd*: Investition, 3. Aufl., München 2016, S.125–127; vgl. dazu ausführlich *Henke, Manfred*: Vermögensrentabilität – ein einfaches dynamisches Investitionskalkül, in: Zeitschrift für Betriebswirtschaft 1973, S. 177–198.

Lineare Interpolation:

$$\hat{r}_s = r_{s1} - C_{21} \cdot \frac{r_{s2} - r_{s1}}{C_{22} - C_{21}} = 0{,}10 - 9.300 \cdot \frac{0{,}20 - 0{,}10}{-6.800 - 9.300} = \mathbf{15{,}7764\ \%\ p.\,a.}$$

Da der Planungszeitraum nur zwei Perioden umfasst, lässt sich für den kritischen Sollzinssatz auch eine exakte Lösung angeben:

$$70.000\ \text{EUR} \cdot (1 + r_S)^2 = 80.000\ \text{EUR} \cdot 1{,}05 + 10.000\ \text{EUR}$$

$$\rightarrow r_s = \mathbf{15{,}8817\ \%\ p.\,a.}$$

Aufgabe 4.30: *Baldwin*-Methode

Hinsichtlich einer geplanten Investition sind folgende Daten gegeben:

t	0	1	2	3
Investitionsauszahlung (EUR)	150.000	50.000		
Einzahlungen (EUR)		120.000	150.000	160.000
Auszahlungen (EUR)		40.000	60.000	80.000
Liquidationserlös (EUR)				10.000

a) Erläutern Sie kurz die *Baldwin*-Methode und stellen Sie die dazugehörige Bestimmungsgleichung auf!

b) Berechnen Sie den kritischen Sollzinssatz dieser Investition nach der *Baldwin*-Methode für einen Habenzinssatz von 3 % p. a.!

Lösung

Um den kritischen Sollzinssatz nach der *Baldwin*-Methode berechnen zu können, muss in einem ersten Schritt der Vermögensendwert der Investition unter Verwendung der mit dem Habenzinssatz aufgezinsten Einzahlungsüberschüsse ohne Berücksichtigung eventueller Investitionsauszahlungen ermittelt werden.[33] Anschließend ist mittels des Habenzinssatzes der Barwert der Summe aus Investitionsauszahlungen und Liquidationserlös zu berechnen. Im letzten Schritt wird nun der kritische Sollzinssatz ermittelt, der dem Zinssatz entspricht, mit dem der Barwert der Summe aus Investitionsauszahlungen und Liquidationserlös auf das Ende des Planungszeitraums aufgezinst wird, damit der aufgezinste Barwert dem Vermögensendwert der Einzahlungsüberschüsse entspricht.

---

[33] Vgl. hierzu sowie nachfolgend *Bieg, Hartmut; Kußmaul, Heinz; Waschbusch, Gerd*: Investition, 3. Aufl., München 2016, S. 127–132.

Formal kann die von *Baldwin* begründete Methode in folgender Weise dargestellt werden:

$$\sum_{t=1}^{n} E_t \cdot (1+i_{haben})^{n-t} - \sum_{t=1}^{n} A_t \cdot (1+i_{haben})^{n-t} \stackrel{!}{=} \left[\sum_{t=0}^{n} I_t \cdot (1+i_{haben})^{-t} - L_n \cdot (1+i_{haben})^{-n}\right] \cdot (1+r_b)^n$$

$$\sum_{t=1}^{n} Z_t \cdot (1+i_{haben})^{n-t} \stackrel{!}{=} \left[\sum_{t=0}^{n} I_t \cdot (1+i_{haben})^{-t} - L_n \cdot (1+i_{haben})^{-n}\right] \cdot (1+r_b)^n$$

Dabei gilt:

E_t: Positiver Rückfluss in der Periode t (Einzahlungen in der Periode t ohne Berücksichtigung eines eventuellen Liquidationserlöses in der Periode t = n);

A_t: Negativer Rückfluss in der Periode t (Auszahlungen ohne Berücksichtigung eventueller Investitionsauszahlungen in der Periode t);

Z_t: Zahlungsüberschuss der Periode t (Differenz zwischen Einzahlungen und Auszahlungen der Periode t) mit $Z_t > 0$ oder $Z_t < 0$;

I_t: Investitionsauszahlungen der Periode t;

L_n: Liquidationserlös im Zeitpunkt t = n;

i_{haben}: Habenzinssatz;

r_b: Kritischer Sollzinssatz nach der *Baldwin*-Methode;

n: Planungszeitraum bzw. Nutzungsdauer des Investitionsobjekts;

t: Periode (t = 0, 1, 2, ..., n).

Den Sollzinssatz nach *Baldwin* ermittelt man durch die Auflösung obiger Gleichung nach r_b wie folgt:

$$r_b = \sqrt[n]{\frac{\sum_{t=1}^{n} Z_t \cdot (1+i_{haben})^{n-t}}{\sum_{t=0}^{n} I_t \cdot (1+i_{haben})^{-t} - L_n \cdot (1+i_{haben})^{-n}}} - 1$$

Aus der vorliegenden Aufgabenstellung ergeben sich folgende Werte:

1. Schritt: 80.000 EUR · $1{,}03^2$ + 90.000 EUR · $1{,}03^1$ + 80.000 EUR = 257.572 EUR

2. Schritt: 150.000 EUR + 50.000 EUR · $1{,}03^{-1}$ – 10.000 EUR · $1{,}03^{-3}$ = 189.392,27 EUR

3. Schritt: $r_b = \sqrt[3]{\frac{257.572}{189.392{,}27}} - 1 = 0{,}107930$

Damit beträgt der kritische Sollzinssatz dieser Investition nach der *Baldwin*-Methode **10,7930 % p. a.**

4.7 Ertragsteuern und Geldentwertung in der Investitionsrechnung

Aufgabe 4.31: Berücksichtigung von Ertragsteuern

Geben Sie einen kurzen Überblick über die wesentlichen Modelle zur Berücksichtigung von Ertragsteuern bei der Ermittlung der Vorteilhaftigkeit von Investitionen!

Lösung

In der Literatur werden im Wesentlichen folgende grundlegende Ansätze zur Berücksichtigung von Ertragsteuern bei der Ermittlung der Vorteilhaftigkeit von Investitionen diskutiert, wobei alle dargelegten Modelle auf der Kapitalwertmethode basieren:[34]

- **Standardmodell:**

  Zur Berücksichtigung von Ertragsteuern, bei denen die um die Absetzungen für Abnutzung (AfA) gekürzten Rückflüsse die steuerliche Bemessungsgrundlage bilden; Berücksichtigung des Entlastungseffekts durch die steuerliche Abzugsfähigkeit von Fremdkapitalzinsen im Kalkulationszinssatz.

- **Modifikationen des Standardmodells:**
  - für den Fall einer projektbezogenen Finanzierung;
  - bei Gewährung staatlicher Investitionshilfen.

- **Bruttomethode:**

  Pauschale Berücksichtigung der gesamten Ertragsteuerwirkungen über die Festlegung des Kalkulationszinssatzes; es erscheinen auch in der Rechnung nach Steuern keine Ertragsteuerzahlungen in der Zahlungsreihe der Investition.

---

[34] Vgl. *Bieg, Hartmut; Kußmaul, Heinz; Waschbusch, Gerd*: Investition, 3. Aufl., München 2016, S. 163; vgl. auch *Adam, Dietrich*: Investitionscontrolling, 3. Aufl., München/ Wien 2000, S. 173–175; *Blohm, Hans; Lüder, Klaus; Schaefer, Christina*: Investition, 10. Aufl., München 2012, S. 103–104; *Büschgen, Hans E.*: Betriebliche Finanzwirtschaft – Unternehmensinvestitionen, Frankfurt a. M. 1981, S. 88–89; *Kruschwitz, Lutz; Lorenz, Daniela*: Investitionsrechnung, 15. Aufl., Berlin/Boston 2019, S. 127–146.

Aufgabe 4.32: Standardmodell zur Berücksichtigung von Ertragsteuern

Welche Prämissen liegen dem Standardmodell zur Berücksichtigung von Ertragsteuern zugrunde?

Lösung

Dem Standardmodell zur Berücksichtigung von Ertragsteuern liegen folgende Prämissen zugrunde:[35]

- **Existenz einer Einheitsertragsteuer, der alle Gewinne unterliegen:**

  Charakteristisch für das Standardmodell sind eine allgemein und einheitlich definierte Bemessungsgrundlage sowie ein von der Höhe der Bemessungsgrundlage unabhängiger Steuersatz (proportionaler Tarif ohne Freibeträge: Grenzsteuersatz entspricht dem Durchschnittssteuersatz). Unberücksichtigt bleiben also beispielsweise die Unterschiede in der Bemessungsgrundlage von Einkommensteuer bzw. Körperschaftsteuer und Gewerbesteuer, die Abhängigkeit des Einkommensteuersatzes von der Höhe des Einkommens und die Abhängigkeit der Gewerbesteuer vom Hebesatz.

- **Heranziehung des Periodenerfolgs (G_t) und des Veräußerungserfolgs (L_n–RB_n) als Bemessungsgrundlagen für die Ermittlung der Ertragsteuerzahlungen:**

  Der Periodenerfolg (G_t) kann bestimmt werden als Differenz zwischen dem Einzahlungsüberschuss einer Periode ($E_t - A_t$) und den steuerlichen Abschreibungen dieser Periode (AfA_t). Keine Berücksichtigung finden steuerliche Auswirkungen der Abzugsfähigkeit aller nicht zahlungswirksamen Aufwendungen, soweit sie nicht Abschreibungen sind. Auch erfolgt eine Abstrahierung von der Tatsache, dass die Zeitpunkte der Erfolgsrealisierung und der Zahlung auseinander fallen können.

  Der Veräußerungserfolg ($L_n - RB_n$) lässt sich ermitteln aus dem Liquidationserlös (L_n) abzüglich des Restbuchwertes (RB_n) des Investitionsobjekts zum Zeitpunkt der Veräußerung. Eine teilweise oder vollständige Befreiung des Veräußerungserfolges von der Ertragsbesteuerung – z. B. aufgrund der Bestimmungen des § 6b EStG – bleibt außer Acht.

---

[35] Vgl. *Bieg, Hartmut; Kußmaul, Heinz; Waschbusch, Gerd*: Investition, 3. Aufl., München 2016, S. 167–168; *Kußmaul, Heinz*: Betriebswirtschaftliche Steuerlehre, 8. Aufl., Berlin/Boston 2020, S. 170–173.

- **Auslösung einer Steuerzahlung durch Perioden- bzw. Veräußerungsgewinn, Erlangen einer Steuerersparnis durch Perioden- bzw. Veräußerungsverlust:**

  Eine Zurechnung der Steuerwirkungen erfolgt stets zur Periode der Erfolgsentstehung (sofortige Besteuerung bzw. sofortiger Verlustausgleich); im Falle des Auftretens eines Periodenverlustes bei einem Investitionsobjekt wird also unterstellt, dass der Gesamterfolg des Unternehmens in dieser Periode nicht negativ ist bzw. eine unmittelbare Verlustrücktragsmöglichkeit besteht.

- **Unabhängigkeit des Steuersatzes von der Höhe des Erfolgs und Konstanz im Zeitablauf, gleichermaßen Gültigkeit für Periodenerfolg und Veräußerungserfolg:**

  Ansatz findet im Allgemeinen der maximale Grenzsteuersatz der Einkommensteuer bzw. der Körperschaftsteuersatz, gegebenenfalls zuzüglich Gewerbesteuer und Solidaritätszuschlag.

- **Gleichheit des Sollzinssatzes vor Steuern und des Habenzinssatzes vor Steuern:**

  Es erfolgt die Unterstellung eines vollkommenen und für den Investor unbeschränkten Kapitalmarktes.

Aufgabe 4.33: Standardmodell zur Berücksichtigung von Ertragsteuern

Die Claus Clever GmbH strebt eine Erweiterung ihres Betriebes an. Zu diesem Zweck erwägt sie die Anschaffung einer CNC-Drehmaschine, die in den nächsten fünf Jahren zu folgender Zahlungsreihe führt:

t	0	1	2	3	4	5
Z_t (TEUR)	– 60.000	12.000	15.000	20.000	11.000	10.000

a) Berechnen Sie für das Investitionsobjekt den Kapitalwert nach Steuern unter Heranziehung des Standardmodells zur Berücksichtigung von Ertragsteuern! Gehen Sie dabei von folgenden Annahmen aus:

   - Körperschaftsteuersatz: $s_K = 0{,}15$;
   - gewerbesteuerlicher Hebesatz: h = 4,50 bzw. 450 %;
   - Solidaritätszuschlagssatz: $s_{SolZ} = 0{,}055$;
   - Kalkulationszinssatz vor Steuern: 5 % p. a.;
   - keine Entstehung eines Veräußerungsgewinns;
   - lineare Abschreibung des Investitionsobjekts.

b) Skizzieren Sie den Einfluss der Abschreibungsmethoden und eines steigenden Ertragsteuersatzes auf den Kapitalwert nach Steuern!

Lösung

Teilaufgabe a)

Es erfolgt eine Änderung der Zahlungsreihe aufgrund der Steuerzahlungen. Berechnungsgrundlage für die Steuerzahlungen ist der Gewinn, nicht der Einzahlungsüberschuss einer Periode.

Ertragsteuersatz: $s_{er} = s_k \cdot (1 + s_{SolZ}) + s_{ge}$

Dabei gilt:

s_{er}: Ertragsteuersatz;

s_k: Körperschaftsteuersatz;

s_{ge}: Gewerbesteuersatz;

s_{SolZ}: Solidaritätszuschlagssatz.

Gewerbesteuersatz: $s_{ge} = m \cdot h$

Dabei gilt:

m: Steuermesszahl für den Gewerbeertrag (m = 3,5 % gemäß § 11 Abs. 2 GewStG);

h: Gewerbesteuerlicher Hebesatz.

Bei Zugrundelegung eines gewerbesteuerlichen Hebesatzes von 450 % ergibt sich ein Gewerbesteuersatz s_{ge} i. H. v.:

$s_{ge} = 0{,}035 \cdot 4{,}5 = 15{,}75\ \%$

Für den Ertragsteuersatz s_{er} gilt dann unter Einbeziehung des Körperschaftsteuersatzes i. H. v. 15 % sowie des Solidaritätszuschlagssatzes i. H. v. 5,5 % Folgendes:

$s_{er} = 0{,}15 \cdot (1 + 0{,}055) + 0{,}1575 = 31{,}575\ \%$

Als Kalkulationszinssatz nach Ertragsteuern i_s erhält man also folgenden Wert:

$i_s = i \cdot (1 - s_{er})$

$i_s = 0{,}05 \cdot (1 - 0{,}31575) = 0{,}034213 = 3{,}4213\ \%$

Kapitalwert der Investition nach Steuern C_{0s}:

t	0	1	2	3	4	5
Z_t (TEUR)	– 60.000,00	12.000,00	15.000,00	20.000,00	11.000,00	10.000,00
AfA (TEUR)		12.000,00	12.000,00	12.000,00	12.000,00	12.000,00
Gewinn (TEUR)		–	3.000,00	8.000,00	– 1.000,00	– 2.000,00
Steuern (TEUR)		–	947,25	2.526,00	– 315,75	– 631,50
EZÜ (nach Steuern) (TEUR)	– 60.000,00	12.000,00	14.052,75	17.474,00	11.315,75	10.631,50
AB bei i_s = 0,034213	1,000000	0,966919	0,934932	0,904003	0,874098	0,845182
Barwert (TEUR)	– 60.000,00	11.603,03	13.138,37	15.796,55	9.891,07	8.985,55

Ergebnis: Den **Kapitalwert nach Steuern** erhält man durch die Ermittlung der Summe der Barwerte; er beträgt **– 585,43 TEUR**. Die Anschaffung der CNC-Drehmaschine sollte daher nicht durchgeführt werden.

Teilaufgabe b)

Einflüsse auf den Kapitalwert nach Steuern:

- **Abschreibungsmethoden:**

  Durch die Vorverlagerung von Abschreibungen im Rahmen einer Abschreibungsmethode (z. B. degressive Abschreibungen) erfolgt eine Nachverlagerung des steuerpflichtigen Gewinns. Aus dem niedrigeren steuerpflichtigen Gewinn resultieren auch geringere Steuerzahlungen. Die geringeren Steuerzahlungen führen zu höheren Einzahlungsüberschüssen, wodurch der Kapitalwert nach Steuern C_{0s} steigt.

- **Ertragsteuersatz:**
  - Bei steigendem Ertragsteuersatz steigen die Steuerzahlungen und der Kapitalwert nach Steuern C_{0s} fällt.
  - Bei steigendem Ertragsteuersatz sinkt der Kalkulationszinssatz. Fällt der Kalkulationszinssatz, so steigt der Kapitalwert nach Steuern C_{0s}.

Aufgabe 4.34: Berücksichtigung von Ertragsteuern

Ein Unternehmen kann einen Werkzeugautomaten für 100.000 EUR kaufen, mit dem sich ein bestimmtes Produkt X herstellen lässt. Im Falle des Kaufes braucht das Unternehmen nur 40.000 EUR anzuzahlen. Der Rest kann in vier Jahresraten i. H. v. 15.000 EUR/Jahr jeweils am Ende der folgenden Jahre bezahlt werden. Die geschätzte Nutzungsdauer beträgt 8 Jahre. Die Maschine wird linear abgeschrieben. Das Unternehmen glaubt, dass es in jedem Jahr 10.000 Einheiten des Produktes X zum Preis von 10 EUR/ME absetzen kann. Die zahlungswirksamen Fixkosten werden auf 2.000 EUR/Jahr geschätzt. Die zahlungswirksamen variablen Kosten betragen 8 EUR/ME. Das Unternehmen rechnet gewöhnlich mit einem Kalkulationszinsfuß von 10 % p. a. Sein Ertragsteuersatz beträgt 30 %. Zur Deckung eventuell auftretender Auszahlungsüberschüsse in den einzelnen Perioden stehen Eigenmittel zur Verfügung. Steuerlich besteht die Möglichkeit des sofortigen Verlustausgleichs.

a) Sollte das Unternehmen unter Berücksichtigung seiner Ertragsteuersituation den Werkzeugautomaten kaufen, wenn es in jeder Periode genau das produziert, was es absetzen kann? Rechnen Sie mit Hilfe der Kapitalwertmethode!

b) Wie groß muss die jährlich produzierte bzw. abgesetzte Menge mindestens sein, damit die Investition vorteilhaft wird?

c) Der Werkzeugautomat kann bei gleicher Lebensdauer 15.000 ME/Jahr herstellen. Sollte der Werkzeugautomat gekauft werden, wenn bei einer vollständigen Kapazitätsauslastung in jeder Periode die Überschussproduktion, bewertet zu den variablen Stückkosten, auf Lager geht und nach Ende der Produktionszeit bei weiterhin konstanter Absatzmenge pro Jahr zu einem Preis von 16 EUR/ME verkauft werden kann? Die Lagerhaltungskosten pro Periode betragen unabhängig von dem jeweiligen Lagerbestand 5.000 EUR.

Lösung

Teilaufgabe a)

Auszahlungen: $A_0 = 40.000$ EUR; $A_t = 15.000$ EUR für $t = 1, \dots, 4$

Nutzungsdauer: $n = 8$ Jahre

Unter Berücksichtigung des Ertragsteuersatzes ist der Kalkulationszinsfuß wie folgt zu korrigieren:

$i = 0{,}1;\ s_{er} = 0{,}3;$

$i_s = i \cdot (1 - s_{er}) = 0{,}1 \cdot (1 - 0{,}3) = 0{,}07$

Abschreibung:	100.000 EUR ÷ 8 Jahre = 12.500 EUR/Jahr
Produktionsmenge (= Absatzmenge):	10.000 ME/Jahr
Absatzpreis:	10 EUR/ME
Zahlungswirksame variable Kosten:	8 EUR/ME
Zahlungswirksame Fixkosten:	2.000 EUR/Jahr

In den einzelnen Perioden entstehen folgende Einzahlungsüberschüsse (EZÜ):

Periode 0:

$EZÜ_0 = -40.000$ EUR

Periode 1 bis 4:

$$\begin{aligned} EZÜ_t &= 100.000 - 82.000 - 0{,}3 \cdot (100.000 - 82.000 - 12.500) - 15.000 \\ &= 1.350 \text{ EUR für } t = 1, ..., 4 \end{aligned}$$

Periode 5 bis 8:

$$\begin{aligned} EZÜ_t &= 100.000 - 82.000 - 0{,}3 \cdot (100.000 - 82.000 - 12.500) \\ &= 16.350 \text{ EUR für } t = 5, ..., 8 \end{aligned}$$

Der **Kapitalwert nach Steuern (C_{0s})** ergibt sich wie folgt:

$$\begin{aligned} C_{0s} &= -40.000 + 1.350 \cdot \text{RBF } (7\,\%/4 \text{ Jahre}) + 16.350 \cdot \text{RBF } (7\,\%/4 \text{ Jahre}) \\ &\quad \cdot 1{,}07^{-4} = \mathbf{+\,6.822{,}56\ EUR} \end{aligned}$$

Da der Kapitalwert nach Steuern positiv ist, ist die Investition vorteilhaft und der Werkzeugautomat sollte gekauft werden.

Teilaufgabe b)

Zur Lösung dieses Problems ist der Kapitalwert nach Steuern gleich Null zu setzen und nach der produzierten bzw. abgesetzten Menge x aufzulösen.

$$\begin{aligned} C_{0s} = 0 = &-40.000 - 15.000 \cdot \text{RBF } (7\,\%/4 \text{ Jahre}) - 2.000 \cdot \text{RBF } (7\,\%/8 \text{ Jahre}) \\ &+ [10 \cdot x - 8 \cdot x - 0{,}3 \cdot (2 \cdot x - 2.000 - 12.500)] \cdot \text{RBF } (7\,\%/8 \text{ Jahre}) \end{aligned}$$

$$\rightarrow 40.000 + 50.808{,}17 + 11.942{,}60 = (1{,}4 \cdot x + 600 + 3.750) \cdot \text{RBF } (7\,\%/8 \text{ Jahre})$$

$$\rightarrow 8{,}359818 \cdot x = 102.750{,}77 - 25.975{,}15$$

$$\rightarrow x = \frac{76.775{,}62}{8{,}359818} = \mathbf{9.183{,}89\ ME/Jahr}$$

Es müssen mindestens 9.184 ME pro Jahr produziert und abgesetzt werden, damit die Investition in den Werkzeugautomaten vorteilhaft ist.

Teilaufgabe c)

Periode	Prod. Menge (ME)	– Verkäufe (ME)	= Lager (ME)	Kosten (EUR)
1	15.000	10.000	5.000	5.000
2	15.000	10.000	10.000	5.000
3	15.000	10.000	15.000	5.000
4	15.000	10.000	20.000	5.000
5	15.000	10.000	25.000	5.000
6	15.000	10.000	30.000	5.000
7	15.000	10.000	35.000	5.000
8	15.000	10.000	40.000	5.000
9	0	10.000	30.000	5.000
10	0	10.000	20.000	5.000
11	0	10.000	10.000	5.000
12	0	10.000	0	5.000

Da die zu den variablen Stückkosten bewertete Lagerbestandserhöhung genauso groß ist wie die für die Produktion der Lagerbestandserhöhung erforderlichen Kosten, gleichen sich diese beiden Beträge bei der Ertragsteuerberechnung der Perioden 1 bis 8 gerade aus.

In den Perioden 9 bis 12 sind ein Ertrag i. H. v. 16 EUR pro Stück (= Verkaufspreis) und ein Aufwand i. H. v. 8 EUR pro Stück (= Lagerbestandsabbau) bei der Ertragsteuerberechnung zu berücksichtigen.

Es entstehen in den einzelnen Perioden folgende Einzahlungsüberschüsse:

Periode 0:

$$EZÜ_0 = -40.000 \text{ EUR}$$

Periode 1 bis 4:

$$\begin{aligned} EZÜ_t &= -15.000 + 10 \cdot 10.000 - 8 \cdot 15.000 - 5.000 - 2.000 - 0{,}3 \cdot (100.000 \\ &\quad - 80.000 + 8 \cdot 5.000 - 8 \cdot 5.000 - 2.000 - 5.000 - 12.500) \\ &= -42.150 \text{ EUR für } t = 1, \ldots, 4 \end{aligned}$$

Periode 5 bis 8:

$$\begin{aligned} EZÜ_t &= 10 \cdot 10.000 - 8 \cdot 15.000 - 5.000 - 2.000 - 0{,}3 \cdot (100.000 \\ &\quad - 80.000 + 8 \cdot 5.000 - 8 \cdot 5.000 - 2.000 - 5.000 - 12.500) \\ &= -27.150 \text{ EUR für } t = 5, \ldots, 8 \end{aligned}$$

Periode 9 bis 12:

$$\begin{aligned} EZÜ_t &= 16 \cdot 10.000 - 5.000 - 0{,}3 \cdot (16 \cdot 10.000 - 8 \cdot 10.000 - 5.000) \\ &= 132.500 \text{ EUR für } t = 9, \ldots, 12 \end{aligned}$$

C_{0s} = – 40.000 – 42.150 · RBF (7 %/4 Jahre) – 27.150 · RBF (7 %/4 Jahre) · $1{,}07^{-4}$ + 132.500 · RBF (7 %/4 Jahre) · $1{,}07^{-8}$ = **8.279,96 EUR**

Auch hier gilt: Da der Kapitalwert nach Steuern positiv ist, sollte die Investition in den Werkzeugautomaten durchgeführt werden.

Aufgabe 4.35: Kapitalwerte nach Steuern

Die Ungenau GmbH, Hersteller von Dreh- und Fräsmaschinen, hat zwei Investitionsalternativen zur Auswahl, die durch folgende Zahlungsreihen gekennzeichnet sind:

t	0	1	2	3	4	5
$Z_{t\,A}$ (EUR)	– 10.000	4.000	4.000	4.000	4.000	4.000
$Z_{t\,B}$ (EUR)	– 10.000	–	–	5.000	5.000	5.000

Der Kalkulationszinssatz vor Steuern beträgt 10 % p. a. Die Investitionsobjekte werden mit Eigenkapital finanziert. Die Abschreibung erfolgt linear.

a) Berechnen Sie die Kapitalwerte (C_0) der Investitionsobjekte ohne Berücksichtigung der Steuern!

b) Berechnen Sie die Kapitalwerte nach Steuern (C_{0s}) unter Berücksichtigung der Ertragsteuersätze von 20 %, 30 %, 40 % und 50 %! Differenzieren Sie zwischen der Möglichkeit des reinen Verlustvortrags und der sofortigen Verlustverrechnung!

c) Interpretieren Sie die Entwicklung der Kapitalwerte nach Steuern (C_{0s})!

Lösung

Teilaufgabe a)

Kapitalwertmethode ohne Berücksichtigung von Steuern:

C_{0A} = – 10.000 EUR + 4.000 EUR · RBF (10 %/5 Jahre)

= – 10.000 EUR + 4.000 EUR · 3,790787

= **+ 5.163,15 EUR**

C_{0B} = – 10.000 EUR + 5.000 EUR · RBF (10 %/3 Jahre) · $1{,}1^{-2}$

= – 10.000 EUR + 5.000 EUR · 2,486852 · 0,826446

= **+ 276,24 EUR**

Teilaufgabe b)

Berechnung der Steuern und der Rückflüsse nach Steuern für das Investitionsobjekt A (Beträge in EUR):

Nr.	Periode	1	2	3	4	5
1	EZÜ	4.000	4.000	4.000	4.000	4.000
2	Abschreibungen	2.000	2.000	2.000	2.000	2.000
3	Stpfl. Gewinn (1 – 2)	2.000	2.000	2.000	2.000	2.000
4	Steuerzahlung ($s_{er} = 0{,}2 \cdot (3)$)	400	400	400	400	400
5	EZÜ nach Steuern (1 – 4)	3.600	3.600	3.600	3.600	3.600
6	Steuerzahlung ($s_{er} = 0{,}3 \cdot (3)$)	600	600	600	600	600
7	EZÜ nach Steuern (1 – 6)	3.400	3.400	3.400	3.400	3.400
8	Steuerzahlung ($s_{er} = 0{,}4 \cdot (3)$)	800	800	800	800	800
9	EZÜ nach Steuern (1 – 8)	3.200	3.200	3.200	3.200	3.200
10	Steuerzahlung ($s_{er} = 0{,}5 \cdot (3)$)	1.000	1.000	1.000	1.000	1.000
11	EZÜ nach Steuern (1 – 10)	3.000	3.000	3.000	3.000	3.000

Berechnung der Kapitalwerte nach Steuern (C_{0s}) für das Investitionsobjekt A:

$\mathbf{s_{er} = 20\ \%;\ i_s = 8\ \%:}$

C_{0s} = – 10.000 EUR + 3.600 EUR · RBF (8 %/5 Jahre)

= – 10.000 EUR + 3.600 EUR · 3,992710

= + 4.373,76 EUR

$\mathbf{s_{er} = 30\ \%;\ i_s = 7\ \%:}$

C_{0s} = – 10.000 EUR + 3.400 EUR · RBF (7 %/5 Jahre)

= – 10.000 EUR + 3.400 EUR · 4,100197

= + 3.940,67 EUR

$\mathbf{s_{er} = 40\ \%;\ i_s = 6\ \%:}$

C_{0s} = – 10.000 EUR + 3.200 EUR · RBF (6 %/5 Jahre)

= – 10.000 EUR + 3.200 EUR · 4,212364

= + 3.479,56 EUR

$\mathbf{s_{er} = 50\ \%;\ i_s = 5\ \%:}$

C_{0s} = – 10.000 EUR + 3.000 EUR · RBF (5 %/5 Jahre)

= – 10.000 EUR + 3.000 EUR · 4,329477

= + 2.988,43 EUR

Berechnung der Steuern und der Rückflüsse nach Steuern für das Investitionsobjekt B bei Verlustvortrag (Beträge in EUR):

t		1	2	3	4	5
EZÜ		0	0	5.000	5.000	5.000
Abschreibungen		2.000	2.000	2.000	2.000	2.000
Verlustvortrag		2.000	4.000	1.000	0	0
Stpfl. Gewinn		–	–	–	2.000	3.000
Steuerzahlung bei s_{er} von	20 %	0	0	0	400	600
	30 %	0	0	0	600	900
	40 %	0	0	0	800	1.200
	50 %	0	0	0	1.000	1.500
EZÜ nach Steuern bei s_{er} von	20 %	0	0	5.000	4.600	4.400
	30 %	0	0	5.000	4.400	4.100
	40 %	0	0	5.000	4.200	3.800
	50 %	0	0	5.000	4.000	3.500

Berechnung der Kapitalwerte nach Steuern (C_{0s}) für das Investitionsobjekt B bei Verlustvortrag:

$\mathbf{s_{er} = 20\ \%;\ i_s = 8\ \%:}$

C_{0s} = – 10.000 EUR

+ [0 EUR – (0 EUR – 0 EUR) · 0,2] · $1{,}08^{-1}$

(2.000 EUR werden vorgetragen)

+ [0 EUR – (0 EUR – 0 EUR) · 0,2] · $1{,}08^{-2}$

(2.000 EUR werden vorgetragen; der Gesamtverlustvortrag beträgt nun 4.000 EUR)

+ [5.000 EUR – (5.000 EUR – 2.000 EUR – 3.000 EUR) · 0,2] · $1{,}08^{-3}$

(der Gesamtverlustvortrag beträgt nun 4.000 EUR – 3.000 EUR = 1.000 EUR)

+ [5.000 EUR – (5.000 EUR – 2.000 EUR – 1.000 EUR) · 0,2] · $1{,}08^{-4}$

(der Gesamtverlustvortrag ist aufgebraucht)

+ [5.000 EUR – (5.000 EUR – 2.000 EUR) · 0,2] · $1{,}08^{-5}$

(der Gesamtverlustvortrag ist aufgebraucht)

= + 344,86 EUR

s_{er} = 30 %; i_s = 7 %:

C_{0s} = – 10.000 EUR

+ [0 EUR – (0 EUR – 0 EUR) · 0,3] · $1{,}07^{-1}$

(2.000 EUR werden vorgetragen)

+ [0 EUR – (0 EUR – 0 EUR) · 0,3] · $1{,}07^{-2}$

(2.000 EUR werden vorgetragen; der Gesamtverlustvortrag beträgt nun 4.000 EUR)

+ [5.000 EUR – (5.000 EUR – 2.000 EUR – 3.000 EUR) · 0,3] · $1{,}07^{-3}$

(der Gesamtverlustvortrag beträgt nun 4.000 EUR – 3.000 EUR = 1.000 EUR)

+ [5.000 EUR – (5.000 EUR – 2.000 EUR – 1.000 EUR) · 0,3] · $1{,}07^{-4}$

(der Gesamtverlustvortrag ist aufgebraucht)

+ [5.000 EUR – (5.000 EUR – 2.000 EUR) · 0,3] · $1{,}07^{-5}$

(der Gesamtverlustvortrag ist aufgebraucht)

= + 361,47 EUR

s_{er} = 40 %; i_s = 6 %:

C_{0s} = – 10.000 EUR

+ [0 EUR – (0 EUR – 0 EUR) · 0,4] · $1{,}06^{-1}$

(2.000 EUR werden vorgetragen)

+ [0 EUR – (0 EUR – 0 EUR) · 0,4] · $1{,}06^{-2}$

(2.000 EUR werden vorgetragen; der Gesamtverlustvortrag beträgt nun 4.000 EUR)

+ [5.000 EUR – (5.000 EUR – 2.000 EUR – 3.000 EUR) · 0,4] · $1{,}06^{-3}$

(der Gesamtverlustvortrag beträgt nun 4.000 EUR – 3.000 EUR = 1.000 EUR)

$+ [5.000\ EUR - (5.000\ EUR - 2.000\ EUR - 1.000\ EUR) \cdot 0{,}4] \cdot 1{,}06^{-4}$

(der Gesamtverlustvortrag ist aufgebraucht)

$+ [5.000\ EUR - (5.000\ EUR - 2.000\ EUR) \cdot 0{,}4] \cdot 1{,}06^{-5}$

(der Gesamtverlustvortrag ist aufgebraucht)

$= + 364{,}47\ EUR$

s_{er} = 50 %; i_s = 5 %:

$C_{0s} = -10.000\ EUR$

$+ [0\ EUR - (0\ EUR - 0\ EUR) \cdot 0{,}5] \cdot 1{,}05^{-1}$

(2.000 EUR werden vorgetragen)

$+ [0\ EUR - (0\ EUR - 0\ EUR) \cdot 0{,}5] \cdot 1{,}05^{-2}$

(2.000 EUR werden vorgetragen; der Gesamtverlustvortrag beträgt nun 4.000 EUR)

$+ [5.000\ EUR - (5.000\ EUR - 2.000\ EUR - 3.000\ EUR) \cdot 0{,}5] \cdot 1{,}05^{-3}$

(der Gesamtverlustvortrag beträgt nun 4.000 EUR – 3.000 EUR = 1.000 EUR)

$+ [5.000\ EUR - (5.000\ EUR - 2.000\ EUR - 1.000\ EUR) \cdot 0{,}5] \cdot 1{,}05^{-4}$

(der Gesamtverlustvortrag ist aufgebraucht)

$+ [5.000\ EUR - (5.000\ EUR - 2.000\ EUR) \cdot 0{,}5] \cdot 1{,}05^{-5}$

(der Gesamtverlustvortrag ist aufgebraucht)

$= + 352{,}34\ EUR$

Berechnung der Steuern und der Rückflüsse nach Steuern für das Investitionsobjekt B bei sofortiger Verlustverrechnung, d. h. sofortigem Verlustausgleich bzw. -rücktrag (Beträge in EUR):

t		1	2	3	4	5
EZÜ		0	0	5.000	5.000	5.000
Abschreibungen		2.000	2.000	2.000	2.000	2.000
Verlustvortrag		0	0	0	0	0
Stpfl. Gewinn		– 2.000	– 2.000	3.000	3.000	3.000
Steuerzahlung bzw. -rück-erstattung bei s_{er} von	20 %	– 400	– 400	600	600	600
	30 %	– 600	– 600	900	900	900
	40 %	– 800	– 800	1.200	1.200	1.200
	50 %	– 1.000	– 1.000	1.500	1.500	1.500
EZÜ nach Steuern bei s_{er} von	20 %	400	400	4.400	4.400	4.400
	30 %	600	600	4.100	4.100	4.100
	40 %	800	800	3.800	3.800	3.800
	50 %	1.000	1.000	3.500	3.500	3.500

Berechnung der Kapitalwerte nach Steuern (C_{0s}) für das Investitionsobjekt B bei sofortiger Verlustverrechnung, d. h. sofortigem Verlustausgleich bzw. -rücktrag:

$\mathbf{s_{er} = 20\ \%;\ i_s = 8\ \%:}$

$$\begin{aligned} C_{0s} = & -10.000 \text{ EUR} \\ & + [0 \text{ EUR} - (0 \text{ EUR} - 2.000 \text{ EUR}) \cdot 0{,}2] \cdot (1{,}08^{-1} + 1{,}08^{-2}) \\ & + [5.000 \text{ EUR} - (5.000 \text{ EUR} - 2.000 \text{ EUR}) \cdot 0{,}2] \\ & \cdot (1{,}08^{-3} + 1{,}08^{-4} + 1{,}08^{-5}) \\ = & + 434{,}87 \text{ EUR} \end{aligned}$$

$\mathbf{s_{er} = 30\ \%;\ i_s = 7\ \%:}$

$$\begin{aligned} C_{0s} = & -10.000 \text{ EUR} \\ & + [0 \text{ EUR} - (0 \text{ EUR} - 2.000 \text{ EUR}) \cdot 0{,}3] \cdot (1{,}07^{-1} + 1{,}07^{-2}) \\ & + [5.000 \text{ EUR} - (5.000 \text{ EUR} - 2.000 \text{ EUR}) \cdot 0{,}3] \\ & \cdot (1{,}07^{-3} + 1{,}07^{-4} + 1{,}07^{-5}) \\ = & + 482{,}75 \text{ EUR} \end{aligned}$$

$\mathbf{s_{er} = 40\ \%;\ i_s = 6\ \%:}$

$$C_{0s} = -10.000\ EUR$$
$$+ [0\ EUR - (0\ EUR - 2.000\ EUR) \cdot 0{,}4] \cdot (1{,}06^{-1} + 1{,}06^{-2})$$
$$+ [5.000\ EUR - (5.000\ EUR - 2.000\ EUR) \cdot 0{,}4]$$
$$\cdot (1{,}06^{-3} + 1{,}06^{-4} + 1{,}06^{-5})$$
$$= +\ 506{,}80\ EUR$$

$\mathbf{s_{er} = 50\ \%;\ i_s = 5\ \%:}$

$$C_{0s} = -10.000\ EUR$$
$$+ [0\ EUR - (0\ EUR - 2.000\ EUR) \cdot 0{,}5]$$
$$\cdot (1{,}05^{-1} + 1{,}05^{-2})$$
$$+ [5.000\ EUR - (5.000\ EUR - 2.000\ EUR) \cdot 0{,}5]$$
$$\cdot (1{,}05^{-3} + 1{,}05^{-4} + 1{,}05^{-5})$$
$$= +\ 504{,}64\ EUR$$

Gegenüberstellung der Kapitalwerte nach Steuern (C_{0s}) der Investitionsobjekte A und B (Ergebnisse aus Teilaufgabe a) und Teilaufgabe b)):

s_{er}	i_s	$C_{0s\,A}$ (EUR)	$C_{0s\,B}$ bei Verlustvortrag (EUR)	$C_{0s\,B}$ mit sofortiger Verlustverrechnung (EUR)
0 %	0,10	5.163,15	276,24	276,24
20 %	0,08	4.373,76	344,86	434,87
30 %	0,07	3.940,67	361,47	482,75
40 %	0,06	3.479,56	364,47	506,80
50 %	0,05	2.988,43	352,34	504,64

Teilaufgabe c)

Das Investitionsobjekt A verhält sich „normal“, da mit steigenden Ertragsteuersätzen der Kapitalwert fällt. Bei dem Investitionsobjekt B steigt bei Einführung einer Ertragsteuer der Kapitalwert. Dies lässt sich durch die relative Betrachtungsweise erklären. Absolut sinkt das Einkommen des Unternehmens durch die Einführung einer Ertragsteuer. Bei dem Vergleich einer Sachinvestition mit einer Finanzinvestition kann sich daher die Vorteilhaftigkeit der Sachinvestition verbessern. Dies kommt zustande, wenn bei der Sachinvestition in den ersten Perioden steuerliche Verluste entstehen (Abschreibungen > erfolgswirksame Einzahlungsüberschüsse). Dadurch ergibt sich für die Sachinvestition ein Zinsgewinn, der die Sachinvestition gegenüber einer Finanzinvestition vorteilhafter erscheinen lässt, da dann die Steuerzahlungen erst später anfallen. Dieser Effekt verstärkt sich noch, wenn eine sofortige Verlustverrechnung, d. h. ein sofortiger Verlustausgleich bzw. -rücktrag möglich ist. Hier fallen nicht nur die Steuerzahlungen später an, sondern in den ersten Perioden werden dem Investitionsobjekt gegenüber dem Nichtsteuerfall höhere Einzahlungsüberschüsse zugerechnet. Dies entspricht dem sogenannten Steuerparadoxon. Bei einem etwas höheren A_0 könnte man sogar zeigen, dass ein negativer Kapitalwert durch Steuern positiv wird, z. B. dann, wenn man für $A_0 = 10.300$ EUR ansetzt. Für diese Fälle gilt: Der Kapitalwert steigt zunächst bei Einführung der Steuer, erreicht ein Maximum und fällt dann.

Aufgabe 4.36: Kapitalwerte nach Steuern

Über eine geplante Investition der Gummi AG sind folgende Daten bekannt:

– Anschaffungsauszahlung	24.000 EUR;
– jährliche Einzahlungsüberschüsse	5.000 EUR;
– Ertragsteuersatz	50 %;
– Kalkulationszinssatz nach Steuern	7 % p. a.;
– wirtschaftliche Nutzungsdauer	10 Jahre.

Treffen Sie mittels der Kapitalwertmethode eine Entscheidung, ob die Investition getätigt werden soll! Dabei sind folgende Abschreibungsverfahren zu berücksichtigen:

a) lineare Abschreibung;

b) geometrisch-degressive Abschreibung i. H. v. 20 % des jeweiligen Restbuchwertes. Der Restbuchwert wird im letzten Jahr als Abschreibung berücksichtigt, damit der Restwert am Ende der Nutzungsdauer 0 EUR beträgt;

c) geometrisch-degressive Abschreibung wie unter Teilaufgabe b), jedoch Übergang zur linearen AfA, sobald diese in einem Geschäftsjahr einen höheren Abschreibungsbetrag als die lineare AfA erbringt.

Lösung

Teilaufgabe a)

Um die verschiedenen Abschreibungsverfahren vergleichbar zu machen, muss die Kapitalwertformel unter Berücksichtigung der Steuerwirkung wie folgt modifiziert werden:

$$C_{0s} = -A_0 + \sum_{t=1}^{n} \left(Z_t - \left(Z_t - AfA_t\right) \cdot s_{er}\right) \cdot \left(1 + i_s\right)^{-t}$$

Dabei gilt:

C_{0s}: Kapitalwert der Investition nach Steuern;

A_0: Anschaffungsauszahlung im Zeitpunkt $t = 0$;

Z_t: Zahlungsüberschuss der Periode t (Differenz zwischen Einzahlungen und Auszahlungen der Periode t) mit $Z_t > 0$ oder $Z_t < 0$;

AfA_t: Abschreibungen der Periode t;

s_{er}: Ertragsteuersatz;

i_s: Kalkulationszinssatz nach Ertragsteuern;

n: Nutzungsdauer des Investitionsobjekts;

t: Periode ($t = 0, 1, 2, ..., n$).

Bei der linearen Abschreibung wird der Einzahlungsüberschuss von 5.000 EUR/Jahr jeweils um den AfA-Betrag von 2.400 EUR/Jahr gemindert, so dass sich ein über die 10 Jahre konstanter steuerpflichtiger Gewinn von 2.600 EUR/Jahr ergibt. Bei Annahme eines Ertragsteuersatzes i. H. v. 50 % führt dies zu einer Ertragsteuerzahlung von 1.300 EUR/Jahr. Da der Rentenbarwertfaktor bei $i_s = 7$ % p. a. und n = 10 Jahre 7,023582 beträgt, ergibt sich nachfolgende Rechnung:

C_{0s} = – 24.000 EUR + 3.700 EUR · RBF (7 %/10 Jahre)

= – 24.000 EUR + 3.700 EUR · 7,023582

= **+ 1.987,25 EUR**

Teilaufgabe b)

Bei der geometrisch-degressiven Abschreibung ohne Übergang auf die lineare Abschreibung ergibt sich im ersten Jahr eine Abschreibung von 4.800 EUR. Durch die Verrechnung des AfA-Betrags mit dem Einzahlungsüberschuss des ersten Jahres von 5.000 EUR folgt daraus ein steuerpflichtiger Gewinn in diesem Jahr von 200 EUR. Für die folgenden Jahre ist analog vorzugehen.

Unter Berücksichtigung der Anschaffungsauszahlung und der Summe der Barwerte der Einzahlungsüberschüsse ergibt sich ein **Kapitalwert nach Steuern** – wie aus den Berechnungen der nachfolgenden Tabelle ersichtlich – i. H. v. **2.617,65 EUR**.

t	AfA (EUR)	RBW (EUR)	EZÜ (EUR)	Steuerzahlung (EUR)	EZÜ nach Steuerzahlung (EUR)	Barwerte (EUR)
0	–	24.000,00	–	–	–	–
1	4.800,00	19.200,00	5.000	100,00	4.900,00	4.579,44
2	3.840,00	15.360,00	5.000	580,00	4.420,00	3.860,60
3	3.072,00	12.288,00	5.000	964,00	4.036,00	3.294,58
4	2.457,60	9.830,40	5.000	1.271,20	3.728,80	2.844,68
5	1.966,08	7.864,32	5.000	1.516,96	3.483,04	2.483,36
6	1.572,86	6.291,46	5.000	1.713,57	3.286,43	2.189,89
7	1.258,29	5.033,17	5.000	1.870,86	3.129,14	1.948,67
8	1.006,63	4.026,54	5.000	1.996,69	3.003,31	1.747,95
9	805,31	3.221,23	5.000	2.097,35	2.902,65	1.578,85
10	3.221,23	0,00	5.000	889,39	4.110,61	2.089,63
Summe der Barwerte						26.617,65
– Anschaffungsauszahlung						24.000,00
= Kapitalwert nach Steuern						**2.617,65**

Teilaufgabe c)

Bei der geometrisch-degressiven Abschreibung mit Übergang auf die lineare Abschreibung ergibt sich bei den vorliegenden Daten der optimale Übergang am Ende des 6. Jahres. Gemäß den Berechnungen der nachfolgenden Tabelle beträgt der **Kapitalwert nach Steuern** bei dieser Vorgehensweise **2.670,16 EUR**.

t	AfA (EUR)	RBW (EUR)	EZÜ (EUR)	Steuerzahlung (EUR)	EZÜ nach Steuerzahlung (EUR)	Barwerte (EUR)
0	–	24.000,00	–	–	–	–
1	4.800,00	19.200,00	5.000	100,00	4.900,00	4.579,44
2	3.840,00	15.360,00	5.000	580,00	4.420,00	3.860,60
3	3.072,00	12.288,00	5.000	964,00	4.036,00	3.294,58
4	2.457,60	9.830,40	5.000	1.271,20	3.728,80	2.844,68
5	1.966,08	7.864,32	5.000	1.516,96	3.483,04	2.483,36
6	1.572,86	6.291,46	5.000	1.713,57	3.286,43	2.189,89
7	1.572,86	4.718,60	5.000	1.713,57	3.286,43	2.046,62
8	1.572,86	3.145,74	5.000	1.713,57	3.286,43	1.912,73
9	1.572,86	1.572,88	5.000	1.713,57	3.286,43	1.787,60
10	1.572,88	0,00	5.000	1.713,56	3.286,44	1.670,66
Summe						26.670,16
– Anschaffungsauszahlung						24.000,00
= Kapitalwert nach Steuern						**2.670,16**

Ergebnisbetrachtung:

- Unter der Annahme, dass in jedem Jahr ein vollständiger Verlustausgleich oder -rücktrag möglich ist, ergibt sich ein umso höherer Kapitalwert, je eher die Abschreibungsbeträge berücksichtigt werden können (Abzinsungseffekt).
- Berücksichtigt man die Zinsen, so erhöht sich der Kapitalwert durch die anfängliche Steuerersparnis.
- Bedeutend wird der Einfluss der Abschreibungsmethoden immer dann, wenn zwei verschiedene Investitionsalternativen verglichen werden, von denen eine nur linear, die andere dagegen auch degressiv abgeschrieben werden kann.
- Ein möglicher Restverkaufserlös wurde vernachlässigt. Ebenfalls unbeachtet geblieben sind die Ertragsteuerzahlungen (bzw. -erstattungen) auf einen etwaigen Veräußerungsgewinn (bzw. -verlust). Dies soll durch nachfolgende Ergänzung der Kapitalwertformel nachgeholt werden:

$$+\left(L_n - s_{er} \cdot \left(L_n - RB_n\right)\right) \cdot \left(1 + i_s\right)^{-n}$$

Dabei gilt:

L_n : Liquidationseinzahlung (-erlös), falls $L_n > 0$ bzw. Liquidationsauszahlung, falls $L_n < 0$;

RB_n : Restbuchwert im Zeitpunkt $t = n$.

Die Ertragsteuerzahlung auf den Veräußerungsgewinn vermindert den Restverkaufserlös im Gewinnfall. Hingegen erhöht die Ertragsteuererstattung eines Veräußerungsverlustes den Restverkaufserlös. Der Einzahlungsüberschuss aus der Veräußerungshandlung (nach Steuern) wird schließlich auf den Durchführungszeitpunkt der Investition abgezinst.

Aufgabe 4.37: Geldentwertung[36]

Die Pressbuchfix AG plant eine Erweiterung ihrer Produktionsanlagen. Dazu steht ihr eine Investition mit folgenden Zahlungen zur Verfügung:

t	0	1	2	3	4	5
Z_t (EUR)	– 100.000	30.000	40.000	30.000	20.000	20.000

Die Pressbuchfix AG geht von einem Kalkulationszinssatz von 10 % p. a. aus. Berechnen Sie den Kapitalwert für die Investition unter den zusätzlichen Annahmen, dass die Schätzwerte für die Zahlungen deren Nominalwerte sind und dass die Geldentwertungsrate 2 % p. a. beträgt! Runden Sie Ihre Ergebnisse auf volle EUR-Beträge.

Lösung

Für den Kapitalwert einer Investition unter Berücksichtigung von Inflation gilt:

– bei Nominalwertrechnung

$$C_0^N = \sum_{t=0}^{n} Z_t \cdot (1+i)^{-t}$$

– bei Realwertrechnung

$$C_0^R = \sum_{t=0}^{n} Z_t \cdot (1+g)^{-t} \cdot (1+i^R)^{-t}$$

---

36 Modifiziert entnommen aus *Blohm, Hans; Lüder, Klaus; Schaefer, Christina*: Investition, 10. Aufl., München 2012, S. 117–118.

Dabei gilt:

C_0^N: Kapitalwert einer Investition bei Nominalwertrechnung;

i: Kalkulationszinssatz ohne Berücksichtigung der Geldentwertung;

Z_t: Differenz zwischen den Ein- und Auszahlungen der Periode t mit folgender Wirkung:

- Einzahlungsüberschuss der Periode t, wenn $Z_t > 0$ bzw.
- Auszahlungsüberschuss der Periode t, wenn $Z_t < 0$.

C_0^R: Kapitalwert einer Investition unter Berücksichtigung der Geldentwertung bei Realwertrechnung;

g: Jährliche konstante Geldentwertungsrate;

i^R: Realer Kalkulationszinssatz;

n: Nutzungsdauer des Investitionsobjekts;

t: Periode (t = 0, 1, 2, ..., n).

Aus $i^R = \frac{i-g}{1+g}$ folgt $C_0^N = C_0^R$, d. h., Nominalwertrechnung und Realwertrechnung führen zum selben Ergebnis.

Den Berechnungen in der nachfolgenden Tabelle zur Berücksichtigung der Inflation liegt die Prämisse zugrunde, dass die Geldentwertungsrate g, der nominale Kalkulationszinssatz i und demzufolge auch der reale Kalkulationszinssatz i^R im Planungszeitraum konstant sind. Die geringfügige Abweichung zwischen C_0^N und C_0^R ist hierbei durch die Rundung der Deflations- und der Abzinsungsfaktoren bedingt.

t	Nominalwertrechnung			Realwertrechnung			
	Netto-zahlungen (Zeitwert) (EUR) (1)	Ab-zinsungs-faktoren für $i = 0{,}1$ (2)	Netto-zahlungen (Barwert) (EUR; gerundet) (3)	Deflations-faktoren $(1+g)^{-t}$ für $g = 0{,}02$ (4)	Netto-zahlungen (Zeitwert) (EUR; gerundet) (5) = (1) · (4)	Ab-zinsungs-faktoren $(1+i^R)^{-t}$ für $i^R = 0{,}078$ (6)	Netto-zahlungen (Barwert) (EUR; gerundet) (7) = (5) · (6)
0	– 100.000	1,000000	– 100.000	1,000000	– 100.000	1,000000	– 100.000
1	30.000	0,909091	27.273	0,980392	29.412	0,927644	27.284
2	40.000	0,826446	33.058	0,961169	38.447	0,860523	33.085
3	30.000	0,751315	22.539	0,942322	28.270	0,798259	22.567
4	20.000	0,683013	13.660	0,923845	18.477	0,740500	13.682
5	20.000	0,620921	12.418	0,905731	18.115	0,686920	12.444
			C_0^N = **+ 8.948**				C_0^R = **+ 9.062**

Aufgabe 4.38: Geldentwertung[37]

Bei der Marken AG steht ein Investitionsvorhaben an, aus dem in den kommenden 5 Jahren auf Grundlage heutiger Preise folgende Zahlungsreihe resultiert:

t	0	1	2	3	4	5
$Z_{t\ real}$ (EUR)	– 1.000	300	400	500	300	400

Der reale Kalkulationszinssatz beträgt i_{real} = 8 % p. a. In den kommenden Jahren wird mit einer Geldentwertungsrate von 3 % p. a. gerechnet.

Ermitteln Sie den Kapitalwert (C_0) der Investition unter Verwendung von

a) realen Größen,

b) nominalen Größen!

[37] Modifiziert entnommen aus *Henselmann, Klaus; Kniest, Wolfgang*: Unternehmensbewertung: Praxisfälle mit Lösungen, 5. Aufl., Herne 2015, S. 181–182.

Lösung

Teilaufgabe a)

Unter Verwendung von realen Größen in gegenwärtiger Kaufkraft und eines realen Zinssatzes von 8 % p. a. ergibt sich folgender Kapitalwert:

$$C_0 = -1.000 + 300 \cdot 1{,}08^{-1} + 400 \cdot 1{,}08^{-2} + 500 \cdot 1{,}08^{-3} + 300 \cdot 1{,}08^{-4} + 400 \cdot 1{,}08^{-5}$$

$$= \mathbf{+510{,}37\ EUR}$$

Teilaufgabe b)

Unter Verwendung von nominalen Größen ist die reale Zahlungsreihe wie folgt in eine nominale Zahlungsreihe zu transformieren:

t	0	1	2	3	4	5
$Z_{t\,real}$ (EUR)	– 1.000	300	400	500	300	400
Inflations-anpassung (g = 3 % p. a.)	—	1,03	$1{,}03^2$	$1{,}03^3$	$1{,}03^4$	$1{,}03^5$
$Z_{t\,nom.}$ (EUR)	– 1.000	309	424,36	546,36	337,65	463,71

Auf die nominale Zahlungsreihe ist dann der nominale Zins anzuwenden.

Aus der Transformation der Gleichung $i^R = \frac{i-g}{1+g}$ ergibt sich:

$$i_{nom.} = (1 + i_{real}) \cdot (1 + g) - 1 = (1 + 0{,}08) \cdot (1 + 0{,}03) - 1 = 11{,}24\ \%\ p.\,a.$$

$$C_0 = -1.000 + 309 \cdot 1{,}1124^{-1} + 424{,}36 \cdot 1{,}1124^{-2} + 546{,}36 \cdot 1{,}1124^{-3} + 337{,}65 \cdot 1{,}1124^{-4} + 463{,}71 \cdot 1{,}1124^{-5}$$

$$= \mathbf{+510{,}37\ EUR}$$

Beide Verfahren zur Berücksichtigung der Geldentwertung führen zum gleichen Ergebnis. Dies ist darauf zurückzuführen, dass die reale Zahlungsreihe mit dem realen Zinssatz diskontiert wird; demzufolge hebt sich damit die Inflationsbereinigung in der Rechnung auf, da bei jedem Element der Zahlungsreihe die gleiche sich neutralisierende Rechenoperation durchgeführt wird. Diese Vorgehensweise ist somit einer Rechnung unter Verwendung von nominalen Größen äquivalent.

5 Verfahren zur Ermittlung der optimalen Nutzungsdauer und des optimalen Ersatzzeitpunktes von Investitionen

5.1 Die Bestimmung der optimalen Nutzungsdauer

Aufgabe 5.1: Optimale Nutzungsdauer

Der Investor Günther Geldweg hat die Möglichkeit, auf einem vollkommenen Kapitalmarkt (Kalkulationszinssatz i = 10 % p. a.) ein Investitionsprojekt zu realisieren, für das die folgenden Daten gelten:

t/m	0	1	2	3	4	5	6
Z_t (EUR)	– 10.000	5.500	4.500	1.000	1.000	800	700
L_m (EUR)	10.000	6.000	4.000	3.000	2.000	1.000	–

Alle Zahlungen sollen am Ende der jeweiligen Periode t (t = 0, 1, …, m) erfolgen. Bei einer Veräußerung des Investitionsprojektes in einer Periode t erhält der Investor also sowohl den Einzahlungsüberschuss dieser Periode (Z_t) als auch den für diese Periode vorgesehenen Liquidationserlös nach einer Nutzungsdauer von m Perioden (L_m).

a) Berechnen Sie die optimale Nutzungsdauer, wenn der Investor einen (beschränkten) Planungshorizont von 6 Jahren hat!

b) Berechnen Sie die optimale Nutzungsdauer, wenn der Investor einen unendlichen Planungshorizont hat und eine fortwährende Ersatzinvestition des gleichen Investitionsprojektes geplant ist!

Lösung

Teilaufgabe a)

Berechnung der Kapitalwerte $C_0^{(m)}$ in Abhängigkeit von der Nutzungsdauer m und Bestimmung der optimalen Nutzungsdauer, wenn der Investor einen (beschränkten) Planungshorizont von 6 Jahren hat (Beträge in EUR):

t/m	0	1	2	3	4	5	6	$C_0^{(m)}$
0	–							–
1	– 10.000	11.500						454,55
2	– 10.000	5.500	8.500					**2.024,79**
3	– 10.000	5.500	4.500	4.000				1.724,27
4	– 10.000	5.500	4.500	1.000	3.000			1.519,36
5	– 10.000	5.500	4.500	1.000	1.000	1.800		1.270,99
6	– 10.000	5.500	4.500	1.000	1.000	800	700	1.045,21

Die optimale Nutzungsdauer bei einem (beschränkten) Planungshorizont von 6 Jahren beträgt 2 Jahre.

Dabei gilt:

$C_0^{(m)}$: Kapitalwert des Investitionsprojektes bei m-jähriger Nutzung;

m: Nutzungsdauer des Investitionsprojektes;

t: Periode (t = 0, 1, 2, …, m).

Teilaufgabe b)

Berechnung der Kettenkapitalwerte KC_0 und Bestimmung der optimalen Nutzungsdauer, wenn der Investor einen unendlichen Planungshorizont hat und eine fortwährende Ersatzinvestition des gleichen Investitionsprojektes geplant ist:

m	$C_0^{(m)}$ (EUR)	$KWF = \frac{0{,}10 \cdot 1{,}10^m}{1{,}10^m - 1}$	Annuität = $C_0^{(m)} \cdot KWF$ (EUR)	$KC_0 = \frac{\text{Annuität}}{i}$ (EUR)
1	454,55	1,100000	500,01	5.000,10
2	2.024,79	0,576190	1.166,66	**11.666,60**
3	1.724,27	0,402115	693,35	6.933,50
4	1.519,36	0,315471	479,31	4.793,10
5	1.270,99	0,263797	335,28	3.352,80
6	1.045,21	0,229607	239,99	2.399,90

Die optimale Nutzungsdauer bei einem unendlichen Planungshorizont und fortwährender Ersatzinvestition des gleichen Investitionsprojektes beträgt ebenfalls 2 Jahre.

Dabei gilt:

KC_0: Kettenkapitalwert.

Der Kettenkapitalwert entspricht der Summe aller auf den Zeitpunkt t = 0 abgezinsten Kapitalwerte der einzelnen Investitionsprojekte der unendlichen Investitionskette.

Aufgabe 5.2: Optimale Nutzungsdauer

Ein Unternehmen plant die einmalige, d. h. nicht zu wiederholende Beschaffung einer neuen Produktionsanlage. Zur Wahl stehen die Anlagen A und B. Aus technischen Gründen ist die Nutzungsdauer der beiden Anlagen jeweils auf maximal 4 Jahre beschränkt. Die Anschaffungsauszahlungen betragen für die Anlage A 96.150 EUR und für die Anlage B 120.000 EUR. Der Kalkulationszinssatz beträgt 10 % p. a.

Die im Folgenden angegebenen Einzahlungsüberschüsse und Liquidationserlöse der beiden Anlagen beziehen sich jeweils auf das Ende eines Jahres.

Jahr	1	2	3	4
Anlage A				
Einzahlungsüberschuss (EUR)	50.000	50.000	40.000	10.000
Restwert (EUR)	60.000	30.000	10.000	0
Anlage B				
Einzahlungsüberschuss (EUR)	40.000	40.000	60.000	50.000
Restwert (EUR)	108.000	84.000	48.000	0

Für die bevorstehenden 4 Jahre ist davon auszugehen, dass mit Ausnahme der Anlagen A und B nur Sach- und Finanzinvestitionen mit einer internen Verzinsung von maximal 10 % p. a. realisierbar sind.

a) Bestimmen Sie die optimale Nutzungsdauer für die Anlage A und für die Anlage B!

b) Ermitteln Sie die internen Zinsfüße der Anlagen A und B unter Zugrundelegung der jeweils optimalen Nutzungsdauer!

c) Welche der beiden Investitionsalternativen ist unter den in der Aufgabenstellung genannten Voraussetzungen zu wählen? Begründen Sie Ihre Entscheidung!

Lösung

Teilaufgabe a)

Ermittlung der optimalen Nutzungsdauer (Entscheidungskriterium: optimaler Kapitalwert $C_0^{(m)}$):

Anlage A:

0 Jahre: $C_0^{(0)} = 0$ EUR

1 Jahr: $C_0^{(1)} = -96.150 + (50.000 + 60.000) \cdot 1{,}1^{-1} = 3.850$ EUR

2 Jahre: $C_0^{(2)} = -96.150 + 50.000 \cdot 1{,}1^{-1} + (50.000 + 30.000) \cdot 1{,}1^{-2}$

$= +15.420{,}25$ EUR

3 Jahre: $C_0^{(3)} = -96.150 + 50.000 \cdot 1{,}1^{-1} + 50.000 \cdot 1{,}1^{-2}$

$+ (40.000 + 10.000) \cdot 1{,}1^{-3} = \mathbf{+\,28.192{,}60\ EUR}$

4 Jahre: $C_0^{(4)} = -96.150 + 50.000 \cdot 1{,}1^{-1} + 50.000 \cdot 1{,}1^{-2} + 40.000 \cdot 1{,}1^{-3}$

$+ 10.000 \cdot 1{,}1^{-4} = +27.509{,}59$ EUR

Die optimale Nutzungsdauer der Anlage A beträgt 3 Jahre.

Anlage B:

0 Jahre: $C_0^{(0)} = 0$ EUR

1 Jahr: $C_0^{(1)} = -120.000 + 148.000 \cdot 1{,}1^{-1} = 14.545{,}46$ EUR

2 Jahre: $C_0^{(2)} = -120.000 + 40.000 \cdot 1{,}1^{-1} + 124.000 \cdot 1{,}1^{-2}$

$= +18.842{,}98$ EUR

3 Jahre: $C_0^{(3)} = -120.000 + 40.000 \cdot 1{,}1^{-1} + 40.000 \cdot 1{,}1^{-2} + 108.000 \cdot 1{,}1^{-3}$

$= \mathbf{+\,30.563{,}49\ EUR}$

4 Jahre: $C_0^{(4)} = -120.000 + 40.000 \cdot 1{,}1^{-1} + 40.000 \cdot 1{,}1^{-2} + 60.000 \cdot 1{,}1^{-3}$

$+ 50.000 \cdot 1{,}1^{-4} = +28.651{,}05$ EUR

Die optimale Nutzungsdauer der Anlage B beträgt 3 Jahre.

Teilaufgabe b)

Ermittlung des internen Zinsfußes:

Anlage A:

$C_0 = -96.150 + 50.000 \cdot (1 + r)^{-1} + 50.000 \cdot (1 + r)^{-2} + 50.000 \cdot (1 + r)^{-3} = 0$

Näherungslösung mit Hilfe der linearen Interpolation:

$i_1 = 10$ % p. a.; $C_{01} = +28.192{,}60$ EUR

$i_2 = 30\ \%$ p. a.; $C_{02} = -\ 5.344{,}36$ EUR

$$\hat{r} = i_1 - C_{01} \cdot \frac{i_2 - i_1}{C_{02} - C_{01}}$$

Dabei gilt:

$\hat{r}$: Interner Zinsfuß p. a. der Investition;

i_1 : Versuchszinssatz 1 p. a. der Investition;

i_2 : Versuchszinssatz 2 p. a. der Investition;

C_{01} : Kapitalwert der Investition zum Zeitpunkt t = 0 und Verwendung des Versuchszinssatzes 1 p. a. der Investition;

C_{02} : Kapitalwert der Investition zum Zeitpunkt t = 0 und Verwendung des Versuchszinssatzes 2 p. a. der Investition.

$$\hat{r} = 0{,}10 - 28.192{,}60 \cdot \frac{0{,}30 - 0{,}10}{-\ 5.344{,}36 - 28.192{,}60}$$

$$= 0{,}10 - 28.192{,}60 \cdot \frac{0{,}20}{-\ 33.536{,}96}$$

$$= 0{,}10 + 0{,}168129 = 0{,}268129$$

Der interne Zinsfuß der Anlage A beträgt näherungsweise **26,8129 % p. a.**

Anlage B:

$$C_0 = -\ 120.000 + 40.000 \cdot (1 + r)^{-1} + 40.000 \cdot (1 + r)^{-2} + 108.000 \cdot (1 + r)^{-3} = 0$$

$i_1 = 10\ \%$ p. a.; $C_{01} = +\ 30.563{,}49$ EUR

$i_2 = 25\ \%$ p. a.; $C_{02} = -\ 7.104{,}00$ EUR

$$\hat{r} = i_1 - C_{01} \cdot \frac{i_2 - i_1}{C_{02} - C_{01}}$$

$$\hat{r} = 0{,}10 - 30.563{,}49 \cdot \frac{0{,}25 - 0{,}10}{-\ 7.104 - 30.563{,}49}$$

$$= 0{,}10 - 30.563{,}49 \cdot \frac{0{,}15}{-\ 37.667{,}49}$$

$$= 0{,}10 + 0{,}121710 = 0{,}221710$$

Der interne Zinsfuß der Anlage B beträgt näherungsweise **22,1710 % p. a.**

Teilaufgabe c)

Anlage B sollte angeschafft werden, da sie bei einer dreijährigen Nutzungsdauer einen höheren Kapitalwert erbringt als die Anlage A. Zwar liegt der interne Zinsfuß der Anlage B unter dem der Anlage A, allerdings lässt sich an diesem Beispiel die Untauglichkeit der internen Zinsfußmethode als Entscheidungskriterium demonstrieren. Diese fehlende Tauglichkeit hat ihren Ursprung in den widersprüchlichen Voraussetzungen der internen Zinsfußmethode.

Der interne Zinsfuß wird mit dem Kalkulationszinssatz verglichen. Liegt er darüber (was bei den Anlagen A und B erfüllt ist), so gilt die Investition als vorteilhaft. Der Kalkulationszinssatz wird aus Kapitalbeschaffungsmöglichkeiten und/oder aus den Kapitalanlagealternativen des Investors abgeleitet. Die Methode des internen Zinsfußes geht aber von sich widersprechenden Voraussetzungen aus, wenn sie einerseits unterstellt, dass finanzielle Mittel zum Kalkulationszinssatz beschafft bzw. angelegt werden können, andererseits in ihrer Wiederanlageprämisse aber davon ausgeht, eben diese Mittel zum internen Zinsfuß beschaffen oder anlegen zu können.

In den hier untersuchten Anlagen wird diese Inkonsequenz noch deutlicher, denn man unterstellt, dass finanzielle Mittel der Anlage A zu 26,81 % p. a., finanzielle Mittel der Anlage B dagegen zu 22,17 % p. a. angelegt bzw. aufgenommen werden können. Da diese Vorgehensweise völlig unrealistisch ist, sollte der Kapitalwertmethode der Vorzug eingeräumt werden. Nach diesem Kriterium ist somit Anlage B zu wählen.

Aufgabe 5.3: Optimale Nutzungsdauer[38]

Ein Textilhersteller möchte eine Maschine, die bei der Herstellung von Oberbekleidung benötigt wird, anschaffen. Außerdem sieht er vor, diese Maschine einmalig durch eine identische Maschine zu ersetzen. Die Folgeinvestition hat keinen Nachfolger, da der Textilhersteller damit rechnet, dass die zu fertigende Oberbekleidung nur begrenzt in Mode ist und sich anschließend nicht mehr verkaufen lässt. Die Erst- und die Folgeinvestition weisen die folgenden identischen Daten auf: Die Anschaffungskosten betragen 500.000 EUR, der Kalkulationszinssatz beträgt 7 % p. a. und den relevanten Zeitpunkten der technischen Nutzungsdauer (6 Perioden) sind die in der nachfolgenden Tabelle aufgeführten Rückflüsse und Liquidationserlöse zuzuordnen.

---

[38] Stark modifiziert entnommen aus *Götze, Uwe*: Investitionsrechnung: Modelle und Analysen zur Beurteilung von Investitionsvorhaben, 7. Aufl., Berlin/Heidelberg 2014, S. 258–259.

t	1	2	3	4	5	6
Rückflüsse (EUR)	150.000	140.000	130.000	120.000	110.000	100.000
Liquidationserlöse (EUR)	400.000	300.000	250.000	200.000	150.000	100.000

Berechnen Sie zunächst die optimale Nutzungsdauer der Folgeinvestition, sodann diejenige der Erstinvestition!

Lösung

(1) Berechnung der optimalen Nutzungsdauer der Folgeinvestition:

t/m	$-A_0$ bzw. R_t (EUR)	L_m (EUR)	$C_0^{(m)}$ (EUR)
0	– 500.000	500.000	0,00
1	150.000	400.000	14.018,69
2	140.000	300.000	24.499,96
3	130.000	250.000	72.661,53
4	120.000	200.000	112.713,53
5	110.000	150.000	145.510,89
6	100.000	100.000	**171.831,41**

Bei der Folgeinvestition ist eine Nutzungsdauer von 6 Perioden optimal, da dann der maximale Kapitalwert i. H. v. 171.831,41 EUR erzielt wird. Eine Nachfolgeinvestition ist nicht zu berücksichtigen.

Dabei gilt:

t: Periode ($t = 0, 1, 2, \dots, m$);

m: Nutzungsdauer des Investitionsprojektes;

A_0: Anschaffungsauszahlung im Zeitpunkt t_0;

R_t: Rückfluss im Zeitpunkt t;

L_m: Liquidationserlös nach einer Nutzungsdauer von m Perioden;

$C_0^{(m)}$: Kapitalwert bei einer Nutzungsdauer von m Perioden.

(2) Berechnung der optimalen Nutzungsdauer der Erstinvestition:

m	$C_0^{(m)}$ der Erstinvestition (EUR)	$C_0^{(6)}$ der Folgeinvestition $\cdot (1+i)^{-m}$ (EUR)	Summe der Kapitalwerte (EUR)
0	0,00	171.831,41	171.831,41
1	14.018,69	160.590,10	174.608,79
2	24.499,96	150.084,21	174.584,17
3	72.661,53	140.265,62	212.927,15
4	112.713,53	131.089,36	243.802,89
5	145.510,89	122.513,42	268.024,31
6	171.831,41	114.498,53	**286.329,94**

Die optimale Nutzungsdauer der Erstinvestition beträgt ebenfalls 6 Perioden.

5.2 Die Bestimmung des optimalen Ersatzzeitpunktes

Aufgabe 5.4: Optimale Nutzungsdauer und optimaler Ersatzzeitpunkt

Skizzieren Sie die beiden Fragestellungen der ex-ante-Entscheidung und der ex-post-Entscheidung im Rahmen der Bestimmung der optimalen Nutzungsdauer bzw. des optimalen Ersatzzeitpunktes von Investitionen!

Lösung

Die Fragestellung bezüglich der **ex-ante-Entscheidung** betrifft das Nutzungsdauerproblem. Ist die Frage nach der optimalen Nutzungsdauer eines Investitionsobjekts vor dessen Durchführung (ex-ante) zu klären, so lautet sie: Soll ein noch nicht realisiertes Investitionsprojekt 1, 2, 3, ... oder n Perioden lang genutzt werden, oder ist es vorteilhafter, ganz auf die Investition zu verzichten?

Die Fragestellung bezüglich der **ex-post-Entscheidung** betrifft das Ersatzproblem. Ist eine Investition bereits realisiert, so stellt sich für den Investor in jeder der folgenden Perioden (ex-post) die Frage nach der Weiterführung oder der Stilllegung der Investition. In diesem Fall lautet die Fragestellung: Soll eine bereits vorhandene Investition noch 1, 2, 3, ... oder n Perioden lang genutzt werden oder ist es vorteilhafter, die Nutzung sofort zu beenden?

Beide Arten von Entscheidungen haben damit im Wesentlichen die gleiche Problematik zum Gegenstand, es erfolgt aber eine Betrachtung aus zeitlich unterschiedlichen Positionen. Während bei einer ex-ante-Entscheidung der Investor im Vorhinein Kenntnisse über die optimale Nutzungsdauer haben möchte, steht bei einer ex-post-Entscheidung der optimale Ersatzzeitpunkt bei einer bereits durchgeführten Investition im Mittelpunkt des Interesses.

Aufgabe 5.5: Optimaler Ersatzzeitpunkt

Ein Unternehmen steht vor der Entscheidung, ein bereits laufendes Investitionsprojekt I noch bis zu 3 Jahre weiterlaufen zu lassen oder schon vorher durch ein neues Investitionsprojekt II zu ersetzen. Der Kalkulationszinssatz beträgt 8 % p. a.

Die Zahlungen für die folgenden Jahre, in denen das Investitionsprojekt I noch weiterbetrieben werden kann, sind die folgenden:

t/m	Einzahlungsüberschuss (EUR)	Liquidationserlös (EUR)
0	20.000	10.000
1	15.000	9.000
2	11.000	7.500
3	7.000	6.500
4	5.000	–

Die Zahlungen bei einer Realisierung des Investitionsprojekts II in den entsprechenden Jahren lauten folgendermaßen:

t/m	Einzahlungsüberschuss (EUR)	Liquidationserlös (EUR)
0	– 35.000	35.000
1	21.000	19.000
2	15.000	12.000
3	12.000	8.000
4	7.000	5.000
5	5.000	1.000

Für das Investitionsprojekt II ist bereits die Entscheidung gefallen, dieses auf Dauer fortzuführen.

a) Berechnen Sie die optimale Nutzungsdauer für die unendliche Investitionskette mit dem Investitionsprojekt II!

b) Zu welchem Zeitpunkt soll das Investitionsprojekt I durch das Investitionsprojekt II ersetzt werden?

Lösung

Teilaufgabe a)

Berechnung der optimalen Nutzungsdauer für die unendliche Investitionskette mit dem Investitionsprojekt II; Überblick über die Lösungsschritte:

(1) Zuerst sind die Kapitalwerte $C_0^{(m)}$ in Abhängigkeit von der Nutzungsdauer zu berechnen.

(2) Anschließend ist der jeweilige Kapitalwert mit dem der jeweiligen Nutzungsdauer entsprechenden Annuitätenfaktor zu multiplizieren.

(3) Die zeitabhängige Annuität wird durch den Kalkulationszinssatz dividiert.

(4) Abschließend werden die errechneten zeitabhängigen Kettenkapitalwerte KC_0 der unendlichen identischen Investitionskette miteinander verglichen; der maximale Kettenkapitalwert bestimmt die optimale Nutzungsdauer.

m	$C_{0II}^{(m)}$ (EUR)	$KWF = \frac{0{,}08 \cdot 1{,}08^m}{1{,}08^m - 1}$	Zeitabh. Annuität = $C_{0II}^{(m)} \cdot KWF$ (EUR)	Zeitabh. $KC_{0II} = \frac{\text{Annuität}}{i}$ (EUR)
1	2.037,04	1,080000	2.200,00	27.500,00
2	7.592,59	0,560690	4.257,09	53.213,63
3	13.181,17	0,388034	5.114,74	**63.934,25**
4	15.650,87	0,301921	4.725,33	59.066,63
5	16.059,22	0,250456	4.022,13	50.276,63

Die optimale Nutzungsdauer für die unendliche Investitionskette mit dem Investitionsprojekt II beträgt 3 Jahre.

Teilaufgabe b)

Überblick über die Lösungsschritte zur Ermittlung des optimalen Ersatzzeitpunktes, an dem das Investitionsprojekt I durch das Investitionsprojekt II ersetzt werden soll:

(1) Im ersten Schritt ist der zeitliche Grenzgewinn des Investitionsprojektes I zu ermitteln.

(2) Anschließend ist die Annuität des Investitionsprojektes II zu ermitteln (vgl. dazu Teilaufgabe a)).

(3) Abschließend wird der Ersetzungskapitalwert errechnet.

m	(1) $Z_m + L_m$ (EUR)	(2) $L_{m-1} \cdot (1 + i)$ (EUR)	(3) = (1) – (2) $\Delta C_{0I}^{(m)} \cdot (1 + i)^m$ (EUR)	(4) $(1 + i)^{-m}$	(5) = (3) · (4) $\Delta C_{0I}^{(m)}$ (EUR)	(6) =∑ (5) $\sum C_{0I}^{(m)}$ (EUR)
0	30.000	0	30.000	1,000000	30.000,00	30.000,00
1	24.000	10.800	13.200	0,925926	12.222,22	42.222,22
2	18.500	9.720	8.780	0,857339	7.527,44	49.749,66
3	13.500	8.100	5.400	0,793832	4.286,69	54.036,35
4	5.000	7.020	– 2.020	0,735030	– 1.484,76	52.551,59

m	(7) = (6) (EUR)	(8) Zeitabh. Annuität (EUR)	(9) = (8) ÷ i $KC_{0II}^{(3)}$ (EUR)	(10) = (9) · (4) $KC_{0II}^{(m)}$ (EUR)	(11) = (7) + (10) $EC_0^{(m)}$ (EUR)
0	30.000,00	5.114,74	63.934,25	63.934,25	93.934,25
1	42.222,22	5.114,74	63.934,25	59.198,38	101.420,60
2	49.749,66	5.114,74	63.934,25	54.813,33	104.562,99
3	54.036,35	5.114,74	63.934,25	50.753,05	**104.789,40**
4	52.551,59	5.114,74	63.934,25	46.993,59	99.545,18

Dabei gilt:

m: Nutzungsdauer;

Z_m: Einzahlungsüberschuss der Periode m;

L_m: Liquidationserlös der Periode m;

$\Delta C_0^{(m)}$: Zeitlicher Grenzgewinn bei einer m-jährigen Nutzung der Investition;

$KC_0^{(m)}$: Kettenkapitalwert;

$EC_0^{(m)}$: Ersetzungskapitalwert;

i: Kalkulationszinssatz p. a.

Das alte Investitionsprojekt I sollte nach 3 Jahren durch das neue Investitionsprojekt II ersetzt werden.

6 Berücksichtigung der Unsicherheit bei Investitionsentscheidungen

6.1 Formen der Unsicherheit

Aufgabe 6.1: Datenunsicherheit

a) Beschreiben Sie das Phänomen der Datenunsicherheit bei der Investitionsentscheidung und geben Sie Beispiele für verschiedene Arten der Datenunsicherheit!

b) Welche Ansätze sind zur Berücksichtigung der Datenunsicherheit bei der Beurteilung von Einzelinvestitionen geeignet?

Lösung

Teilaufgabe a)

Datenunsicherheit:

Da die Auswirkungen der Investitionsprojekte auf die Ziele des Entscheidungsträgers vom Entscheidungszeitpunkt aus betrachtet immer in der Zukunft liegen, sind sie im Regelfall mit **Unsicherheit** behaftet. Die eigentliche Problematik der Investitionsrechnung liegt deswegen oft nicht so sehr in der Rechnung selbst als vielmehr in der **Beschaffung der** hierzu **notwendigen Daten**.

Da die Investitionsmöglichkeit durch die von ihr ausgelösten Ein- und Auszahlungen zu beschreiben ist, sind die für die zukünftige Zahlungsentwicklung relevanten Informationen zu beschaffen. Daher müssen ausschließlich die von der Investitionsentscheidung ausgelösten zusätzlichen Zahlungsmittelbewegungen **(entscheidungsrelevante Zahlungen)** berücksichtigt werden. Die Bestimmung dieser Zahlungen ist außerordentlich schwierig, wenn das Investitionsobjekt in ein bereits bestehendes Unternehmen eingefügt wird. In diesem Fall muss das gesamte außerordentlich komplexe System von Rückwirkungen auf andere Unternehmensbereiche berücksichtigt werden, etwa die aus einer Investition resultierenden Arbeitskräfteumsetzungen innerhalb des Unternehmens oder die Auswirkungen des Angebots neuer Produkte am Markt auf den Absatz der bereits angebotenen Produkte. Man kann nun sicherlich versuchen, derlei Interdependenzen exakt zu quantifizieren. Doch einerseits wird dies nicht immer gelingen, andererseits wird dies nicht in jedem Fall sinnvoll sein, da relativ rasch ein Punkt erreicht ist, ab dem eine zusätzliche Informationseinheit dem Unternehmen mehr Kosten als Nutzen bringt.

Jede Investitionsrechnung beruht somit auf **unvollkommenen Informationen**, weil die Möglichkeiten beschränkt sind, Informationen über die Handlungskonsequenzen in der wünschenswerten Qualität zu erhalten. Zudem wächst mit der Länge der Betrachtungsperiode auch das Datenbeschaffungsproblem.

Hinsichtlich der Unsicherheit bezüglich der Zukunftserwartungen unterscheidet man zwischen Risiko- und Ungewissheitssituationen.

- **Risikosituationen:**

  Der Entscheidungsträger kann Wahrscheinlichkeiten für das Eintreten aller möglichen Zukunftsereignisse angeben.

  - Objektive Wahrscheinlichkeiten:

    Es können statistisch gesicherte Aussagen über das Eintreffen der Zukunftssituationen gefällt werden. Zum Beispiel ist bei einem nicht manipulierten Würfel die Wahrscheinlichkeit, eine „Eins" zu würfeln, bei jedem Versuch gleich ein Sechstel, während mit dem Ereignis „keine Eins" im Durchschnitt in fünf von sechs Fällen zu rechnen ist.

  - Subjektive Wahrscheinlichkeiten:

    Hier liegen keine statistisch gesicherten Aussagen über das Eintreffen von Zukunftssituationen vor, der Entscheidungsträger kann aber aufgrund seiner individuellen Erfahrung oder Intuition unbekannten Entwicklungen „subjektive Wahrscheinlichkeitswerte" zuordnen.

Sowohl der theoretische Extremfall absolut sicherer Ereignisse als auch der Fall objektiver Wahrscheinlichkeiten dürfte für Investitionsentscheidungen untypisch sein, da Investitionen immer Einmaligkeitscharakter besitzen und deswegen kaum objektive Wahrscheinlichkeiten im Sinne des „Gesetzes der großen Zahlen" (wie z. B. beim Roulette oder Lottospiel) festgestellt werden können. Eine größere Bedeutung erlangen hier das subjektive Risikoempfinden und die Ungewissheitssituationen.

- **Ungewissheitssituationen:**

  Hier kann der Investor die Eintrittswahrscheinlichkeit bestimmter zukünftiger Umweltzustände nicht in Zahlen ausdrücken.

Teilaufgabe b)

Im Rahmen von Einzelinvestitionsrechnungen wird versucht, das Problem der Datenunsicherheit auf drei verschiedene Arten zu lösen:

(1) In der Investitionsrechnung geht man von **sicheren Entwicklungen** aus. Die tatsächlich bestehenden Mehrdeutigkeiten werden außerhalb der Investitionsrechnung berücksichtigt.

(2) Man versucht, die Unsicherheit in die Investitionsrechnung wie folgt mit einzubeziehen:

- **pauschale Risikozuschläge** auf zukünftige Auszahlungen oder auf Kalkulationszinssätze bzw. **pauschale Risikoabschläge** auf Einzahlungen;
- differenzierte Abschätzung der entscheidungsrelevanten Daten nach dem **Prinzip der kaufmännischen Vorsicht**;
- explizite Verarbeitung unsicherer bzw. risikobehafteter Daten durch **nicht-deterministische Methoden.**

(3) Das Unsicherheitsproblem wird **ignoriert**. Zumindest unter theoretischen Aspekten ist dies nicht zu verantworten.

In der modernen Literatur wird allgemein der expliziten Berücksichtigung unsicherer Daten in der Investitionsrechnung der Vorzug eingeräumt.

Bei **Investitionsentscheidungen in Risikosituationen** können sogenannte Entscheidungsprinzipien verwendet werden. Hierunter versteht man Vorgehensweisen, mit denen die verschiedenen denkbaren Ausprägungen einer Zufallsvariablen zu einer einzigen Zahl verdichtet werden. Im Wesentlichen handelt es sich dabei um

- das μ-Prinzip (der Erwartungswert μ ist die Summe aller Ereigniswerte einer Zufallsvariablen, jeweils multipliziert mit der entsprechenden Eintrittswahrscheinlichkeit) sowie
- das μ-σ-Prinzip (die Standardabweichung σ beschreibt die Abweichungen zwischen den Ereigniswerten und dem Erwartungswert).

Für **Investitionsentscheidungen in Ungewissheitssituationen** gibt es in Abhängigkeit von der Risikobereitschaft des Investors verschiedene Entscheidungsregeln:

- Maximin-Regel (Minimax-Regel, *Wald*-Regel; Risikoaversion),
- Maximax-Regel (Risikofreude),
- *Hurwicz*-Regel (Pessimismus-Optimismus-Regel),

- *Laplace*-Regel (Regel des unzureichenden Grundes; Risikoneutralität),
- *Savage-Niehans*-Regel (Regel des kleinsten Bedauerns, Minimax-Regret-Regel).

Eine **spezielle Möglichkeit zur Berücksichtigung von Unsicherheitssituationen** stellt u. a. die Sensitivitätsanalyse dar (vgl. auch Aufgabe 6.2). Sie beschäftigt sich mit den Fragen, inwieweit eine Optimallösung bei zufallsabhängigen Datenveränderungen stabil bleibt und welche grundlegende Bedeutung Zufallsschwankungen für den Grad der monetären Zielerreichung des Investors besitzen.

Aufgabe 6.2: Unsicherheit in der Investitionsrechnung

Skizzieren Sie in Kurzform die speziellen Methoden zur Erfassung der Unsicherheit in der Investitionsrechnung!

Lösung

Die speziellen Methoden zur Erfassung der Unsicherheit in der Investitionsrechnung lassen sich folgendermaßen skizzieren:

- **Korrekturverfahren:**

  Die Unsicherheit bei der Datenermittlung wird durch Variation der Ausgangsdaten der Investitionsrechnung nach dem Vorsichtsprinzip um globale Risikozuschläge oder Risikoabschläge erfasst.

- **Sensitivitätsanalyse:**

  Sensitivitätsanalysen werden ergänzend zur Investitionsrechnung angewendet, indem ausgehend vom jeweiligen Verfahren zur Investitionsbeurteilung die Stabilität der Ergebnisse durch Variation der Inputgroßen hinterfragt wird. In diesem Zusammenhang werden insbesondere eine sogenannte Dreifach-Rechnung (Heranziehung einer optimistischen, einer wahrscheinlichen und einer pessimistischen Zukunftseinschätzung für eine jeweilige Eingangsgröße), eine Zielgrößen-Änderungsrechnung (Veränderung der jeweiligen Eingabegrößen um einen Prozentsatz mit dem Ziel, die Veränderung der Ergebnisgröße zu messen) und eine Kritische Werte-Rechnung (Berechnung eines Break-Even-Punktes für die jeweilige Eingabegröße, wobei entweder nur eine Eingabegröße oder zwei bzw. mehrere Eingabegrößen als unsicher angesehen werden können) durchgeführt.

- **Risikoanalyse:**

  Hierbei handelt es sich um Verfahren, die die Gewinnung einer Wahrscheinlichkeitsverteilung für die interessierende Zielgröße (z. B. für den Kapitalwert) zum Ziel haben; dies erfolgt durch Überlagerung geschätzter Wahrscheinlichkeitsverteilungen für einzelne unsichere Inputgrößen, so dass daraus eine einzige Verteilung für das Entscheidungskriterium der Investitionsrechnung abgeleitet werden kann.

- **Entscheidungsbaumverfahren:**

  Das Entscheidungsbaumverfahren dient der Lösung komplexer Probleme unter Unsicherheit, wobei berücksichtigt wird, dass wichtige Entscheidungen in mehreren Stufen getroffen werden.

6.2 Entscheidungen bei Risiko

Aufgabe 6.3: Erwartungswert und Standardabweichung (μ-Prinzip und μ-σ-Prinzip)[39]

Ein Industrieunternehmen hat langfristig eine Rohstofflieferung in den USA bestellt; der Rechnungsbetrag von 100.000 USD wird in genau einem Jahr (t = 1) fällig. Es wird erörtert, ob und gegebenenfalls wie eine Absicherung dieses Rechnungsbetrages gegen das Wechselkursrisiko vorgenommen werden soll. Folgende drei alternative Strategien werden erwogen:

a_1: Keine Absicherung; Beschaffung der 100.000 USD in einem Jahr (t = 1) zu dem dann herrschenden Kassakurs.

a_2: Volle Absicherung, indem heute (t = 0) bereits 100.000 USD „per Termin 1 Jahr" zum Terminkurs von $1{,}041\overline{6}$ USD/EUR (zahlbar ebenfalls in einem Jahr) angeschafft werden.

a_3: Halbe Absicherung, indem heute (t = 0) 50.000 USD „per Termin 1 Jahr" zum Terminkurs von $1{,}041\overline{6}$ USD/EUR und der Restbetrag in einem Jahr zu dem dann herrschenden Kassakurs beschafft werden.

Das Industrieunternehmen hat den bestellten Rohstoff bereits per Termin für 230.000 EUR weiterverkauft (zahlbar ebenfalls genau in einem Jahr). Die Werte von $1{,}1\overline{36}$ USD/EUR, 1,0869565 USD/EUR, $1{,}041\overline{6}$ USD/EUR,

---

[39] Geringfügig modifiziert entnommen aus *Bitz, Michael*: Übungen in Betriebswirtschaftslehre, 6. Aufl., München 2003, S. 272–274 und S. 289–294 (in der aktuellen Aufl. nicht mehr enthalten).

1,0204082 USD/EUR sowie 1,00 USD/EUR werden bezüglich des USD-Wechselkurses (Kassakurs) in t = 1 alternativ für möglich gehalten. Die Eintrittswahrscheinlichkeiten (p_1, …, p_5) für die fünf alternativ möglichen Wechselkursentwicklungen (s_1, …, s_5) betragen $p_1 = 0{,}1$; $p_2 = 0{,}2$; $p_3 = 0{,}5$; $p_4 = 0{,}1$; $p_5 = 0{,}1$.

a) Formulieren Sie die Ergebnismatrix zur Darstellung der beschriebenen Unsicherheitssituationen! Verwenden Sie dabei zunächst als Ergebnisgrößen den EUR-Betrag, den das betrachtete Industrieunternehmen je nach Wechselkursentwicklung bei den verschiedenen Strategien in t = 1 insgesamt zu leisten hätte! Stellen Sie anschließend die in einem Jahr alternativ erzielbaren Einzahlungsüberschüsse in einer weiteren Ergebnismatrix zusammen!

b) Für welche Alternative entscheidet sich das Industrieunternehmen bei Unterstellung des μ-Prinzips?

c) Für welche Alternative entscheidet sich das Industrieunternehmen bei Unterstellung des μ-σ-Prinzips? Die Präferenzfunktion lautet:

$$\Phi(\mu, \sigma) = \mu + 0{,}5 \cdot \sigma$$

Welche Risikoeinstellung des Investors wird hier unterstellt?

Lösung

Teilaufgabe a)

Drückt man die in t = 1 zu zahlenden Beträge in EUR aus und bezeichnet man die fünf für möglich gehaltenen Wechselkurse in einem Jahr mit s_1, s_2, …, s_5, so ergibt sich folgende Ergebnismatrix:

Beträge in EUR	s_1 (1,1$\overline{36}$)	s_2 (1,0869565)	s_3 (1,041$\overline{6}$)	s_4 (1,0204082)	s_5 (1,00)
a_1	88.000	92.000	96.000	98.000	100.000
a_2	96.000	96.000	96.000	96.000	96.000
a_3	92.000	94.000	96.000	97.000	98.000

Erläuterung:

a_1: Das Industrieunternehmen hat den EUR-Gegenwert der 100.000 USD in Abhängigkeit von dem zum Zeitpunkt t = 1 herrschenden Wechselkurs zu entrichten.

a_2: Das Industrieunternehmen hat unabhängig von dem in t = 1 herrschenden Wechselkurs den bereits in t = 0 festgelegten Terminkurs von $1{,}041\overline{6}$ USD/EUR für die benötigten 100.000 USD aufzuwenden.

a_3: Das Industrieunternehmen hat für 50.000 USD den in t = 0 festgelegten Terminkurs von $1{,}041\overline{6}$ USD/EUR aufzuwenden sowie für die weiteren 50.000 USD den in t = 1 herrschenden Wechselkurs.

Zieht man von dem angegebenen Erlös von 230.000 EUR in t = 1 die alternativ möglichen Auszahlungen für die Beschaffung der 100.000 USD ab, so ergibt sich folgende Matrix:

Beträge in EUR	$p_1 = 0{,}1$ s_1 $(1{,}1\overline{36})$	$p_2 = 0{,}2$ s_2 (1,0869565)	$p_3 = 0{,}5$ s_3 $(1{,}041\overline{6})$	$p_4 = 0{,}1$ s_4 (1,0204082)	$p_5 = 0{,}1$ s_5 (1,00)
a_1	142.000	138.000	134.000	132.000	130.000
a_2	134.000	134.000	134.000	134.000	134.000
a_3	138.000	136.000	134.000	133.000	132.000

Teilaufgabe b)

Der Investor verhält sich nach der Erwartungswertregel (μ-Prinzip) risikoneutral. Er ermittelt den mit den Eintrittswahrscheinlichkeiten der einzelnen Umweltzustände gewichteten Durchschnittswert der jeweiligen eintretenden Ergebnisse pro Alternative:

$$\mu_i = \sum_{j=1}^{n} p_j \cdot y_{ij}$$

Dabei gilt:

μ_i: Erwartungswert der Alternative i;

p_j: Wahrscheinlichkeit des Eintritts von Umweltzustand j;

y_{ij}: Zielbeitrag der Alternative i bei Eintritt des Umweltzustandes j;

i: Alternativen;

j: Umweltzustände.

$$\mu_1 = 0{,}1 \cdot 142.000 + 0{,}2 \cdot 138.000 + 0{,}5 \cdot 134.000 + 0{,}1 \cdot 132.000 + 0{,}1 \cdot 130.000$$
$$\mathbf{= 135.000}$$
$$\mu_2 = 134.000$$
$$\mu_3 = 0{,}1 \cdot 138.000 + 0{,}2 \cdot 136.000 + 0{,}5 \cdot 134.000 + 0{,}1 \cdot 133.000 + 0{,}1 \cdot 132.000$$
$$= 134.500$$

Nach der Erwartungswertregel ist Absicherungsstrategie a_1 vorzuziehen, da sie mit **135.000 EUR** den höchsten positiven Erwartungswert besitzt.

Teilaufgabe c)

Eine Präferenzfunktion ist eine Funktion des Erwartungswertes und der Standardabweichung bzw. der Varianz (sogenanntes (μ, σ)-Prinzip):[40]

$$\Phi = \Phi\ (\mu, \sigma)$$

Dabei gilt:

Φ: Präferenzfunktion;

μ: Erwartungswert;

σ: Standardabweichung.

Durch die Festlegung der Präferenzfunktion Φ erhält man verschiedene (μ, σ)-Regeln. In der Literatur werden zum Beispiel

$\Phi\ (\mu, \sigma) = \mu + \alpha \cdot \sigma$ bzw.

$\Phi\ (\mu, \sigma) = \mu + \alpha \cdot \sigma^2$

als besonders einfache Konzepte zur Bestimmung von Präferenzwerten genannt. Die Wahl des Gewichtungsfaktors α bringt den Grad der Risikofreude bzw. der Risikoscheu des Investors zum Ausdruck. Ist $\alpha < 0$, so gibt die Präferenzfunktion eine risikoscheue Einstellung wieder, bei $\alpha = 0$ ist der Investor risikoindifferent und bei $\alpha > 0$ risikofreudig.

Ermittlung der Varianz (σ^2) für die einzelnen Alternativen i:

$$\sigma_i^2 = \sum_{j=1}^{n} p_j \cdot (y_{ij} - \mu_i)^2$$

$$\begin{aligned}\sigma_1^2 &= 0{,}1 \cdot (142.000 - 135.000)^2 + 0{,}2 \cdot (138.000 - 135.000)^2 \\ &\quad + 0{,}5 \cdot (134.000 - 135.000)^2 + 0{,}1 \cdot (132.000 - 135.000)^2 \\ &\quad + 0{,}1 \cdot (130.000 - 135.000)^2 \\ &= 10.600.000\ \text{EUR}\end{aligned}$$

$$\sigma_2^2 = 0\ \text{EUR}$$

[40] Vgl. *Bieg, Hartmut; Kußmaul, Heinz; Waschbusch, Gerd*: Investition, 3. Aufl., München 2016, S. 191–193.

$$\sigma_3^{\,2} = 0{,}1 \cdot (138.000 - 134.500)^2 + 0{,}2 \cdot (136.000 - 134.500)^2$$
$$+ 0{,}5 \cdot (134.000 - 134.500)^2 + 0{,}1 \cdot (133.000 - 134.500)^2$$
$$+ 0{,}1 \cdot (132.000 - 134.500)^2$$
$$= 2.650.000 \text{ EUR}$$

Die Standardabweichung (σ) ergibt sich durch Ziehen der Quadratwurzel aus der Varianz (σ^2). Die Zielwerte lauten unter Zuhilfenahme der Präferenzfunktion:

$$\Phi_1(\mu_1;\sigma_1) = \mu_1 + 0{,}5 \cdot \sigma_1$$
$$= 135.000 + 0{,}5 \cdot \sqrt{10.600.000} = \mathbf{136.627{,}88 \ EUR}$$

$$\Phi_2(\mu_2;\sigma_2) = \mu_2 + 0{,}5 \cdot \sigma_2$$
$$= 134.000 + 0{,}5 \cdot 0 = 134.000 \text{ EUR}$$

$$\Phi_3(\mu_3;\sigma_3) = \mu_3 + 0{,}5 \cdot \sigma_3$$
$$= 134.500 + 0{,}5 \cdot \sqrt{2.650.000} = 135.313{,}94 \text{ EUR}$$

Das Industrieunternehmen sollte sich bei Unterstellung des μ-σ-Prinzips und Verwendung der Präferenzfunktion $\Phi(\mu;\sigma) = \mu + 0{,}5 \cdot \sigma$ ebenfalls für die Absicherungsstrategie a_1 entscheiden. Der Gewichtungsfaktor α beträgt bei der vorliegenden Präferenzfunktion 0,5. Die Risikoeinstellung des Investors ist somit von Risikofreude geprägt.

Aufgabe 6.4: Erwartungswert (μ-Prinzip)[41]

Ein Student plant für die kommenden Semesterferien eine Reise. Er beabsichtigt, zwei Koffer im Gesamtwert (inkl. Gepäck) von je 500 EUR mitzunehmen. Die Risiken eines Koffer-Diebstahls schätzt er wie folgt ein:

Schadenereignis	Wahrscheinlichkeit
Diebstahl beider Koffer	0,01
Diebstahl genau eines Koffers	0,05

Auf Anfrage unterbreitet ein Vertreter der GERLIANZ AG dem Studenten das nachstehende Angebot über zwei Varianten einer Reisegepäckversicherung:

[41] Modifiziert entnommen aus *Bitz, Michael; Ewert, Jürgen*: Übungen in Betriebswirtschaftslehre, 8. Aufl., München 2014, S. 194–195 und S. 529–531.

Tarif	Selbstbeteiligung des Versicherungsnehmers	Prämie des zu versichernden Wertes
T 100	Keine	5,0 %
T 70	30 % des eingetretenen Schadens	2,5 %

Nach genauem Studium der komplizierten Versicherungsbedingungen und der darin enthaltenen zahlreichen Ausschluss-Klauseln gelangt der Student trotz gegenteiliger Beteuerungen des Vertreters zu der Überzeugung, dass die Versicherung ein eingetretenes Schadenereignis nur mit einer geschätzten Wahrscheinlichkeit von 80 % als deckungspflichtig anerkennen wird. Im Hinblick auf sein knapp bemessenes Budget überlegt der Student, ob er sich überhaupt zu einer Reisegepäckversicherung entschließen soll. Falls ja, würde er entweder beide Koffer nach T 100 oder beide Koffer nach T 70 versichern lassen.

Welche Entscheidung trifft der Student nach dem Erwartungswert-Kriterium, wenn er die drei Alternativen keine Versicherung, T 70 und T 100 in seine Berechnung mit einbezieht? Erstellen Sie zur Lösung dieses Entscheidungsproblems eine Ergebnismatrix!

Lösung

Entscheidungsmatrix über die **möglichen Kosten** (Beträge in EUR):

	Kein Diebstahl	Diebstahl eines Koffers		Diebstahl zweier Koffer	
	0,94	Versicherung zahlt 0,05 · 0,8	Versicherung zahlt nicht 0,05 · 0,2	Versicherung zahlt 0,01 · 0,8	Versicherung zahlt nicht 0,01 · 0,2
T 100	50	50	550	50	1.050
T 70	25	175	525	325	1.025
Keine Vers.	0	500	500	1.000	1.000

$$\mu_{T\,100} = 0{,}94 \cdot 50 + 0{,}05 \cdot 0{,}8 \cdot 50 + 0{,}05 \cdot 0{,}2 \cdot 550 + 0{,}01 \cdot 0{,}8 \cdot 50 + 0{,}01 \cdot 0{,}2 \cdot 1.050 = 57 \text{ EUR}$$

$$\mu_{T\,70} = 0{,}94 \cdot 25 + 0{,}05 \cdot 0{,}8 \cdot 175 + 0{,}05 \cdot 0{,}2 \cdot 525 + 0{,}01 \cdot 0{,}8 \cdot 325 + 0{,}01 \cdot 0{,}2 \cdot 1.025 = 40{,}40 \text{ EUR}$$

$$\mu_{\text{keine Versicherung}} = 0{,}94 \cdot 0 + 0{,}05 \cdot 0{,}8 \cdot 500 + 0{,}05 \cdot 0{,}2 \cdot 500 + 0{,}01 \cdot 0{,}8 \cdot 1.000 + 0{,}01 \cdot 0{,}2 \cdot 1.000 = \mathbf{35\ EUR}$$

Bei Anwendung des Erwartungswert-Kriteriums wird der Student keine Reisegepäckversicherung abschließen.

Aufgabe 6.5: *Bernoulli*-Prinzip[42]

Es gelten die Daten der Aufgabe 6.3 auf den Seiten 154–155. Die Unternehmensleitung des Industrieunternehmens möchte sich auf Empfehlungen ihres Planungsstabes nach dem *Bernoulli*-Prinzip richten.

a) Geben Sie kurz inhaltlich und formal an, was das *Bernoulli*-Prinzip beinhaltet!

b) Für welche Absicherungsstrategie sollte sich die Unternehmensleitung entscheiden, wenn sie die Risiko-Nutzenfunktion $U(y_{ij}) = \ln y_{ij}$ unterstellt?

Lösung

Teilaufgabe a)

Das *Bernoulli*-Prinzip besagt, dass die monetären – oder in anderen Maßeinheiten angegebenen – Ergebniswerte y_{ij} gemäß einer Risiko-Nutzenfunktion $U(y_{ij})$ in Nutzenwerte u_{ij} transformiert werden und anschließend für jede Alternative i der Erwartungswert $\bar{u}$ dieser Nutzenwerte errechnet wird. Auszuwählen ist dann die Alternative mit der höchsten Nutzen-Erwartung.

Für den Präferenzwert einer Alternative a_i gilt also:

$$\sum_{j=1}^{n} p_j \cdot U(y_{ij}) \rightarrow \max!$$

Dabei gilt:

p_j: Wahrscheinlichkeit des Eintritts von Umweltzustand j;

$U(y_{ij})$: Risiko-Nutzenfunktion;

y_{ij}: Zielbeitrag bzw. Ergebniswert der Alternative i bei Eintritt des Umweltzustandes j;

j: Umweltzustände für $j = 1, \ldots, n$.

Teilaufgabe b)

Als erstes werden die Ergebniswerte y_{ij} gemäß der angegebenen Risiko-Nutzenfunktion $U(y_{ij}) = \ln y_{ij}$ in Nutzenwerte u_{ij} umgerechnet. Wir erhalten so folgende Entscheidungsmatrix:

---

[42] Geringfügig modifiziert entnommen aus *Bitz, Michael*: Übungen in Betriebswirtschaftslehre, 6. Aufl., München 2003, S. 274–275 und S. 294–295 (in der aktuellen Aufl. nicht mehr enthalten).

	s_1	s_2	s_3	s_4	s_5
a_1	11,8635	11,8350	11,8056	11,7906	11,7753
a_2	11,8056	11,8056	11,8056	11,8056	11,8056
a_3	11,8350	11,8204	11,8056	11,7981	11,7906

Als nächster Schritt werden für jede Alternative i auf der Basis der vorgegebenen Eintrittswahrscheinlichkeiten die Nutzen-Erwartungswerte $\bar{u}$ errechnet. So ergibt sich:

$$\bar{u}_1 = 0{,}1 \cdot 11{,}8635 + 0{,}2 \cdot 11{,}8350 + 0{,}5 \cdot 11{,}8056 + 0{,}1 \cdot 11{,}7906 + 0{,}1 \cdot 11{,}7753 = \mathbf{11{,}8127}$$

$$\bar{u}_2 = 11{,}8056$$

$$\bar{u}_3 = 0{,}1 \cdot 11{,}8350 + 0{,}2 \cdot 11{,}8204 + 0{,}5 \cdot 11{,}8056 + 0{,}1 \cdot 11{,}7981 + 0{,}1 \cdot 11{,}7906 = 11{,}8093$$

Die höchste Nutzen-Erwartung ergibt sich bei Absicherungsstrategie a_1. Die Unternehmensleitung sollte sich also bei Anwendung des *Bernoulli*-Prinzips für diese Absicherungsstrategie entscheiden.

6.3 Entscheidungen bei Ungewissheit

Aufgabe 6.6: Entscheidungsregeln[43]

Es gelten die Daten der Aufgabe 6.3 auf den Seiten 154–155. Neben den drei bestehenden Absicherungsstrategien zieht das Industrieunternehmen noch eine vierte alternative Absicherungsstrategie in Erwägung:

a_4: Sofortiger Kauf von 94.339,62 USD zum aktuellen Kassakurs von $1{,}041\overline{6}$ USD/EUR und einjährige Anlage dieses USD-Betrages zu 6 % p. a. Die sofortige Bereitstellung des EUR-Gegenwertes würde durch die Aufnahme eines Darlehens erfolgen, das in genau einem Jahr einschließlich 10 % p. a. Darlehenszinsen zurückzuzahlen wäre.

a) Formulieren Sie die Ergebnismatrix zur Darstellung der beschriebenen Unsicherheitssituationen! Verwenden Sie dabei als Ergebnisgrößen den EUR-Betrag, den das betrachtete Industrieunternehmen je nach Wechselkursentwicklung bei den verschiedenen Strategien in t = 1 insgesamt zu leisten hätte!

---

43 Geringfügig modifiziert entnommen aus *Bitz, Michael*: Übungen in Betriebswirtschaftslehre, 6. Aufl., München 2003, S. 272–273 und S. 289–292 (in der aktuellen Aufl. nicht mehr enthalten).

b) Untersuchen Sie die vier Absicherungsstrategien nach dem Dominanz-Prinzip! Beachten Sie dabei, dass die Ergebnisse gemäß Teilaufgabe a) Kostengrößen darstellen!

c) Für welche Absicherungsstrategie sollte sich das Industrieunternehmen entscheiden, wenn es die

(1) Maximin-Regel,

(2) *Laplace*-Regel,

(3) *Hurwicz*-Regel (mit einem Optimismusparameter von $\lambda = 0{,}8$)

anwendet?

d) Welche Absicherungsstrategie würde sich bei der Anwendung der *Savage-Niehans*-Regel als optimal erweisen?

Lösung

Teilaufgabe a)

Drückt man die in t = 1 zu zahlenden Beträge in EUR aus und bezeichnet man die fünf für möglich gehaltenen Wechselkurse in einem Jahr mit $s_1, s_2, \ldots, s_5$, so ergibt sich folgende Ergebnismatrix:

Beträge in EUR	s_1 (1,1$\overline{36}$)	s_2 (1,0869565)	s_3 (1,041$\overline{6}$)	s_4 (1,0204082)	s_5 (1,00)
a_1	88.000	92.000	96.000	98.000	100.000
a_2	96.000	96.000	96.000	96.000	96.000
a_3	92.000	94.000	96.000	97.000	98.000
a_4	99.623	99.623	99.623	99.623	99.623

Erläuterung:

a_1: Das Industrieunternehmen hat den EUR-Gegenwert der 100.000 USD in Abhängigkeit von dem zum Zeitpunkt t = 1 herrschenden Wechselkurs zu entrichten.

a_2: Das Industrieunternehmen hat unabhängig von dem in t = 1 herrschenden Wechselkurs den bereits in t = 0 festgelegten Terminkurs von 1,041$\overline{6}$ USD/EUR für die benötigten 100.000 USD aufzuwenden.

a_3: Das Industrieunternehmen hat für 50.000 USD den in t = 0 festgelegten Terminkurs von 1,041$\overline{6}$ USD/EUR aufzuwenden sowie für die weiteren 50.000 USD den in t = 1 herrschenden Wechselkurs.

a_4: Der in t = 0 beschaffte Betrag von 94.339,62 USD wächst bei einer Verzinsung von 6 % p. a. genau auf den in t = 1 benötigten Betrag von 100.000 USD an. Zur Beschaffung der 94.339,62 USD muss das Industrieunternehmen in t = 0 einen Kredit i. H. v. 90.566,04 EUR (= 94.339,62 USD ÷ 1,041$\overline{6}$ USD/EUR) aufnehmen und dafür in t = 1 einschließlich 10 % p. a. Darlehenszinsen 99.622,64 EUR zurückzahlen.

Teilaufgabe b)

Die Zielsetzung des Industrieunternehmens besteht darin, den benötigten USD-Betrag mit einem möglichst geringen EUR-Einsatz aufzubringen; es wird also ein möglichst niedriger Ergebniswert angestrebt.

Entsprechend dieser Minimierungszielsetzung wird die Absicherungsstrategie a_4 von den Absicherungsstrategien a_2 und a_3 dominiert, da sich bei a_4 in jeder für möglich gehaltenen Wechselkurssituation ein höherer EUR-Betrag ergibt als bei den beiden anderen Alternativen. Die Absicherungsstrategie a_4 kann somit bei den folgenden Betrachtungen außer Acht gelassen werden.

Teilaufgabe c)

(1) Nach der Maximin-Regel ist im vorliegenden Fall diejenige Absicherungsstrategie zu wählen, bei der der maximal mögliche EUR-Betrag am kleinsten ist. Die jeweiligen Maximalbeträge sind:

a_1 = 100.000 EUR; a_2 = **96.000 EUR**; a_3 = 98.000 EUR.

Dementsprechend stellt nach der Maximin-Regel die Absicherungsstrategie a_2 die Optimalalternative dar (beste Lösung bei widrigen Umständen).

(2) Nach der *Laplace*-Regel ist im vorliegenden Fall diejenige Absicherungsstrategie zu wählen, bei der der einfache Durchschnitt der alternativ möglichen Ergebniswerte am niedrigsten ist. Für die Durchschnittswerte ergibt sich:

$$a_1: \frac{474.000}{5} = \mathbf{94.800\ EUR}$$

$$a_2: \frac{480.000}{5} = 96.000\ \text{EUR}$$

$$a_3: \frac{477.000}{5} = 95.400\ \text{EUR}$$

Nach der *Laplace*-Regel ist die Absicherungsstrategie a_1 als optimal anzusehen.

(3) Nach der *Hurwicz*-Regel ist im vorliegenden Fall diejenige Absicherungsstrategie zu wählen, bei der der gewogene Durchschnitt aus dem niedrigsten Ergebniswert[44] (Optimismusparameter λ für $0 \leq \lambda \leq 1$) und dem höchsten Ergebniswert ($(1 - \lambda)$ für $0 \leq \lambda \leq 1$) am niedrigsten ist.

Die Regel lautet:

$[\lambda \cdot K_{min} + (1 - \lambda) \cdot K_{max}] \rightarrow min!$

mit $\lambda = 0{,}8$ für die niedrigsten Kosten (Optimismus)

Dabei gilt:

λ: Optimismusparameter;

K_{min}: Kostenminimum;

K_{max}: Kostenmaximum.

a_1: $0{,}8 \cdot 88.000 + 0{,}2 \cdot 100.000 =$ **90.400 EUR**

a_2: 96.000 EUR

a_3: $0{,}8 \cdot 92.000 + 0{,}2 \cdot 98.000 = 93.200$ EUR

Demnach stellt nach der *Hurwicz*-Regel die Absicherungsstrategie a_1 die Optimalalternative dar.

Teilaufgabe d)

Nach der *Savage-Niehans*-Regel werden die Ergebnisse zunächst durch sogenannte Bedauerns-Werte ersetzt, indem im vorliegenden Fall von jedem Einzelergebnis einer Spalte das jeweilige Spaltenminimum subtrahiert wird.

Es ergibt sich so folgende transformierte Matrix:

Beträge in EUR	s_1	s_2	s_3	s_4	s_5
a_1	0	0	0	2.000	4.000
a_2	8.000	4.000	0	0	0
a_3	4.000	2.000	0	1.000	2.000

Als Optimalalternative ist dann diejenige Absicherungsstrategie zu wählen, bei der das maximal mögliche Bedauern am geringsten ist:

a_1: **4.000 EUR**; a_2: 8.000 EUR; a_3: **4.000 EUR**.

[44] Hier handelt es sich um die Entscheidungsregel bei zu minimierenden Werten (z. B. Kosten); bei zu maximierenden Werten (z. B. Gewinne) müsste die Vorteilhaftigkeit umgekehrt formuliert werden.

Somit stellen die Absicherungsstrategien a_1 und a_3 nach der *Savage-Niehans*-Regel die Optimalalternativen dar.

Aufgabe 6.7: Entscheidungsregeln

Die Investitionsabteilung eines Unternehmens muss sich für die Anschaffung einer von vier möglichen Produktionsanlagen ($a_1, \ldots, a_4$) entscheiden. In Abhängigkeit von den Umweltbedingungen ($s_1, \ldots, s_4$) errechnet sie folgende in der Entscheidungsmatrix aufgeführten Kapitalwerte:

Beträge in TEUR	s_1	s_2	s_3	s_4
a_1	15	4	8	– 4
a_2	6	11	3	5
a_3	7	6	18	4
a_4	– 12	9	6	18

Für welche Alternative wird sich die Investitionsabteilung entscheiden, wenn der Entscheidung

a) die Maximin-Regel,

b) die Savage-Niehans-Regel

zugrunde gelegt wird?

Lösung

Teilaufgabe a)

Maximin-Regel:

$a_1 = -4$ TEUR; $a_2 = +3$ TEUR; a_3 = **+ 4 TEUR**; $a_4 = -12$ TEUR.

$\rightarrow a_3 > a_2 > a_1 > a_4$!

Nach der Maximin-Regel sollte die Alternative a_3 ausgewählt werden.

Teilaufgabe b)

***Savage-Niehans*-Regel:**

Bei dieser Regel besteht das Ziel in der Minimierung des Nachteils, der sich durch eine Fehlentscheidung ergeben würde. Die gegebene Entscheidungsmatrix wird in eine „Matrix des Bedauerns" transformiert. Bei den zu maximierenden Werten wird das Maximum einer Spalte von den einzelnen Werten der betreffenden Ausprägungsspalte subtrahiert. Danach wird der größtmögliche Nachteil einer Alternative minimiert.

Opportunitätsmatrix:

Beträge in TEUR	s_1	s_2	s_3	s_4	
a_1	0	– 7	– 10	– 22	– 22
a_2	– 9	0	– 15	– 13	– 15
a_3	– 8	– 5	0	– 14	**– 14**
a_4	– 27	– 2	– 12	0	– 27

$\rightarrow a_3 < a_2 < a_1 < a_4$!

Nach der *Savage-Niehans*-Regel sollte ebenfalls die Alternative a_3 ausgewählt werden.

Aufgabe 6.8: Entscheidungsregeln

Einem Unternehmen stehen vier unterschiedliche Investitionsprojekte zur Auswahl, die grundsätzlich die nachfolgenden Zahlungsreihen bei einer gleich bleibenden Konjunkturlage (Umweltzustand 1) aufweisen (Beträge in EUR):

Periode	0	1	2	3
$Z_{t\,A1}$	– 1.400	600	700	800
$Z_{t\,A2}$	– 1.800	700	900	900
$Z_{t\,A3}$	– 2.300	500	1.200	1.400
$Z_{t\,A4}$	– 2.700	800	1.000	2.100

Bei allen vier Investitionsprojekten könnten die Einzahlungsüberschüsse bei einer sehr guten Konjunkturentwicklung (Umweltzustand 2) in jeder Periode um 30 % höher ausfallen. Bei einer guten Konjunkturentwicklung (Umweltzustand 3) würden die Einzahlungsüberschüsse hingegen in jeder Periode jeweils nur um 13 % steigen. Bei einer sehr schlechten Konjunkturentwicklung (Umweltzustand 4) würden die Einzahlungsüberschüsse in jeder Periode jeweils um 10 % fallen. Bei einer schlechten Konjunkturentwicklung (Umweltzustand 5) fielen die Einzahlungsüberschüsse in jeder Periode jeweils um 5 %. Das Unternehmen verwendet einen Kalkulationszinssatz von 8 % p. a.

a) Berechnen Sie die Kapitalwerte der vier Investitionsprojekte in Abhängigkeit von den fünf unterschiedlichen Konjunkturentwicklungen und stellen Sie eine Ergebnismatrix auf!

b) Für welche Alternative wird sich das Unternehmen entscheiden, wenn die Maximin-Regel Anwendung findet?

c) Für welche Alternative wird sich das Unternehmen entscheiden, wenn die Maximax-Regel Anwendung findet?

d) Für welche Alternative wird sich das Unternehmen entscheiden, wenn die *Hurwicz*-Regel Anwendung findet ($\lambda = 0{,}4$)?

e) Für welche Alternative wird sich das Unternehmen entscheiden, wenn die Erwartungswertregel Anwendung findet?

Umweltzustand	1	2	3	4	5
Wahrscheinlichkeit des Eintritts	0,15	0,2	0,5	0,1	0,05

Lösung

Teilaufgabe a)

Ermittlung der Kapitalwerte für das Investitionsprojekt A_1 in Abhängigkeit von den unterschiedlichen Umweltzuständen:

$$C_{0\,A1\,U1} = -1.400 + 600 \cdot 1{,}08^{-1} + 700 \cdot 1{,}08^{-2} + 800 \cdot 1{,}08^{-3} = \mathbf{+\,390{,}76\ EUR}$$

$$C_{0\,A1\,U2} = -1.400 + (600 \cdot 1{,}3) \cdot 1{,}08^{-1} + (700 \cdot 1{,}3) \cdot 1{,}08^{-2} + (800 \cdot 1{,}3) \cdot 1{,}08^{-3} = \mathbf{+\,927{,}99\ EUR}$$

$$C_{0\,A1\,U3} = -1.400 + (600 \cdot 1{,}13) \cdot 1{,}08^{-1} + (700 \cdot 1{,}13) \cdot 1{,}08^{-2} + (800 \cdot 1{,}13) \cdot 1{,}08^{-3} = \mathbf{+\,623{,}56\ EUR}$$

$$C_{0\,A1\,U4} = -1.400 + (600 \cdot 0{,}9) \cdot 1{,}08^{-1} + (700 \cdot 0{,}9) \cdot 1{,}08^{-2} + (800 \cdot 0{,}9) \cdot 1{,}08^{-3} = \mathbf{+\,211{,}68\ EUR}$$

$$C_{0\,A1\,U5} = -1.400 + (600 \cdot 0{,}95) \cdot 1{,}08^{-1} + (700 \cdot 0{,}95) \cdot 1{,}08^{-2} + (800 \cdot 0{,}95) \cdot 1{,}08^{-3} = \mathbf{+\,301{,}22\ EUR}$$

Ermittlung der Kapitalwerte für das Investitionsprojekt A_2 in Abhängigkeit von den unterschiedlichen Umweltzuständen:

$$C_{0\,A2\,U1} = -1.800 + 700 \cdot 1{,}08^{-1} + 900 \cdot 1{,}08^{-2} + 900 \cdot 1{,}08^{-3} = \mathbf{+\,334{,}20\ EUR}$$

$$C_{0\,A2\,U2} = -1.800 + (700 \cdot 1{,}3) \cdot 1{,}08^{-1} + (900 \cdot 1{,}3) \cdot 1{,}08^{-2} + (900 \cdot 1{,}3) \cdot 1{,}08^{-3} = \mathbf{+\,974{,}46\ EUR}$$

$C_{0\,A2\,U3}$ = $-1.800 + (700 \cdot 1{,}13) \cdot 1{,}08^{-1} + (900 \cdot 1{,}13) \cdot 1{,}08^{-2} + (900 \cdot 1{,}13) \cdot 1{,}08^{-3} =$ **+ 611,65 EUR**

$C_{0\,A2\,U4}$ = $-1.800 + (700 \cdot 0{,}9) \cdot 1{,}08^{-1} + (900 \cdot 0{,}9) \cdot 1{,}08^{-2} + (900 \cdot 0{,}9) \cdot 1{,}08^{-3} =$ **+ 120,78 EUR**

$C_{0\,A2\,U5}$ = $-1.800 + (700 \cdot 0{,}95) \cdot 1{,}08^{-1} + (900 \cdot 0{,}95) \cdot 1{,}08^{-2} + (900 \cdot 0{,}95) \cdot 1{,}08^{-3} =$ **+ 227,49 EUR**

Ermittlung der Kapitalwerte für das Investitionsprojekt A_3 in Abhängigkeit von den unterschiedlichen Umweltzuständen:

$C_{0\,A3\,U1}$ = $-2.300 + 500 \cdot 1{,}08^{-1} + 1.200 \cdot 1{,}08^{-2} + 1.400 \cdot 1{,}08^{-3}$ = **+ 303,13 EUR**

$C_{0\,A3\,U2}$ = $-2.300 + (500 \cdot 1{,}3) \cdot 1{,}08^{-1} + (1.200 \cdot 1{,}3) \cdot 1{,}08^{-2} + (1.400 \cdot 1{,}3) \cdot 1{,}08^{-3} =$ **+ 1.084,08 EUR**

$C_{0\,A3\,U3}$ = $-2.300 + (500 \cdot 1{,}13) \cdot 1{,}08^{-1} + (1.200 \cdot 1{,}13) \cdot 1{,}08^{-2} + (1.400 \cdot 1{,}13) \cdot 1{,}08^{-3} =$ **+ 641,54 EUR**

$C_{0\,A3\,U4}$ = $-2.300 + (500 \cdot 0{,}9) \cdot 1{,}08^{-1} + (1.200 \cdot 0{,}9) \cdot 1{,}08^{-2} + (1.400 \cdot 0{,}9) \cdot 1{,}08^{-3} =$ **+ 42,82 EUR**

$C_{0\,A3\,U5}$ = $-2.300 + (500 \cdot 0{,}95) \cdot 1{,}08^{-1} + (1.200 \cdot 0{,}95) \cdot 1{,}08^{-2} + (1.400 \cdot 0{,}95) \cdot 1{,}08^{-3} =$ **+ 172,98 EUR**

Ermittlung der Kapitalwerte für das Investitionsprojekt A_4 in Abhängigkeit von den unterschiedlichen Umweltzuständen:

$C_{0\,A4\,U1}$ = $-2.700 + 800 \cdot 1{,}08^{-1} + 1.000 \cdot 1{,}08^{-2} + 2.100 \cdot 1{,}08^{-3}$ = **+ 565,13 EUR**

$C_{0\,A4\,U2}$ = $-2.700 + (800 \cdot 1{,}3) \cdot 1{,}08^{-1} + (1.000 \cdot 1{,}3) \cdot 1{,}08^{-2} + (2.100 \cdot 1{,}3) \cdot 1{,}08^{-3} =$ **+ 1.544,67 EUR**

$C_{0\,A4\,U3}$ = $-2.700 + (800 \cdot 1{,}13) \cdot 1{,}08^{-1} + (1.000 \cdot 1{,}13) \cdot 1{,}08^{-2} + (2.100 \cdot 1{,}13) \cdot 1{,}08^{-3} =$ **+ 989,59 EUR**

$C_{0\,A4\,U4}$ = $-2.700 + (800 \cdot 0{,}9) \cdot 1{,}08^{-1} + (1.000 \cdot 0{,}9) \cdot 1{,}08^{-2} + (2.100 \cdot 0{,}9) \cdot 1{,}08^{-3} =$ **+ 238,61 EUR**

$C_{0\,A4\,U5}$ = $-2.700 + (800 \cdot 0{,}95) \cdot 1{,}08^{-1} + (1.000 \cdot 0{,}95) \cdot 1{,}08^{-2} + (2.100 \cdot 0{,}95) \cdot 1{,}08^{-3} =$ **+ 401,87 EUR**

Nachdem sämtliche Kapitalwerte in Abhängigkeit von den unterschiedlichen Umweltzuständen ermittelt wurden, kann nun eine Ergebnismatrix (Beträge in EUR) aufgestellt werden:

Umweltzustand	U_1	U_2	U_3	U_4	U_5
A_1	390,76	927,99	623,56	211,68	301,22
A_2	334,20	974,46	611,65	120,78	227,49
A_3	303,13	1.084,08	641,54	42,82	172,98
A_4	565,13	1.544,67	989,59	238,61	401,87

Teilaufgabe b)

Nach der Maximin-Regel wird von den vier Investitionsprojekten dasjenige ausgewählt, welches beim ungünstigsten Umweltzustand zum maximalen Kapitalwert führt.

Maximin-Regel:

A_1 = 211,68 EUR; A_2 = 120,78 EUR; A_3 = 42,82 EUR;
A_4 = **238,61 EUR**.

$\rightarrow A_4 > A_1 > A_2 > A_3$!

Nach der Maximin-Regel sollte von dem Unternehmen das Investitionsprojekt A_4 ausgewählt werden.

Teilaufgabe c)

Nach der Maximax-Regel wird von den vier Investitionsprojekten dasjenige ausgewählt, welches beim besten Umweltzustand den maximal erzielbaren Kapitalwert aufweist.

Maximax-Regel:

A_1 = 927,99 EUR; A_2 = 974,46 EUR; A_3 = 1.084,08 EUR;
A_4 = **1.544,67 EUR**.

$\rightarrow A_4 > A_3 > A_2 > A_1$!

Nach der Maximax-Regel sollte von dem Unternehmen das Investitionsprojekt A_4 ausgewählt werden.

Teilaufgabe d)

Die *Hurwicz*-Regel stellt eine Optimismus-Pessimismus-Regel dar, bei der λ einen Optimismus-Koeffizienten darstellt, welcher Werte von 0 bis 1 annehmen kann. Entspricht λ dem Wert 1, stimmt die *Hurwicz*-Regel mit der Maximax-Regel überein. Nimmt λ dagegen den Wert 0 an, stimmt die *Hurwicz*-Regel mit der Maximin-Regel überein.

Im vorliegenden Fall bei $\lambda = 0,4$ ergeben sich folgende Zahlungen (Beträge in EUR):

Umweltzustand	U_1	U_2	U_3	U_4	U_5	(1) $(1 - 0,4) \cdot$ min. KW	(2) $0,4 \cdot$ max. KW	(3) = (1) + (2)
A_1	390,76	927,99	623,56	211,68	301,22	127,01	371,20	498,21
A_2	334,20	974,46	611,65	120,78	227,49	72,47	389,78	462,25
A_3	303,13	1.084,08	641,54	42,82	172,98	25,69	433,63	459,32
A_4	565,13	1.544,67	989,59	238,61	401,87	143,17	617,87	**761,04**

$\rightarrow A_4 > A_1 > A_2 > A_3$!

Nach der *Hurwicz*-Regel sollte von dem Unternehmen das Investitionsprojekt A_4 ausgewählt werden.

Teilaufgabe e)

Die Erwartungswertregel berechnet bei Vorliegen von Eintrittswahrscheinlichkeiten für die möglichen Umweltzustände (U_j) den Erwartungswert für die vier Investitionsprojekte (EW_i) wie folgt (Beträge in EUR):

Umweltzustand	U_1 (0,15)	U_2 (0,2)	U_3 (0,5)	U_4 (0,1)	U_5 (0,05)	EW_i
A_1	390,76	927,99	623,56	211,68	301,22	592,22
A_2	334,20	974,46	611,65	120,78	227,49	574,30
A_3	303,13	1.084,08	641,54	42,82	172,98	595,99
A_4	565,13	1.544,67	989,59	238,61	401,87	**932,45**

$\rightarrow A_4 > A_3 > A_1 > A_2$!

Nach der Erwartungswertregel sollte von dem Unternehmen das Investitionsprojekt A_4 ausgewählt werden.

6.4 Spezielle Methoden zur Erfassung der Unsicherheit

Aufgabe 6.9: Korrekturverfahren

Der Investor Ralf Riskant empfiehlt seinem Kollegen Siegfried Sicherheit die Durchführung einer Investition mit folgender Zahlungsreihe und Unterstellung eines Kalkulationszinssatzes von 10 % p. a. bei Bestehen eines vollkommenen Kapitalmarkts:

t	0	1	2	3	4
Investitionsauszahlung (EUR)	250.000				
Einzahlungsüberschuss (EUR)		100.000	80.000	90.000	70.000
Liquidationserlös (EUR)					10.000

a) Prüfen Sie, ob unter Verwendung der Kapitalwertmethode die von Ralf Riskant empfohlene Investition vorteilhaft ist!

b) Siegfried Sicherheit – bekannt als risikoscheuer Investor – hat massive Bedenken hinsichtlich der Sicherheit der von seinem Kollegen Ralf Riskant ermittelten Daten der Investition, weshalb er einige Korrekturen vornimmt. Siegfried Sicherheit geht davon aus, dass die Investitionsauszahlung zum Zeitpunkt t = 0 um 10 % höher ausfällt, im darauf folgenden Jahr eine zusätzliche Investitionsauszahlung i. H. v. 3 % der modifizierten Investitionsauszahlung zum Zeitpunkt t = 0 anfällt, die laufenden Einzahlungen in t = 1 und t = 2 jeweils um 5.000 EUR niedriger und in t = 3 und t = 4 um jeweils 4 % niedriger ausfallen sowie der Liquidationserlös lediglich 2 % der modifizierten Investitionsauszahlung zum Zeitpunkt t = 0 beträgt. Darüber hinaus legt er einen Kalkulationszinsfuß von 12 % p. a. zugrunde. Berechnen Sie unter Verwendung der Kapitalwertmethode und unter Berücksichtigung der Modifikationen der Ausgangsgrößen, ob die geplante Investition für Siegfried Sicherheit vorteilhaft ist!

Lösung

Teilaufgabe a)

$$C_0 = -250.000 + 100.000 \cdot 1{,}1^{-1} + 80.000 \cdot 1{,}1^{-2} + 90.000 \cdot 1{,}1^{-3} + 70.000 \cdot 1{,}1^{-4} + 10.000 \cdot 1{,}1^{-4}$$

$$= \mathbf{+\,29.284{,}20\ EUR}$$

Die von Ralf Riskant empfohlene Investition ist vorteilhaft.

Teilaufgabe b)

$$C_0 = -250.000 \cdot 1{,}1 - 250.000 \cdot 1{,}1 \cdot 0{,}03 \cdot 1{,}12^{-1} + (100.000 - 5.000) \cdot 1{,}12^{-1} + (80.000 - 5.000) \cdot 1{,}12^{-2} + 90.000 \cdot 0{,}96 \cdot 1{,}12^{-3} + 70.000 \cdot 0{,}96 \cdot 1{,}12^{-4} + 250.000 \cdot 1{,}1 \cdot 0{,}02 \cdot 1{,}12^{-4}$$

$$= \mathbf{-\,30.055{,}12\ EUR}$$

Im Vergleich zur Teilaufgabe a) ist aus einer ursprünglich attraktiven Investition eine unvorteilhafte Investition mit einem negativen Kapitalwert entstanden. Es ist nachvollziehbar, dass auf diese Art und Weise jede Investition „totgerechnet“ werden kann.

Aufgabe 6.10: Sensitivitätsanalyse

Die Sensitivitätsanalyse ist ein Verfahren zur Bestimmung der Empfindlichkeit von Zielgrößenwerten in Bezug auf Variationen verschiedener Einflussgrößen. Erläutern Sie dieses Verfahren als Instrument zur Berücksichtigung der Unsicherheit für den Fall, dass der Kapitalwert von Investitionen als Zielgröße herangezogen wird! Gehen Sie dabei insbesondere auf die Veränderung

- der Nutzungsdauer,
- des Absatzpreises und der variablen Stückkosten sowie
- des Ertragsteuersatzes

ein! Stellen Sie hilfsweise eine entsprechende Kapitalwertfunktionsgleichung auf!

Lösung

Unsicherheitsmomente werden bei Sensitivitätsanalysen nicht schon im Rahmen der Datenbeschaffung behandelt. Vielmehr verarbeitet man hier in der Investitionsrechnung alternative bzw. parametrisch variable Datenkonstellationen, um festzustellen,

- in welchen Intervallen eine oder mehrere zufallsabhängige Größen schwanken dürfen, ohne dass die einmal gefundene Lösung eines Entscheidungsproblems ihre Optimalität verliert bzw. ohne dass der Zielfunktionswert (z. B. der Kapitalwert oder die Amortisationsdauer) eine vom Investor vorgegebene Schranke unter- bzw. überschreitet,
- in welchem Ausmaß sich der Zielfunktionswert verändert, wenn eine oder mehrere Zufallsvariablen innerhalb der möglichen Grenzen variieren.

Sensitivitätsanalysen beschäftigen sich demnach mit den Fragen, inwieweit eine Optimallösung bei zufallsabhängigen Datenveränderungen stabil bleibt und welche Bedeutung Zufallsschwankungen dabei für den Grad der monetären Zielerreichung des Investors besitzen.

Im einfachsten Fall dienen Sensitivitätsbetrachtungen der Ermittlung **kritischer Werte**:

- kritische Auslastungsmengen,
- Höchstamortisationsdauern,
- interne Zinssätze.

Bei **Vorteilhaftigkeitsproblemen** mit einer **einzigen Zufallsvariablen** existiert nur ein **eindeutiger kritischer Wert**. Sind mehrere Faktoren vom Zufall abhängig (z. B. die Absatzmenge und der Absatzpreis), so gibt es auch mehrere kritische Kombinationen.

Hier soll die Sensitivitätsanalyse in dem Sinne verwandt werden, dass die Auswirkungen von **Zufallsschwankungen** der **Inputgrößen** auf den **Kapitalwert** untersucht werden.

In einem ersten Schritt der Sensitivitätsanalyse sind die als unsicher angesehenen Inputgrößen zu bestimmen. In der hier gestellten Aufgabe sind dies:

- die Nutzungsdauer n,
- der Absatzpreis p und die variablen Stückkosten k_v sowie
- der Ertragsteuersatz s_{er}.

In einem zweiten Schritt ist dann die Kapitalwertfunktion zu formulieren, wobei Zusammenhänge zwischen einzelnen Inputgrößen zu berücksichtigen sind.

Bei den hier vorgegebenen variablen Inputgrößen hat die Nutzungsdauer n Auswirkungen auf andere Inputgrößen. Zum einen sind die im Rahmen der Ermittlung der Ertragsteuerbemessungsgrundlage zu verrechnenden Abschreibungen von der Nutzungsdauer abhängig. Formelmäßig kann dies durch $AfA_t(n)$ ausgedruckt werden. Unterstellt man – wie im vorliegenden Fall – eine lineare Abschreibung, kann der Ausdruck $AfA_t(n)$ durch den Term $\frac{A_0}{n}$, der die Höhe der jährlichen Abschreibung errechnet, ersetzt werden. Unterstellt man andere Abschreibungsverfahren, so kann in Abhängigkeit von verschiedenen Nutzungsdauern deren Formel zur Ermittlung der Abschreibungsbeträge in die Kapitalwertfunktion eingesetzt werden

Weit schwieriger sind die Auswirkungen unterschiedlicher Nutzungsdauern auf einen etwaigen Liquidationserlös zu erfassen. Dies kann allgemein nur durch $L_n(n)$ ausgedruckt werden, da es keine gesetzmäßige Beziehung zwischen dem Liquidationserlös und der Nutzungsdauer gibt. Im Einzelfall wäre eine Gesetzmäßigkeit zu ermitteln und entsprechend in die Kapitalwertfunktion einzubeziehen. Bei den folgenden angenommenen Liquidationserlösen (Beträge in EUR) könnte dies so geschehen:

n	0	1	2	3	4	5 bis ∞
L_n	10.000	8.000	6.000	4.000	2.000	0

Man ersetzt in diesem Fall L_n in der Kapitalwertfunktion durch 10.000 – 2.000 · n, wobei keine negativen Werte entstehen dürfen, wenn man davon ausgeht, dass keine Abbruchkosten etc. vorliegen.

Der Absatzpreis p und die (auszahlungswirksamen) variablen Stückkosten k_v haben Einfluss auf die Ein- bzw. Auszahlungen der einzelnen Perioden, so dass diese in der Formel durch $(p - k_v) \cdot x - K_f$ ersetzt werden, wobei x die produzierte und abgesetzte Menge und K_f die (auszahlungswirksamen) fixen Gesamtkosten darstellen.

Die Auswirkungen des Absatzpreises p und der variablen Stückkosten k_v auf den Ertragsteuersatz s_{er} (höhere Gewinne bedingen u. U. einen höheren Steuersatz) bleiben unberücksichtigt, da man in der Investitionsrechnung (vereinfachenderweise) von einem in allen Perioden unveränderten Ertragsteuersatz s_{er} ausgeht. Die Höhe des Ertragsteuersatzes s_{er} wiederum hat Auswirkungen auf die Höhe der verbleibenden Einzahlungsüberschüsse und auf den Kalkulationszinssatz nach Steuern i_s. Ersteres wird in jeder Kapitalwertfunktion berücksichtigt, indem die zu zahlenden Ertragsteuern von den Einzahlungsüberschüssen abgezogen werden. Die Änderung des Kalkulationszinssatzes nach Steuern i_s wird in die Funktion einbezogen, indem i_s durch $i \cdot (1 - s_{er})$ ersetzt wird.

Die Kapitalwertfunktion hat dann folgendes Aussehen:

$$C_0 = -A_0 + \sum_{t=1}^{n} \left[(p - k_v) \cdot x - K_f - s_{er} \left[(p - k_v) \cdot x - K_f - \frac{A_0}{n} \right] \right]$$
$$\cdot \left[1 + i \cdot (1 - s_{er}) \right]^{-t} + \left[L_n(n) - s_{er} \cdot L_n(n) \right] \cdot \left[1 + i \cdot (1 - s_{er}) \right]^{-n}$$

Dabei gilt:

C_0: Kapitalwert bezogen auf die Periode t = 0;

A_0: Anschaffungsauszahlung in der Periode t = 0;

t: Perioden 1, …, n;

n: Nutzungsdauer;

p: Absatzpreis;

k_v: (Auszahlungswirksame) variable Stückkosten;

x: Produzierte und abgesetzte Produktmenge;

K_f: (Auszahlungswirksame) fixe Gesamtkosten;

s_{er}: Ertragsteuersatz;

L_n: Liquidationserlös in Periode t = n;

i: Kalkulationszinssatz vor Steuern;

i_s: Kalkulationszinssatz nach Steuern.

Bei der Betrachtung des Liquidationserlöses muss ein Restbuchwert nicht beachtet werden, da er durch die Vornahme der Abschreibungen i. H. v. $\frac{A_0}{n}$ in t = n immer Null ist.
Als nächster Schritt ist für die unsicheren Inputgrößen jeweils eine Schwankungsgröße vorzugeben (z. B. der Absatzpreis steigt um 10 % oder die variablen Stückkosten sinken um 5 %) und in einem letzten Schritt sind die Auswirkungen dieser Schwankungen auf den Kapitalwert zu errechnen.

Entsprechend den Ergebnissen dieser Berechnung müssen dann die Schlussfolgerungen auf die Durchführung der betrachteten Investition gezogen werden. Bleibt der Kapitalwert beispielsweise bei allen Schwankungen positiv, würde man sich für eine Durchführung der Investition entscheiden, da die absolute Vorteilhaftigkeit (selbst) durch die (negativen) Schwankungen nicht beeinträchtigt wird. Nimmt der Kapitalwert bei der einen oder anderen Schwankung negative Werte an, so muss überlegt werden, wie wahrscheinlich die vorgegebene Schwankung ist und ob die Investition in Abhängigkeit hiervon durchgeführt werden soll.

Aufgabe 6.11: Sensitivitätsanalyse[45]

Ein Automobilhersteller steht vor der Entscheidung, ein für die Produktion benötigtes Vorprodukt selbst herzustellen oder weiter zu einem Preis von 50 EUR/ME von einem Zulieferer zu beziehen. Um das Vorprodukt im eigenen Werk zu fertigen, müsste er eine Maschine anschaffen. Hier bestehen zwei Alternativen, die folgende Daten aufweisen:

	Maschine I	Maschine II
Fixe Gesamtkosten (EUR/Jahr)	50.000	70.000
Variable Gesamtkosten (EUR/Jahr)	200.000	120.000
Kapazität (ME/Jahr)	5.000	8.000

Es ist zu unterstellen, dass die variablen Gesamtkosten in einem proportionalen Verhältnis zur Produktionsmenge stehen. Da der Automobilhersteller nicht sicher bezüglich der benötigten Ausbringungsmenge ist, möchte er he-

---

[45] Stark modifiziert entnommen aus *Götze, Uwe*: Investitionsrechnung: Modelle und Analysen zur Beurteilung von Investitionsvorhaben, 7. Aufl., Berlin/Heidelberg 2014, S. 397–400.

rausfinden, für welche Alternative er sich in Abhängigkeit von der Produktionsmenge entscheiden sollte. Führen Sie dazu eine Sensitivitätsanalyse durch!

Lösung

Rechnerische Ermittlung der kritischen Produktionsmenge:

(1) Aufstellung der Kostenfunktionen für die einzelnen Alternativen:

Die allgemeine Form der Kostenfunktion lautet:

$K(x) = K_f + k_v \cdot x$

Dabei gilt:

$K(x)$: Kostenfunktion;

K_f: Fixe Gesamtkosten;

k_v: Variable Stückkosten;

x: Ausbringungsmenge.

$$K_{\text{Maschine I}} = 50.000 + \frac{200.000}{5.000} \cdot x = 50.000 + 40 \cdot x, \text{ für } 0 \leq x \leq 5.000$$

$$K_{\text{Maschine II}} = 70.000 + \frac{120.000}{8.000} \cdot x = 70.000 + 15 \cdot x, \text{ für } 0 \leq x \leq 8.000$$

$$K_{\text{Fremdbezug}} = 50 \cdot x, \text{ für } x \geq 0$$

(2) Gleichsetzen der Kostenfunktionen, um die kritische Produktionsmenge x zu berechnen:

$K_{\text{Maschine I}} = K_{\text{Maschine II}}$

$50.000 + 40 \cdot x = 70.000 + 15 \cdot x$

$25 \cdot x = 20.000$

x = **800 ME/Jahr**

Bei einer Produktionsmenge von 800 ME/Jahr sind die Gesamtkosten der Maschinen I und II gleich hoch. Bei einer niedrigeren Produktionsmenge ist die Maschine I vorteilhafter, da diese die geringeren Fixkosten aufweist. Bei einer höheren Produktionsmenge ist die Maschine II kostengünstiger.

$K_{\text{Maschine I}} = K_{\text{Fremdbezug}}$

$50.000 + 40 \cdot x = 50 \cdot x$

$50.000 = 10 \cdot x$

x = **5.000 ME/Jahr**

Bis zu einer Produktionsmenge von 5.000 ME/Jahr ist der Fremdbezug günstiger als die Maschine I.

$K_{\text{Maschine II}} = K_{\text{Fremdbezug}}$

$70.000 + 15 \cdot x = 50 \cdot x$

$70.000 = 35 \cdot x$

x = **2.000 ME/Jahr**

Bis zu einer Produktionsmenge von 2.000 ME/Jahr ist der Fremdbezug günstiger als die Maschine II.

Insgesamt ist also bis zu einer Produktionsmenge von 2.000 ME/Jahr der Fremdbezug vorzuziehen, ab einer Produktionsmenge von 2.000 ME/Jahr erweist sich die Maschine II als vorteilhaft. Die Maschine I ist in keinem Fall auszuwählen, da sie sich erst ab einer Produktionsmenge von 5.000 ME/Jahr als vorteilhaft erweist, ihre Kapazität allerdings auch auf 5.000 ME/Jahr beschränkt ist.

Zeichnerische Ermittlung der kritischen Produktionsmengen:

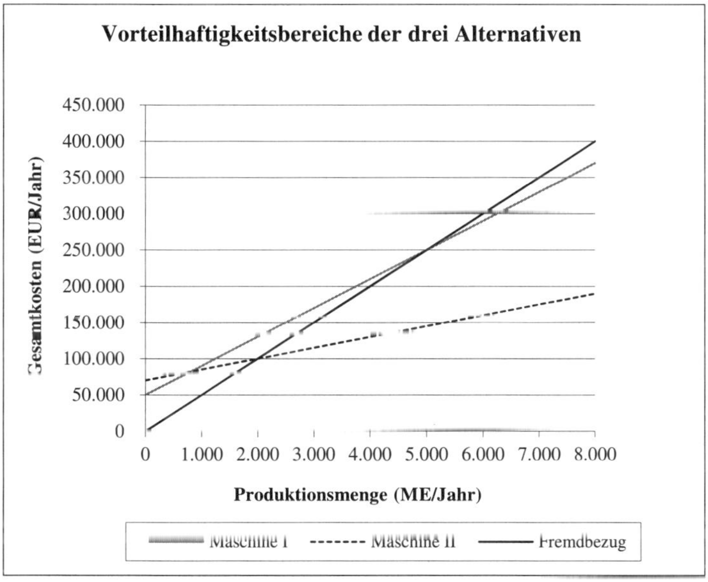

Abbildung 6: Zeichnerische Ermittlung der kritischen Produktionsmengen

Aufgabe 6.12: Sensitivitätsanalyse

Die Geschäftsführung eines Unternehmens steht vor der Entscheidung, ob ein neues Produkt in das Produktionsprogramm aufgenommen werden soll. Die Controlling-Abteilung erhält daher die Aufgabe, entscheidungsrelevante Daten für die nächste Vorstandssitzung zusammenzutragen. Aus der Planungsabteilung stehen folgende Zahlen zur Verfügung:

- Anschaffungsauszahlung (A_0) für eine neue Produktionsanlage — 1.200.000 EUR
- Durchschnittliche jährliche Absatzmenge (x) — 85.000 ME/Jahr
- Auszahlungswirksame variable Stückkosten (k_v) — 8 EUR/ME
- Auszahlungswirksame gesamte Fixkosten (K_f)
  - Vertrieb — 260.000 EUR/Jahr
  - Werbung — 170.000 EUR/Jahr
- Angestrebter Absatzpreis pro Stück (p) — 21 EUR/ME
- Voraussichtliche Nutzungsdauer der Anlage (n) — 3 Jahre
- Kalkulationszinssatz für die Investitionsrechnung — 10 % p. a.

a) Ermitteln Sie mit Hilfe der Investitionsrechnung (Anwendung der Kapitalwertmethode) die kritischen prozentualen Abweichungen bei der Absatzmenge, dem Absatzpreis, den variablen Stückkosten und den gesamten Fixkosten! Verwenden Sie dabei folgende Kapitalwertformel:

$$C_0 = -A_0 + (x \cdot (p - k_v) - K_f) \cdot 2{,}486852$$

b) Untersuchen Sie mit Hilfe der „klassischen" Break-Even-Analyse für die Absatzmenge und den Absatzpreis die kritischen prozentualen Abweichungen!

c) Wie erklären Sie der Geschäftsleitung die unterschiedlichen Ergebnisse aus Teilaufgabe a) und Teilaufgabe b)?

Lösung

Teilaufgabe a)

(1) Ermittlung der kritischen Absatzmenge:

$$C_0 = -A_0 + (x \cdot (p - k_v) - K_f) \cdot 2{,}486852$$

$$C_0 = 0$$

$$\frac{A_0}{2{,}486852} = x \cdot (p - k_v) - K_f$$

$$\left(\frac{A_0}{2{,}486852} + K_f\right) \div (p - k_v) = x$$

$$\left(\frac{1.200.000}{2{,}486852} + 430.000\right) \div (21 - 8) = 70.195{,}21 \text{ ME/Jahr}$$

Abweichung: **– 17,4174 %**

(2) Ermittlung des kritischen Absatzpreises:

$$C_0 = -A_0 + (x \cdot (p - k_v) - K_f) \cdot 2{,}486852$$

$$\left(\frac{A_0}{2{,}486852} + K_f\right) \div x + k_v = p$$

$$(482.537{,}76 + 430.000) \div 85.000 + 8 = 18{,}74 \text{ EUR/ME}$$

Abweichung: **– 10,7619 %**

(3) Ermittlung der kritischen variablen Stückkosten:

$$C_0 = -A_0 + (x \cdot (p - k_v) - K_f) \cdot 2{,}486852$$

$$k_v = p - \left(\frac{A_0}{2{,}486852} + K_f\right) \div x$$

$$= 21{,}00 - 10{,}74 = 10{,}26 \text{ EUR/ME}$$

Abweichung: **+ 28,2500 %**

(4) Ermittlung der kritischen gesamten Fixkosten:

$$C_0 = -A_0 + (x \cdot (p - k_v) - K_f) \cdot 2{,}486852$$

$$K_f = -\frac{A_0}{2{,}486852} + x \cdot (p - k_v)$$

$$= -482.537{,}76 + 1.105.000 = 622.462{,}24 \text{ EUR/Jahr}$$

Abweichung: **+ 44,7587 %**

Teilaufgabe b)

(1) Break-Even-Analyse:

$$\begin{aligned} \text{Gewinn (G)} &= \text{Umsatz (U)} - \text{Gesamtkosten (K)} \\ &= p \cdot x - (k_v \cdot x + K_f) \\ &= p \cdot x - k_v \cdot x - K_f \\ &= x \cdot (p - k_v) - K_f \end{aligned}$$

$$G = 0$$

(2) Ermittlung der kritischen Absatzmenge:

$$x = \frac{K_f}{p - k_v}$$

$$K_f = 430.000 + \frac{1.200.000}{3} + \frac{1.200.000}{2} \cdot 0,1 = 890.000 \text{ EUR/Jahr}$$

$$x = \frac{890.000}{21 - 8}$$

$$x = 68.461,54 \text{ ME/Jahr}$$

Abweichung: **– 19,4570 %**

(3) Ermittlung des kritischen Absatzpreises:

$$p = \frac{K_f}{x} + k_v$$

$$p = \frac{890.000}{85.000} + 8$$

$$= 18,47 \text{ EUR/ME}$$

Abweichung: **– 12,0476 %**

Teilaufgabe c)

Die größeren möglichen Abweichungen bei der Break-Even-Analyse sind auf die **Vernachlässigung der finanzmathematisch berechneten Zinswirkungen** zurückzuführen, d. h., die „genaueren“ Ergebnisse liefert die Investitionsrechnung.

Aufgabe 6.13: Sensitivitätsanalyse

Der Investor Leo Liquide hat die Möglichkeit, das folgende Investitionsprojekt durchzuführen: Anschaffungsauszahlung 10.000 EUR, Einzahlungsüberschüsse in t_1 und t_2 jeweils 10.000 EUR, lineare Abschreibung über 2 Perioden. Leo Liquide rechnet mit einem Kalkulationszinssatz von 12 % p. a. vor Ertragsteuern. Sein Ertragsteuersatz beträgt 25 %.

a) Wie hoch ist der Kapitalwert dieses Investitionsprojektes nach Steuern?

b) Leo Liquide ist sich bezüglich der Höhe der Einzahlungsüberschüsse des Investitionsprojektes unsicher. Er beauftragt Sie daher, zu ermitteln, wie weit die in beiden Perioden gleich hohen Einzahlungsüberschüsse von den oben genannten abweichen dürfen, damit Leo Liquide hinsichtlich der Durchführung des Investitionsprojektes indifferent ist.

c) Aufgrund der Finanznot der öffentlichen Haushalte geht Leo Liquide für die Zukunft davon aus, dass erstens der Fiskus Abschreibungen steuerlich nicht mehr anerkennt und dass zweitens der Ertragsteuersatz erhöht wird. Leo Liquide möchte von Ihnen wissen, wie hoch unter diesen Annahmen ein neuer Ertragsteuersatz sein muss, damit er hinsichtlich der Durchführung des Investitionsprojektes indifferent ist.

Lösung

Teilaufgabe a)

Der um den Ertragsteuersatz korrigierte Kalkulationszinssatz lautet:

$$i_s = i \cdot (1 - s_{er}) = 0{,}12 \cdot (1 - 0{,}25) = 0{,}09$$

Dabei gilt:

i_s: Kalkulationszinssatz nach Steuern;

i: Kalkulationszinssatz vor Steuern;

s_{er}: Ertragsteuersatz.

Der Kapitalwert des Investitionsprojektes nach Steuern (C_{0s}) beträgt:

$$\begin{aligned} C_{0s} &= -10.000 + [10.000 - 0{,}25 \cdot (10.000 - 5.000)] \cdot 1{,}09^{-1} \\ &\quad + [10.000 - 0{,}25 \cdot (10.000 - 5.000)] \cdot 1{,}09^{-2} \\ &= \mathbf{+\,5.392{,}22\ EUR} \end{aligned}$$

Teilaufgabe b)

Da der Kapitalwert des Investitionsprojektes nach Steuern positiv ist, müssen die Einzahlungsüberschüsse sinken, damit der Investor hinsichtlich der Durchführung des Investitionsprojektes indifferent ist. Zu diesem Zweck ist der Kapitalwert gleich Null zu setzen und nach den gesuchten Einzahlungsüberschüssen x aufzulösen:

$$C_{0s} = 0 = -10.000 + [x - 0{,}25 \cdot (x - 5.000)] \cdot 1{,}09^{-1} + [x - 0{,}25 \cdot (x - 5.000)] \cdot 1{,}09^{-2}$$

$$\rightarrow 10.000 \cdot 1{,}09^{2} = (x - 0{,}25 \cdot x + 1.250) \cdot 1{,}09 + (x - 0{,}25 \cdot x + 1.250)$$

$$\rightarrow 10.000 \cdot 1{,}09^{2} = (x - 0{,}25 \cdot x + 1.250) \cdot (1{,}09 + 1)$$

$$\rightarrow \frac{10.000 \cdot 1{,}09^{2}}{2{,}09} = 0{,}75 \cdot x + 1.250 = \mathbf{+\,5.912{,}92\ EUR}$$

Probe:

$$C_{0s} = -10.000 + [5.912{,}92 - 0{,}25 \cdot (5.912{,}92 - 5.000)] \cdot 1{,}09^{-1}) + [5.912{,}92 - 0{,}25 \cdot (5.912{,}92 - 5.000)] \cdot 1{,}09^{-2}$$

$$= 0{,}0018 \text{ EUR (Rundungsfehler)}$$

Da sich bei gleich hohen Einzahlungsüberschüssen i. H. v. 5.912,92 EUR in t_1 und t_2 ein Kapitalwert von Null ergibt, müssen die Einzahlungsüberschüsse um 4.087,08 EUR pro Periode sinken, damit der Investor bezüglich der Durchführung des Investitionsprojektes indifferent ist.

Teilaufgabe c)

Zur Lösung dieses Problems ist der Kapitalwert nach Steuern gleich Null zu setzen und nach dem gesuchten Ertragsteuersatz s_{er} aufzulösen:

$$C_{0s} = 0 = -10.000 + \frac{10.000 - 10.000 \cdot s_{er}}{[1 + 0{,}12 \cdot (1 - s_{er})]^1} + \frac{10.000 - 10.000 \cdot s_{er}}{[1 + 0{,}12 \cdot (1 - s_{er})]^2}$$

$$\rightarrow 10.000 = \frac{10.000 - 10.000 \cdot s_{er}}{[1 + 0{,}12 \cdot (1 - s_{er})]^1} + \frac{10.000 - 10.000 \cdot s_{er}}{[1 + 0{,}12 \cdot (1 - s_{er})]^2}$$

$$\rightarrow 10.000 \cdot (1{,}12 - 0{,}12 \cdot s_{er})^2 = (10.000 - 10.000 \cdot s_{er}) \cdot (1{,}12 - 0{,}12 \cdot s_{er}) + 10.000 - 10.000 \cdot s_{er}$$

$$\rightarrow 10.000 \cdot (1{,}2544 - 0{,}1344 \cdot s_{er} - 0{,}1344 \cdot s_{er} + 0{,}0144 \cdot s_{er}^2)$$

$$= 11.200 - 1.200 \cdot s_{er} - 11.200 \cdot s_{er} + 1.200 \cdot s_{er}^2 + 10.000 - 10.000 \cdot s_{er}$$

$$\rightarrow 12.544 - 2.688 \cdot s_{er} + 144 \cdot s_{er}^2 = 21.200 - 22.400 \cdot s_{er} + 1.200 \cdot s_{er}^2$$

$$\rightarrow -8.656 + 19.712 \cdot s_{er} - 1.056 \cdot s_{er}^2 = 0$$

$$\rightarrow s_{er}^2 - 18{,}67 \cdot s_{er} + \frac{8.656}{1.056} = 0$$

$$\rightarrow s_{er\,1,2} = 9{,}33 \pm \left[\left(\frac{18{,}67}{2}\right)^2 - \frac{8.656}{1.056}\right]^{\frac{1}{2}}$$

$$\rightarrow s_{er\,1,2} = 9{,}33 \pm 8{,}88$$

$$\rightarrow s_{er\,1} = 18{,}21 \text{ und } s_{er\,2} = 0{,}45$$

Da ein Ertragsteuersatz von 1.821 % nicht realistisch ist, lautet der gesuchte Ertragsteuersatz s_{er2} = 45 %. Daraus ergibt sich ein Kalkulationszinssatz nach Steuern i. H. v. $i_s = 0{,}12 \cdot (1 - 0{,}45) = 0{,}066$.

Probe:

$$C_{0s} = -\,10.000 + \frac{10.000 - 10.000 \cdot 0{,}45}{1{,}066} + \frac{10.000 - 10.000 \cdot 0{,}45}{1{,}066^2}$$

$$= 0{,}49 \text{ EUR (Rundungsfehler)}$$

Unter der Annahme, dass Abschreibungen steuerlich nicht mehr anerkannt werden, muss der Ertragsteuersatz 45 % betragen, damit der Investor hinsichtlich der Durchführung des Investitionsprojektes indifferent ist.

Aufgabe 6.14: Dreifach-Rechnung[46]

a) Was wird unter einer Dreifach-Rechnung verstanden? Welche Vor- und Nachteile sind mit einer Dreifach-Rechnung verbunden?

b) Hinsichtlich einer geplanten Investition sind folgende Zahlungsreihe sowie ein Kalkulationszinssatz von 8 % p. a. gegeben:

t	0	1	2	3
Z_t (EUR)	– 100.000	+ 50.000	+ 30.000	+ 25.000

Darüber hinaus sind folgende Zukunftseinschätzungen hinsichtlich der geplanten Investition bekannt:

---

[46] Vgl. *Bieg, Hartmut; Kußmaul, Heinz; Waschbusch, Gerd*: Investition, 3. Aufl., München 2016, S. 200–201; *Däumler, Klaus-Dieter; Grabe, Jürgen*: Anwendung von Investitionsrechnungsverfahren in der Praxis, 5. Aufl., Herne 2010, S. 113–115.

	Zukunftseinschätzung (in % der Ausgangsdaten)		
	optimistisch	neutral	pessimistisch
Kalkulations-zinssatz	80	95	110
Investitions-auszahlung	90	98	120
Einzahlungs-überschüsse	110	102	85

Überprüfen Sie die geplante Investition unter Verwendung der Dreifach-Rechnung (Kapitalwertmethode) auf ihre Vorteilhaftigkeit!

Lösung

Teilaufgabe a)

Die zu bestimmende Zielgröße – beispielsweise der Kapitalwert – wird bei Anwendung der Dreifach-Rechnung auf der Basis von drei unterschiedlichen Zukunftsprognosen – einer optimistischen, einer neutralen und einer pessimistischen – berechnet. Dabei werden sämtliche unsicheren Ausgangsgrößen gleichzeitig modifiziert. Ergebnis einer Dreifach-Rechnung können die Konstellationen der nachfolgenden Ergebnismatrix sein:

<table>
<tr><th rowspan="2"></th><th colspan="3">Datenkonstellation</th><th rowspan="2">Entscheidungsregel</th></tr>
<tr><th>optimistisch</th><th>neutral</th><th>pessimistisch</th></tr>
<tr><td rowspan="4">Vorzeichen des Kapitalwerts</td><td>+</td><td>+</td><td>+</td><td>Investition durchführen</td></tr>
<tr><td>+</td><td>+</td><td>–</td><td rowspan="2">Entscheidung nach subjektivem Ermessen des Investors</td></tr>
<tr><td>+</td><td>–</td><td>–</td></tr>
<tr><td>–</td><td>–</td><td>–</td><td>Investition unterlassen</td></tr>
</table>

Abbildung 7: Mögliche Ergebnisse einer Dreifach-Rechnung[47]

Die Investition sollte auf jeden Fall durchgeführt werden, sofern auch bei einer pessimistischen Zukunftsprognose die Investition einen positiven Kapitalwert aufweist. Weist die Investition hingegen selbst bei einer optimistischen Zukunftsprognose einen negativen Kapitalwert auf, sollte die Investition unterlassen werden. In den beiden anderen Konstellationen ist keine ein-

[47] Modifiziert entnommen aus *Däumler, Klaus-Dieter; Grabe, Jürgen*: Anwendung von Investitionsrechnungsverfahren in der Praxis, 5. Aufl., Herne 2010, S. 114.

deutige Vorteilhaftigkeitsaussage möglich, so dass die Entscheidung im subjektiven Ermessen des Investors liegt.

Vorteilhaft an der Dreifach-Rechnung sind insbesondere die relativ einfache Realisierung und die leichte Auslegung der Ergebnisse sowie die Möglichkeit, das Ausmaß von Chance und Risiko gleichermaßen zu quantifizieren.[48]

Teilaufgabe b)

Kapitalwert (C_0) bei einer optimistischen Zukunftseinschätzung:

$$\begin{aligned} C_0 &= -\,100.000 \cdot 0{,}90 + 50.000 \cdot 1{,}1 \cdot (1 + 0{,}08 \cdot 0{,}8)^{-1} + 30.000 \cdot 1{,}1 \\ &\quad \cdot (1 + 0{,}08 \cdot 0{,}8)^{-2} + 25.000 \cdot 1{,}1 \cdot (1 + 0{,}08 \cdot 0{,}8)^{-3} \\ &= \mathbf{+\,13.671{,}30\ EUR} \end{aligned}$$

Kapitalwert (C_0) bei einer neutralen Zukunftseinschätzung:

$$\begin{aligned} C_0 &= -\,100.000 \cdot 0{,}98 + 50.000 \cdot 1{,}02 \cdot (1 + 0{,}08 \cdot 0{,}95)^{-1} + 30.000 \\ &\quad \cdot 1{,}02 \cdot (1 + 0{,}08 \cdot 0{,}95)^{-2} + 25.000 \cdot 1{,}02 \cdot (1 + 0{,}08 \cdot 0{,}95)^{-3} \\ &= \mathbf{-\,3.702.93\ EUR} \end{aligned}$$

Kapitalwert (C_0) bei einer pessimistischen Zukunftseinschätzung:

$$\begin{aligned} C_0 &= -\,100.000 \cdot 1{,}20 + 50.000 \cdot 0{,}85 \cdot (1 + 0{,}08 \cdot 1{,}1)^{-1} + 30.000 \\ &\quad \cdot 0{,}85 \cdot (1 + 0{,}08 \cdot 1{,}1)^{-2} + 25.000 \cdot 0{,}85 \cdot (1 + 0{,}08 \cdot 1{,}1)^{-3} \\ &= \mathbf{-\,42.896{,}12\ EUR} \end{aligned}$$

Ergebnismatrix:

Beträge in EUR	Datenkonstellation			Entscheidungsregel
	optimistisch	neutral	pessimistisch	
Vorzeichen des Kapitalwerts	+ (+ 13.671,30)	– (– 3.702,93)	– (– 42.896,12)	Entscheidung nach subjektivem Ermessen des Investors

Die Durchführung der Investition unter Zugrundelegung der Dreifach-Rechnung (Kapitalwertmethode) ist somit bei den vorliegenden Daten abhängig vom subjektiven Ermessen des Investors.

[48] Vgl. *Däumler, Klaus-Dieter; Grabe, Jürgen*: Anwendung von Investitionsrechnungsverfahren in der Praxis, 5. Aufl., Herne 2010, S. 115.

Aufgabe 6.15: Investitionssimulation[49]

Ein Unternehmen erwägt die Anschaffung einer neuen Maschine. Um die Vorteilhaftigkeit dieser Anschaffung zu beurteilen, ermittelt das Unternehmen bei einem Kalkulationszinssatz von 10 % p. a. als Zielwert den maximalen Gewinn pro Jahr und stützt sich dabei auf die folgenden Vorgaben:

	Ausprägung/Bereich (Wahrscheinlichkeit)					Mittlerer Wert
A_0 (TEUR)	120-140 (0,2)	140-160 (0,2)	160-180 (0,4)		180-200 (0,2)	162
n (Jahre)	8 (0,2)	9 (0,2)	10 (0,2)	11 (0,4)		9,8
k_v (EUR/ME)	30-35 (0,2)	35-40 (0,6)			40-45 (0,2)	37,5
x (ME)	400-500 (0,2)	500-600 (0,2)	600-700 (0,2)	700-800 (0,2)	800-900 (0,2)	650
p (EUR/ME)	60-70 (0,2)	70-80 (0,4)		80-90 (0,2)	90-100 (0,2)	79

$$Z = x \cdot (p - k_v) - A_0 \cdot KWF(i,n); \; KWF = \frac{i \cdot (1+i)^n}{(1+i)^n - 1}$$

Dabei gilt:

Z: Zielwert;

x: Jährliche Absatzmenge;

p: Verkaufspreis pro Mengeneinheit;

k_v: Variable Stückkosten des produzierten Gutes;

A_0: Anschaffungsauszahlung im Zeitpunkt t = 0;

i: Kalkulationszinssatz;

n: Nutzungsdauer der Maschine.

a) Ermitteln Sie anhand dieser Vorgaben den schlechtesten Wert (Z_{min}), den mittleren Wert (Z_{ϕ}) und den besten Wert (Z_{max}) für den maximalen Gewinn pro Jahr!

---

[49] Modifiziert entnommen aus *Perridon, Louis; Steiner, Manfred; Rathgeber, Andreas*: Finanzwirtschaft der Unternehmung, 17. Aufl., München 2017, S. 146–150.

b) Für die Simulation verwendet das Unternehmen einen einfachen Zufallsmechanismus, indem die Unternehmensleitung mit einem Würfel würfelt, von dem nur die Zahlen von 1 bis 5 gültig sind. Wird eine Sechs gewürfelt, ist nochmals zu würfeln, so dass die Wahrscheinlichkeit w(i) für jede Zahl i 1/5 beträgt.

Den gewürfelten Zufallszahlen werden die folgenden Werte der Zufallsvariablen zugeordnet:

Gewürfelte Zahl	A_0 (EUR)	n (Jahre)	k_v (EUR/ME)	x (ME)	p (EUR/ME)
1	130.000	8	32,5	450	65
2	150.000	9	37,5	550	75
3	170.000	10	37,5	650	75
4	170.000	11	37,5	750	85
5	190.000	11	42,5	850	95

Mit dem Würfel ermittelt die Unternehmensleitung die folgenden Zufallszahlen:

Lauf	A_0	n	k_v	x	p
1	4	2	3	5	3
2	3	4	2	3	3
3	2	5	1	5	4
4	5	1	2	3	4
5	3	5	5	4	5
6	4	2	2	4	4
7	3	2	2	4	1
8	5	2	5	1	2

Berechnen Sie die Zielwerte für die einzelnen Läufe und bringen Sie die Zielwerte zusammen mit dem schlechtesten Wert, dem mittleren Wert und dem besten Wert in eine Rangfolge! Wie viel Prozent der Werte sind vorteilhaft?

Lösung

Teilaufgabe a)

Schlechtester Wert:

$Z_{min} = x_{min} \cdot (p_{min} - k_{v\,max}) - A_{0\,max} \cdot KWF(n_{min})$

$Z_{min} = 400 \cdot (60 - 45) - 200.000 \cdot 0{,}187444 =$ **$-$ 31.488,80 EUR**

Mittlerer Wert:

$Z_{\phi} = x_{\phi} \cdot (p_{\phi} - k_{v\,\phi}) - A_{0\,\phi} \cdot KWF(n_{\phi})$

$Z_{\phi} = 650 \cdot (79 - 37{,}5) - 162.000 \cdot 0{,}164735 =$ **+ 287,93 EUR**

Bester Wert:

$Z_{max} = x_{max} \cdot (p_{max} - k_{v\,min}) - A_{0\,min} \cdot KWF(n_{max})$

$Z_{max} = 900 \cdot (100 - 30) - 120.000 \cdot 0{,}153963 =$ **+ 44.524,44 EUR**

Teilaufgabe b)

Lauf	A_0 (EUR)	n (Jahre)	k_v (EUR/ME)	x (ME)	p (EUR/ME)	Z (EUR)
1	170.000	9	37,5	850	75	2.356,03
2	170.000	11	37,5	650	75	– 1.798,71
3	150.000	11	32,5	850	85	21.530,55
4	190.000	8	37,5	650	85	– 4.739,36
5	170.000	11	42,5	750	95	13.201,29
6	170.000	9	37,5	750	85	6.106,03
7	170.000	9	37,5	750	65	– 8.893,97
8	190.000	9	42,5	450	75	– 18.366,79

Bringt man die Zielwerte in eine Rangfolge, so ergibt sich folgende Tabelle:

Rang	Zielwert Nr.	Zielwert in EUR
1	bester Wert	44.524,44
2	3	21.530,55
3	5	13.201,29
4	6	6.106,03
5	1	2.356,03
6	mittlerer Wert	287,93
7	2	– 1.798,71
8	4	– 4.739,36
9	7	– 8.893,97
10	8	– 18.366,79
11	schlechtester Wert	– 31.488,80

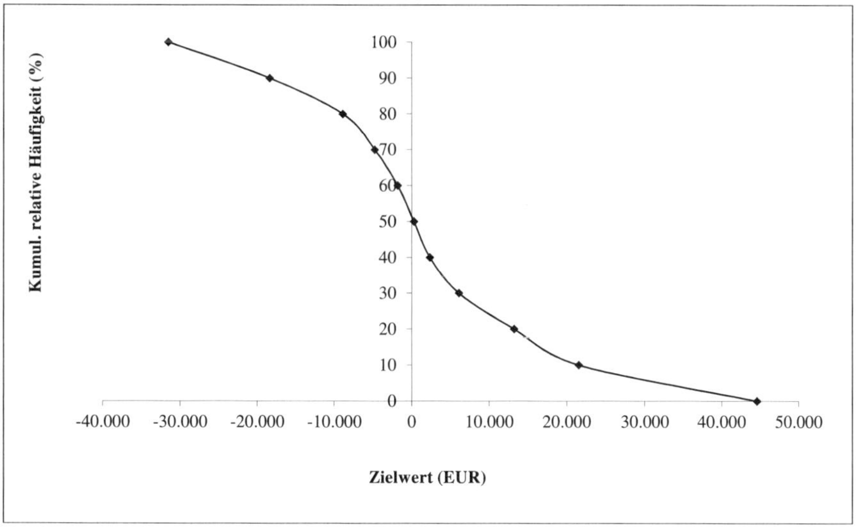

Abbildung 8: Risikoprofil der Investition

Die Gewinnschwelle liegt bei etwa 50 %. 54,55 % der Werte liegen über 0 EUR und sind damit vorteilhaft.

Aufgabe 6.16: Entscheidungsbaumverfahren

Der Vorstand eines Unternehmens steht vor der Entscheidung, ob zur Erweiterung der Produktionskapazität des Unternehmens eine neue Produktionsmaschine angeschafft werden soll. Dem Vorstand stehen zwei alternative Maschinen – Maschine A und Maschine B – zur Auswahl. Bei beiden Maschinen ist die Höhe der erzielbaren Einzahlungsüberschüsse (Z_t) pro Periode abhängig von der zukünftigen Konjunkturlage. Der Vorstand kalkuliert mit zwei unterschiedlichen Konjunkturszenarien. Darüber hinaus ist bekannt, dass die erzielbaren Einzahlungsüberschüsse der Maschine A im Falle einer positiven Konjunktur über denen der Maschine B liegen. Ferner besteht die Möglichkeit, die Investition vorzeitig nach dem ersten Jahr zu beenden. Maschine A könnte dann zu einem Preis von 650.000 EUR verkauft werden. Für Maschine B könnte noch ein Liquidationserlös von 800.000 EUR erzielt werden. Ferner liegen folgende Informationen für einen Planungszeitraum von 2 Jahren vor:

Konjunkturszenarien	Z_0 (TEUR)	Z_1 (TEUR)		Z_2 (TEUR)	
		positiv	negativ	positiv	negativ
Maschine A	– 1.700	1.200	700	1.800	600
Maschine B	– 1.350	1.100	800	975	700

Der Vorstand des Unternehmens kalkuliert im Jahr 1 mit einer Wahrscheinlichkeit von 0,35 (0,65) mit einer positiven (negativen) Entwicklung. Im Jahr 2 wird mit einer Wahrscheinlichkeit von 0,55 (0,45) angenommen, dass sich die Konjunktur positiv (negativ) entwickelt. Beschreiben Sie das vorstehende Entscheidungsproblem unter Verwendung eines Entscheidungsbaums! Geben Sie für die jeweiligen Entscheidungsmöglichkeiten auch die Kapitalwerte unter Verwendung eines Kalkulationszinssatzes von 5 % p. a. an! Welche Handlungsweise ist unter diesen Bedingungen zu empfehlen?

Lösung

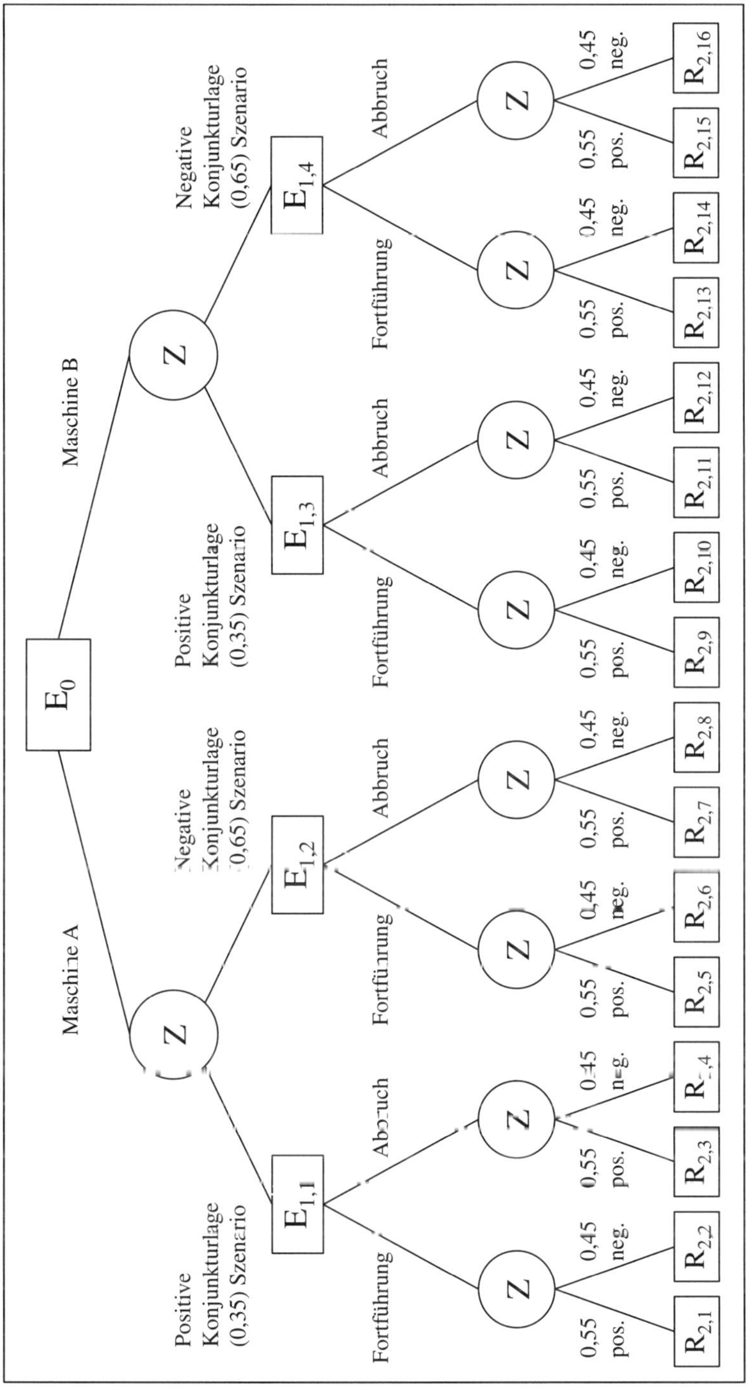
E0
Maschine A
Maschine B
Z
Positive Konjunkturlage (0,35) Szenario
Negative Konjunkturlage (0,65) Szenario
E1,1
E1,2
E1,3
E1,4
Fortführung
Abbruch
0,55 pos.
0,45 neg.
R2,1
R2,2
R2,3
R2,5
R2,6
R2,7
R2,8
R2,9
R2,10
R2,11
R2,12
R2,13
R2,14
R2,15
R2,16

Kapitalwerte für alle 16 Entscheidungsmöglichkeiten ($R_{i,j}$) (Beträge in TEUR):

Entscheidungsmöglichkeiten	Z_0	Z_1		Verkaufserlös Ende Jahr 1	Z_2		Kapitalwerte
		positiv	negativ		positiv	negativ	
$R_{2,1}$	- 1.700	1.200	–	–	1.800	–	1.075,51
$R_{2,2}$	- 1.700	1.200	–	–	–	600	- 12,93
$R_{2,3}$	- 1.700	1.200	–	650	–	–	61,90
$R_{2,4}$	- 1.700	1.200	–	650	–	–	61,90
$R_{2,5}$	- 1.700	–	700	–	1.800	–	599,32
$R_{2,6}$	- 1.700	–	700	–	–	600	- 489,12
$R_{2,7}$	- 1.700	–	700	650	–	–	- 414,29
$R_{2,8}$	- 1.700	–	700	650	–	–	- 414,29
$R_{2,9}$	- 1.350	1.100	–	–	975	–	581,97
$R_{2,10}$	- 1.350	1.100	–	–	–	700	332,54
$R_{2,11}$	- 1.350	1.100	–	800	–	–	459,52
$R_{2,12}$	- 1.350	1.100	–	800	–	–	459,52
$R_{2,13}$	- 1.350	–	800	–	975	–	296,26
$R_{2,14}$	- 1.350	–	800	–	–	700	46,83
$R_{2,15}$	- 1.350	–	800	800	–	–	173,81
$R_{2,16}$	- 1.350	–	800	800	–	–	173,81

Wird die Lösung des Entscheidungsproblems unter Verwendung des Roll-Back-Verfahrens ermittelt, sind zunächst die besten Folgeentscheidungen zu bestimmen. Die vier möglichen Entscheidungsalternativen im Zeitpunkt t_1 können folgendermaßen dargestellt werden:

Alternative	Konjunkturlage in Periode 1	Entscheidungsknoten
Maschine A	positiv	$E_{1,1}$
Maschine A	negativ	$E_{1,2}$
Maschine B	positiv	$E_{1,3}$
Maschine B	negativ	$E_{1,4}$

Für sämtliche Entscheidungsalternativen ist anhand der Erwartungswerte der Kapitalwerte der einzelnen Entscheidungsalternativen zu entscheiden, ob das Projekt abgebrochen oder fortgeführt wird:

Entscheidungsknoten	Kapitalwert bei Fortführung (TEUR)	Kapitalwert bei Abbruch (TEUR)
$E_{1,1}$	C_0 = + 1.075,51 · 0,55 – 12,93· 0,45 = **+ 585,71**	C_0 = + 61,90 · 0,55 + 61,90 · 0,45 = **+ 61,90**
$E_{1,2}$	C_0 = + 599,32 · 0,55 – 489,12 · 0,45 = **+ 109,52**	C_0 = – 414,29 · 0,55 – 414,29 · 0,45 = **– 414,29**
$E_{1,3}$	C_0 = + 581,97 · 0,55 + 332,54 · 0,45 = **+ 469,73**	C_0 = + 459,52 · 0,55 + 459,52 · 0,45 = **+ 459,52**
$E_{1,4}$	C_0 = + 296,26 · 0,55 + 46,83 · 0,45 = **+ 184,02**	C_0 = + 173,81 · 0,55 + 173,81 · 0,45 = **+ 173,81**

Werden bei der Beurteilung der Vorteilhaftigkeit der Investitionsalternativen zum Zeitpunkt t = 0 nur die besten Folgeentscheidungen berücksichtigt, so ergeben sich folgende Kapitalwerte:

$$C_{0\,A} = 585{,}71 \cdot 0{,}35 + 109{,}52 \cdot 0{,}65 = 276{,}19 \text{ TEUR}$$

$$C_{0\,B} = 469{,}73 \cdot 0{,}35 + 184{,}02 \cdot 0{,}65 = 284{,}02 \text{ TEUR}$$

Der Vorstand des Unternehmens sollte Maschine B erwerben und unabhängig von der Konjunkturentwicklung über 2 Jahre in Betrieb nehmen.

7 Investitionsprogrammentscheidungen

7.1 Grundlagen: Sukzessive und simultane Investitionsprogrammplanung

Aufgabe 7.1: Sukzessive und simultane Investitionsprogrammplanung

Erläutern Sie die Unterschiede zwischen einer sukzessiven und einer simultanen Investitionsprogrammplanung!

Lösung

Sukzessive Investitionsprogrammplanung:

Im einfachsten Fall besteht das Problem der Investitionsprogrammplanung darin, einen bestimmten Bestand an Finanzierungsmitteln optimal auf eine darum konkurrierende Menge sich gegenseitig nicht ausschließender Investitionsvorhaben aufzuteilen. Die Frage lautet also: Ein Investor verfüge im Zeitpunkt $t = 0$ über liquide Mittel i. H. v. x EUR und eine Menge von Investitionsanträgen, deren Gesamtbetrag sich auf mehr als x EUR beläuft. Welche Investitionsprojekte sollen realisiert werden und auf welche Vorhaben soll man verzichten?

Diese Fragestellung bezeichnet man deswegen als eine sukzessive Investitionsplanung, weil in einem ersten Planungsschritt zunächst die Menge der Finanzmittel festgelegt wird und erst in einem zweiten Planungsschritt eine Auswahl der Investitionsobjekte erfolgt, ohne dass dabei die Ergebnisse des ersten Planungsschrittes, also der Finanzplanung, revidiert werden können. Die Finanzplanung ist in diesem Fall ein Datum für die Investitionsplanung.

Eine sukzessive Investitionsplanung führt allerdings häufig zu schlechteren Entscheidungsergebnissen als eine nicht-sukzessive (simultane) Investitionsplanung.

Begründung: Unter Umständen verfügt der Investor über so günstige Investitionsmöglichkeiten, dass es sich im ersten Planungsschritt (Finanzplanung) gelohnt hätte, einen größeren Betrag zur Verfügung zu stellen als tatsächlich geschehen. Im entgegengesetzten Fall besitzt der Investor vielleicht so wenige lohnende Investitionsvorhaben, dass es besser gewesen wäre, einen geringeren Betrag zur Verfügung zu stellen.

Simultane Investitionsprogrammplanung:

Bei dieser Planungstechnik versucht man, die (möglichen) Mängel der sukzessiven Vorgehensweise dadurch zu vermeiden, dass man die einzelnen Teilpläne des Investors (Finanzplan, Investitionsplan, Produktions- und Absatzplan usw.) möglichst harmonisch aufeinander abstimmt und die gegenseitigen Abhängigkeiten (Interdependenzen) zwischen den Teilplänen angemessen berücksichtigt.

7.2 Klassische kapitaltheoretische Modelle zur simultanen Investitions- und Finanzprogrammplanung

Aufgabe 7.2: Ein-Perioden-Fall

Stellen Sie die Bestimmung des optimalen Investitions- und Finanzierungsprogramms anhand des Ein-Perioden-Falls bei den klassischen kapitaltheoretischen Modellen zur simultanen Investitions- und Finanzplanung im Detail dar!

Lösung

Die Bestimmung des optimalen Investitions- und Finanzierungsprogramms kann – unter den in der Aufgabenstellung genannten Voraussetzungen (Ein-Perioden-Fall, klassische kapitaltheoretische Modelle, simultane Investitions- und Finanzplanung) – mit einem einfachen Rangordnungsverfahren auf Basis der internen Zinsfüße erfolgen:

(1) Berechnung des internen Zinsfußes für jedes Investitionsprojekt.

(2) Ordnung der Investitionsprojekte nach der Höhe der internen Zinsfüße, wobei das Investitionsprojekt mit dem größten internen Zinsfuß an die erste Stelle gesetzt wird. Grafisch ergibt sich somit die Kapitalnachfragefunktion.

(3) Berechnung des internen Zinsfußes für jedes Finanzierungsprojekt.

(4) Ordnung der Finanzierungsprojekte nach der Höhe der internen Zinsfüße, wobei das Finanzierungsprojekt mit dem kleinsten internen Zinsfuß an die erste Stelle gesetzt wird. Grafisch ergibt sich somit die Kapitalangebotsfunktion.

(5) Ermittlung des optimalen Investitions- und Finanzierungsprogramms aus den beiden Prioritätenlisten; Schritt für Schritt werden so lange Investitionsprojekte in das Investitionsprogramm aufgenommen, bis der interne Zinsfuß des nächsten aufzunehmenden Investitionsprojektes kleiner ist als der interne Zinsfuß (die Kapitalkosten) des nächsten Finanzierungsprojektes.

Aufgabe 7.3: *Dean*-Modell[50]

Die betriebswirtschaftliche Abteilung der Holzwurm AG ist mit der Planung des optimalen Investitions- und Finanzierungsprogramms für das kommende Jahr beschäftigt. Es stehen vier Investitionsobjekte (P1, P2, P3, P4) mit jeweils einer einjährigen Nutzungsdauer zur Auswahl, für die folgende Anschaffungsauszahlungen in t = 0 und Einzahlungen am Jahresende t = 1 geschätzt werden:

Investitionsobjekt	Anschaffungsauszahlung in t = 0 (EUR)	Einzahlung in t = 1 (EUR)
P1	10.400	10.660
P2	12.750	14.280
P3	6.996	7.579
P4	8.500	8.840

Für Investitionszwecke stehen 15.000 EUR an Eigenkapital (EK) zur Verfügung, die, falls sie nicht für Investitionen genutzt werden, zu 3 % p. a. angelegt werden können. Ferner besteht die Möglichkeit, zwei einjährige Kredite (K1, K2) aufzunehmen. Für den Kredit K1, der i. H. v. 5.000 EUR zur Verfügung steht, gilt ein Zins von 4,5 % p. a.; der Zins für den Kredit K2 i. H. v. 20.000 EUR beträgt 7 % p. a.

a) Erläutern Sie allgemein, wie mit Hilfe des *Dean*-Modells das optimale Investitions- und Finanzierungsprogramm ermittelt werden kann! Gehen Sie dabei auch auf die Voraussetzungen des *Dean*-Modells ein!

b) Ermitteln Sie für die obige Situation das optimale Investitions- und Finanzierungsprogramm!

---

[50] Modifiziert entnommen aus *Adam, Dietrich*: Investitionscontrolling, 3. Aufl., München/Wien 2000, S. 427.

Lösung

Teilaufgabe a)

Die Methode des Capital-Budgeting nach *Dean* dient der simultanen Bestimmung des optimalen Investitions- und Finanzierungsprogramms. Es können dabei explizit verschiedene Investitions- und Finanzierungsstrategien mit zugehörigen Renditen und Sollzinsen berücksichtigt werden. Vorgehensweise:

- **Bestimmung der Kapitalnachfragefunktion** der Investitionsobjekte: Es wird die interne Verzinsung jedes Investitionsobjekts ermittelt und die Investitionsobjekte werden nach der Höhe ihrer internen Zinsfüße abfallend geordnet.
- **Bestimmung der Kapitalangebotsfunktion:** Die Finanzierungsobjekte werden nach der Höhe ihres Effektivzinses i aufsteigend geordnet.
- **Ermittlung der Schnittpunktlösung:** Kapitalnachfrage- und Kapitalangebotsfunktion werden in einem Koordinatensystem dargestellt, auf dessen Abszisse das „Kapital" und auf dessen Ordinate „Rendite" und „Sollzins" abgetragen werden. Alle Objekte links vom Schnittpunkt der beiden Funktionen sind im Optimalprogramm enthalten.

Nur unter folgenden Prämissen ist gewährleistet, dass mit dem *Dean*-Modell tatsächlich das optimale Investitions- und Finanzierungsprogramm ermittelt wird:

- Unabhängigkeit der Investitions- und Finanzierungsobjekte, d. h., es dürfen keine wechselseitigen Ausschlüsse oder sonstigen Koppelungen zwischen den Objekten existieren;
- Einperiodigkeit, d. h., alle Investitions- und Finanzierungsobjekte sind nach einer Periode vollständig abgewickelt, ohne dass Auswirkungen auf spätere Perioden existieren;
- beliebige Teilbarkeit der Investitions- und Finanzierungsobjekte;
- reine Fremdfinanzierung.

Teilaufgabe b)

Bestimmung der Kapitalnachfragefunktion:

Die interne Verzinsung r eines Investitionsobjekts lässt sich bei einer einjährigen Nutzungsdauer nach der folgenden Formel bestimmen:

$$r = \frac{\text{Einzahlung (in t = 1)} - \text{Auszahlung (in t = 0)}}{\text{Auszahlung (in t = 0)}} = \frac{\text{Einzahlung (in t = 1)}}{\text{Auszahlung (in t = 0)}} - 1$$

Für die Zahlen der Aufgabenstellung ergibt sich:

Investitions-objekt	Auszahlung in t = 0 (EUR)	Einzahlung in t = 1 (EUR)	Differenz (EUR)	r
P1	10.400	10.660	260	2,5 % p. a.
P2	12.750	14.280	1.530	12 % p. a.
P3	6.996	7.579	583	8,33 % p. a.
P4	8.500	8.840	340	4 % p. a.

Geordnet nach abfallendem internen Zinsfuß ergibt sich folgende Reihenfolge der Investitionsobjekte:

Investitionsobjekt	r	Kapitalbedarf in t = 0 (EUR)	Kum. Kapitalbedarf in t = 0 (EUR)
P2	12 % p. a.	12.750	12.750
P3	8,33 % p. a.	6.996	19.746
P4	4 % p. a.	8.500	28.246
P1	2,5 % p. a.	10.400	38.646

Bestimmung der Kapitalangebotsfunktion:

Das *Dean*-Modell wurde ursprünglich für reine Fremdfinanzierungen entwickelt. Zur Berücksichtigung des Eigenkapitals gibt es allerdings zwei verschiedene Vorschläge:

- Das Eigenkapital wird als Finanzierungsobjekt behandelt und in der Kapitalangebotsfunktion mit dem Habenzinssatz angesetzt.
- Das Eigenkapital wird in der Kapitalangebotsfunktion mit Finanzierungskosten von Null und in der Kapitalnachfragefunktion mit einer internen Verzinsung in Höhe der Habenzinsen angesetzt.

Da in der Aufgabenstellung der Habenzinssatz mit 3 % p. a. kleiner als der kleinste Sollzins mit 4,5 % p. a. ist, ist es unschädlich, das Eigenkapital nur als Finanzierungsobjekt zu behandeln und in die Kapitalangebotsfunktion mit dem Habenzinssatz von 3 % p. a. anzusetzen. Es ergibt sich damit – geordnet nach aufsteigendem Effektivzinssatz – folgende Kapitalangebotsfunktion:

Finanzierungsobjekt	i	Kapitalbetrag in t = 0 (EUR)	Kum. Kapitalbetrag (EUR)
EK	3 % p. a.	15.000	15.000
K1	4,5 % p. a.	5.000	20.000
K2	7 % p. a.	20.000	40.000

Grafische Darstellung:

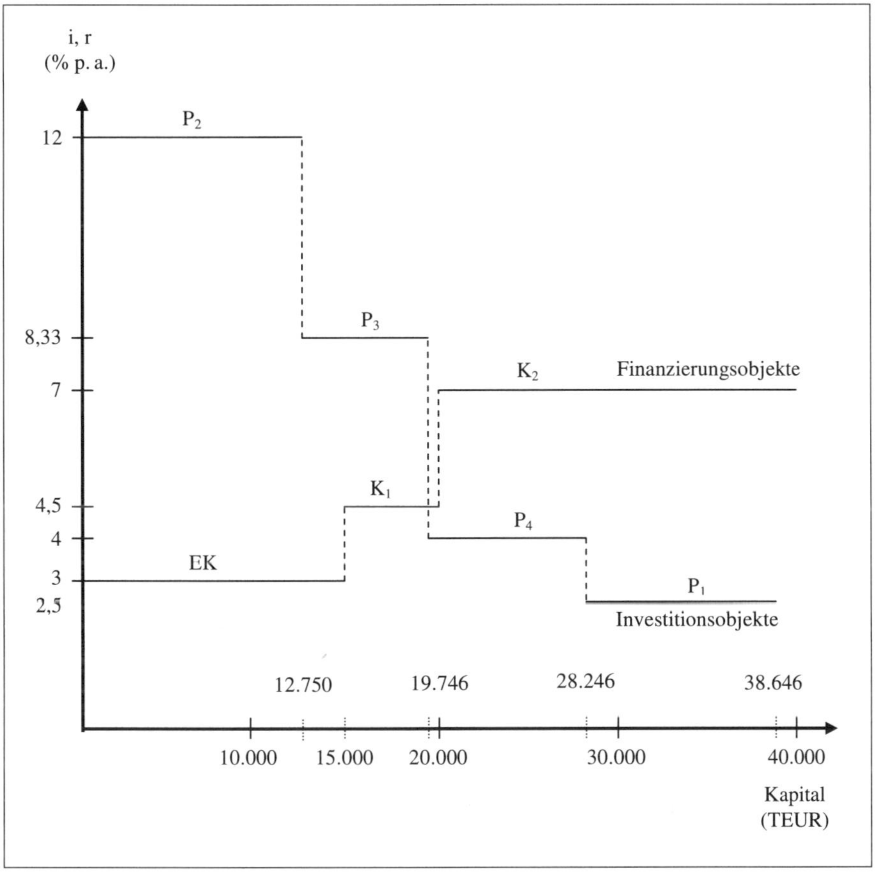

Abbildung 9: Kapitalangebots- und Kapitalnachfragefunktion

Es ist optimal, die Investitionsobjekte P2 und P3 zu verwirklichen. Dazu werden das gesamte Eigenkapital sowie 4.746 EUR von K1 eingesetzt.

Aufgabe 7.4: *Dean*-Modell[51]

Der Zwei-Punkt-OHG stehen im Zeitpunkt t = 0 folgende drei Investitionsmöglichkeiten offen, die jeweils nach genau 1 Jahr (t = 1) abgeschlossen sein werden:

Investitionsprojekt	Zahlungen in t = 0 Z_0 (TEUR)	Zahlungen in t = 1 Z_1 (TEUR)
I	– 6,00	+ 6,66
II	– 5,00	+ 5,38
III	– 13,00	+ 14,30

Außerdem können Beträge in beliebigem Umfang zu 6 % p. a. für 1 Jahr verzinslich angelegt werden. Die Zwei-Punkt-OHG verfügt über 10.000 EUR Eigenkapital. Zudem verfügt sie über eine noch freie Kreditlinie von 16.000 EUR; die Beanspruchung dieses Kredits verursacht Zinskosten von 12 % p. a. Die Zwei-Punkt-OHG will das in t = 1 erzielbare Endvermögen maximieren.

a) Welche Investitions- und Finanzierungsentscheidungen sind zu treffen, wenn alle Investitionsprojekte beliebig teilbar sind? Wie hoch ist in diesem Fall der in t = 1 gegenüber der Unterlassensalternative erzielbare Endvermögenszuwachs ΔC_n?

b) Welches sind die optimalen Investitions- und Finanzierungsentscheidungen, wenn die Investitionsprojekte unteilbar sind? Wie hoch ist ΔC_n nun?

Lösung

Teilaufgabe a)

Die interne Verzinsung r_I eines Investitionsprojekts I kann bei einer einjährigen Nutzungsdauer nach der folgenden Formel bestimmt werden:

$$r_I = -\frac{Z_1^I}{Z_0^I} - 1$$

[51] Geringfügig modifiziert entnommen aus *Bitz, Michael; Ewert, Jürgen*: Übungen in Betriebswirtschaftslehre, 8. Aufl., München 2014, S. 146 und S. 442–444.

Dabei gilt:

r_I: Interner Zinsfuß des Investitionsprojekts I;

Z_1^I: Einzahlung am Ende der Nutzungsdauer in t = 1;

Z_0^I: Anschaffungsauszahlung in t = 0;

I: Investitionsprojekte 1, 2, ..., n.

Beliebige Teilbarkeit der Investitionsprojekte:

Investitionsprojekte I	Interner Zinsfuß r_I	Rangfolge
P I	$-\frac{6{,}66}{-6{,}00} - 1 = 0{,}11 = 11\,\%$ p. a.	1.
P II	$-\frac{5{,}38}{-5{,}00} - 1 = 0{,}076 = 7{,}6\,\%$ p. a.	3.
P III	$-\frac{14{,}30}{-13{,}00} - 1 = 0{,}10 = 10\,\%$ p. a.	2.

Finanzierungsprojekte F	Interner Zinsfuß i_F	Rangfolge
Eigenkapital	6 % p. a.	1.
Fremdkapital	12 % p. a.	2.

Dabei gilt:

i_F: Interner Zinsfuß des Finanzierungsprojekts F;

F: Finanzierungsprojekte 1, 2, …, n.

Gemäß der nachfolgenden Abbildung sollten die Investitionsprojekte P I und $\frac{4}{13}$ von P III mit Eigenkapital realisiert werden.

$$\Delta C_n = 6{,}66 + \frac{4}{13} \cdot 14{,}3 - 10 \cdot 1{,}06 = 0{,}46 \text{ TEUR bzw.}$$

$$\Delta C_u = 6 \cdot (0{,}11 - 0{,}06) + 4 \cdot (0{,}10 - 0{,}06) = 0{,}46 \text{ TEUR}$$

(= Fläche zwischen Angebots- und Nachfragefunktion links des Schnittpunkts)

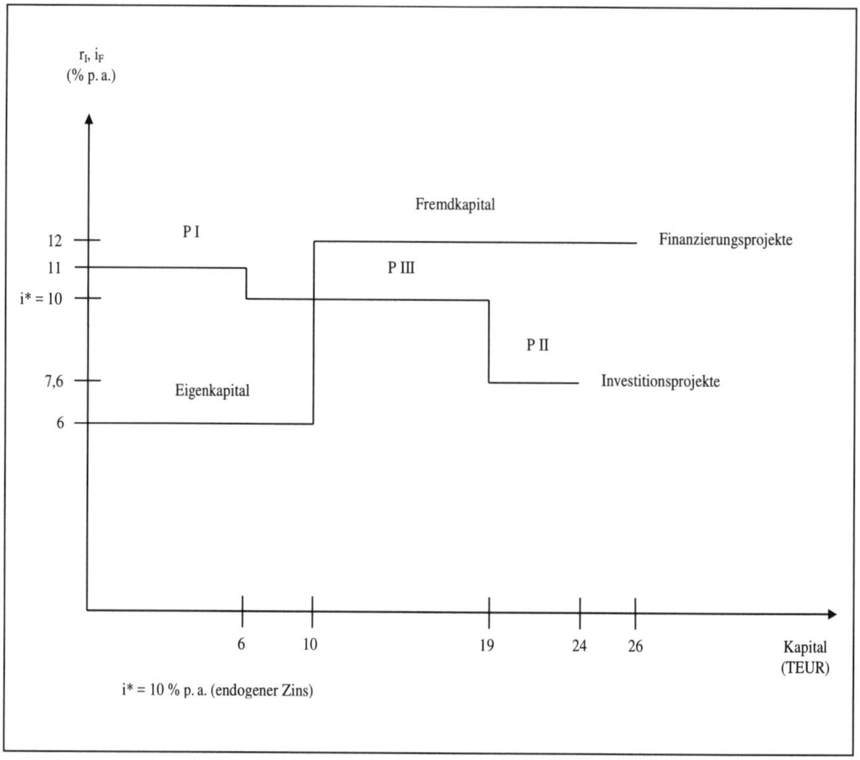

Abbildung 10: Bestimmung des optimalen Investitions- und Finanzierungsprogramms anhand der Kapitalnachfrage- und Kapitalangebotskurve

Teilaufgabe b)

Unteilbarkeit der Investitionsprojekte:

Investitionsprojekt I wird mit $\frac{6}{10}$ des Eigenkapitals finanziert.

$$\Delta C_n = 6{,}66 - \frac{6}{10} \cdot (10 \cdot 1{,}06) = 0{,}3 \text{ TEUR}$$

7.3 Die Ansätze der linearen Programmierung zur simultanen Investitions- und Finanzprogrammplanung

Aufgabe 7.5: Simultane Investitions- und Finanzprogrammplanung[52]

Die Zeit AG soll in 3 Jahren liquidiert werden; bis dahin könnten noch die durch folgende Zahlungsreihen gekennzeichneten Investitionsprojekte i = 1, 2, 3, 4 durchgeführt werden (Beträge in TEUR):

i/t	0	1	2	3
1	– 100	+ 20	+ 20	+ 100
2	– 100	+ 100	+ 10	+ 10
3	–	– 130	+ 100	+ 60
4	–	–	– 100	+ 120

In den Zeitpunkten t = 0, 1, 2 können jeweils einjährige Kredite zu 10 % p. a. aufgenommen werden, allerdings jeweils höchstens bis zu einem Maximalbetrag von 100 TEUR. Außerdem können in t = 0 und t = 1 jeweils nach 2 Jahren zu tilgende Kredite in beliebiger Höhe mit einem jährlich fälligen Zins von 8 % p. a. aufgenommen werden. Das Gesamtausmaß der Verschuldung darf allerdings in keinem Zeitpunkt ein Volumen von 150 TEUR überschreiten. Freie Mittel können jederzeit zu 5 % p. a. für 1 Jahr angelegt werden.

a) Formulieren Sie ein lineares Programm zur Bestimmung der Kombination von Investitions- und Finanzierungsprojekten, die zu der höchsten Schlussentnahme in t = 3 führt! Gehen Sie davon aus, dass die Investitionsprojekte auch zu beliebigen Bruchteilen, höchstens jedoch genau einmal durchgeführt werden können.

b) Überprüfen Sie, welche der folgenden Investitions- und Finanzierungsteilpläne realisierbar sind:

   (1) Realisierung der Investitionsprojekte 1 und 2.

[52] Geringfügig modifiziert entnommen aus *Bitz, Michael; Ewert, Jürgen*: Übungen in Betriebswirtschaftslehre, 8. Aufl., München 2014, S. 148–149 und S. 449–451.

(2) Durchführung der Investitionsprojekte 1, 3 und 4; Aufnahme eines zweijährigen Kredits über 150 TEUR in t = 0; Anlage etwaiger Überschüsse zu 5 % p. a.

(3) Durchführung der Investitionsprojekte 2, 3 und 4 bei gleicher Finanzierung wie in (2).

c) Wie ändert sich der gemäß Teilaufgabe a) formulierte Programmansatz, wenn als Zielsetzung angestrebt wird, in den Zeitpunkten t = 1, 2, 3 jeweils den gleichen möglichst hohen Betrag zu entnehmen?

Lösung

Teilaufgabe a)

Die den Investitionsprojekten entsprechenden Aktionsvariablen bezeichnen wir mit x_i; die den Kreditmöglichkeiten entsprechenden mit y_{01} bei Kreditaufnahme in t = 0 und Tilgung in t = 1, y_{02} bei Aufnahme in t = 0 und Tilgung in t = 2 etc. Entsprechend sind die der Zwischenanlage zugehörigen Variablen mit x_{01}, x_{12} und x_{23} definiert. Der Betrag der Schlussentnahme (= Endvermögen) wird mit EV bezeichnet. Der lineare Programmansatz hat dann folgendes Aussehen:

Die **Finanzrestriktionen** für t = 0, 1, 2 haben grundsätzlich die Form „Einzahlungen ≥ Auszahlungen", also gilt:

$$t = 0: \quad y_{01} + y_{02} \geq 100x_1 + 100x_2 + x_{01}$$

$$t = 1: \quad y_{12} + y_{13} + 20x_1 + 100x_2 + 1{,}05x_{01} \geq 1{,}1y_{01} + 0{,}08y_{02} + 130x_3 + x_{12}$$

Erläuterungen:

In der Finanzrestriktion für t = 1 sind zunächst links die aus möglichen Kreditaufnahmen resultierenden Einzahlungen aufgeführt, rechts die für Zins und Tilgung (soweit fällig) der in t = 0 aufgenommenen Kredite anfallenden Auszahlungen. Darüber hinaus sind in der Finanzrestriktion für t = 1 links die aus den in t = 0 eingeleiteten Investitionen (einschließlich Zwischenanlage) resultierenden Einzahlungen aufgeführt, rechts die für etwaige neue Investitionen (einschließlich neuer Zwischenanlage) notwendigen Auszahlungen.

$$t = 2: \quad y_{23} + 20x_1 + 10x_2 + 100x_3 + 1{,}05x_{12} \geq 1{,}08y_{02} + 1{,}1y_{12} + 0{,}08y_{13} + 100x_4 + x_{23}$$

Der Aufbau der Finanzrestriktion für t = 2 erfolgt analog der für t = 1 formulierten Nebenbedingung.

Da die Projekte nicht in unbegrenztem Ausmaß durchgeführt werden können, gelten außerdem folgende **Projektrestriktionen**:

$x_1 \leq 1$; $x_2 \leq 1$; $x_3 \leq 1$; $x_4 \leq 1$;

$y_{01} \leq 100$; $y_{12} \leq 100$; $y_{23} \leq 100$;

$y_{01} + y_{02} \leq 150$;

$y_{02} + y_{12} + y_{13} \leq 150$;

$y_{13} + y_{23} \leq 150$.

Erläuterungen:

Die ersten beiden Projektrestriktionen bringen jeweils die projektspezifischen Begrenzungen des Realisierungsniveaus der Investitionsprojekte und der kurzfristigen (einjährigen) Kreditmöglichkeiten zum Ausdruck. In den letzten drei Projektrestriktionen wird demgegenüber verlangt, dass die Gesamtheit der in Anspruch genommenen Kredite in keinem Zeitpunkt das Limit von 150 TEUR übersteigt.

Daneben unterliegen alle Aktionsvariablen den üblichen Nicht-Negativitätsbedingungen.

Als **Zielfunktion** schließlich ist der in t = 3 erzielbare Überschuss der Einzahlungen über die Auszahlungen zu maximieren, also:

$$EV = (100x_1 + 10x_2 + 60x_3 + 120x_4 + 1{,}05x_{23}) - (1{,}1y_{23} + 1{,}08y_{13}) \rightarrow \max!$$

Teilaufgabe b)

Zur Beantwortung der Frage ist zu überprüfen, ob die den angegebenen Investitions- und Finanzierungsplänen entsprechenden Werte der Aktionsvariablen den unter Teilaufgabe a) aufgeführten Finanz- und Projektrestriktionen entsprechen.

(1) Diesem Plan zufolge sollte $x_1 = 1$ und $x_2 = 1$ gelten. Setzt man nun für die Zwischenanlage $x_{01} = 0$, so müsste für die Finanzrestriktion in t = 0 gelten:

$y_{01} + y_{02} \geq 200$.

Dem steht jedoch die Projektrestriktion

$y_{01} + y_{02} \leq 150$

entgegen, d. h., die im Zeitpunkt t = 0 notwendig werdende Kreditaufnahme von 200 TEUR ist angesichts der bestehenden Verschuldungsgrenze **nicht realisierbar**.

(2) Diesem Plan zufolge sollte gelten:

$x_1 = 1$; $x_2 = 0$; $x_3 = 1$; $x_4 = 1$;

$y_{02} = 150$.

Dabei impliziert der für y_{02} angesetzte Wert zum einen für t = 0 eine Zwischenanlage von $x_{01} = 50$ und – angesichts der bestehenden Kreditrestriktionen – zum anderen, dass $y_{01} = 0$, $y_{12} = 0$ und $y_{13} = 0$ gelten muss.

Setzen wir diese Werte nun in die Finanzrestriktionen ein, so ergibt sich:

t = 0: $0 + 150 \geq 100 + 0 + 50$ (zulässige Finanzrestriktion)

t = 1: $0 + 0 + 20 + 0 + 52{,}5 \geq 0 + 12 + 130 + x_{12}$

$\rightarrow 72{,}5 \geq 142 + x_{12}$

Diese Relation könnte aber nur für einen negativen Wert von x_{12} erfüllt sein, d. h., wenn noch weitere Geldaufnahmemöglichkeiten bestünden. Dies ist jedoch de facto nicht der Fall. Mithin ist auch dieses Investitions- und Finanzierungsprogramm **unzulässig**, da es den bestehenden Finanzierungsrahmen sprengen würde.

(3) Nach diesem Plan würde gelten:

$x_1 = 0$; $x_2 = 1$; $x_3 = 1$; $x_4 = 1$; $x_{01} = 50$;

$y_{01} = 0$; $y_{02} = 150$; $y_{12} = 0$; $y_{13} = 0$.

Dementsprechend ergibt sich für die Finanzrestriktionen:

t = 0: $0 + 150 \geq 0 + 100 + 50$ (zulässige Finanzrestriktion)

t = 1: $0 + 0 + 0 + 100 + 52{,}5 \geq 0 + 12 + 130 + x_{12}$

$\rightarrow 152{,}5 \geq 142 + x_{12}$

Für den zulässigen Wert von $x_{12} = 10{,}5$ ist diese Restriktion offenbar gerade als Gleichung erfüllt. Rechnet man mit diesem Wert für x_{12} weiter, so ergibt sich:

t = 2: $y_{23} + 0 + 10 + 100 + 11{,}025 \geq 162 + 0 + 0 + 100 + x_{23}$

$\rightarrow y_{23} + 121{,}025 \geq 262 + x_{23}$

Setzt man $x_{23} = 0$, so ist diese Restriktion für $y_{23} = 140{,}975$ gerade als Gleichung erfüllt. Dieser Wert, den y_{23} mindestens annehmen müsste, verletzt jedoch die für die kurzfristigen Kredite grundsätzlich geltende Grenze ($y_{23} \leq 100$). Mithin ist auch dieses Investitions- und Finanzierungsprogramm **unzulässig**, da es ebenfalls die bestehenden Finanzrestriktionen verletzt.

Teilaufgabe c)

Bezeichnet man den für die Zeitpunkte t = 1, 2, 3 vorgesehenen Ausschüttungsbetrag mit c, so sind die Finanzrestriktionen und die Zielfunktion wie folgt zu modifizieren:

t = 0: wie unter Teilaufgabe a)

$$t = 1: \quad c = (y_{12} + y_{13}) + (20x_1 + 100x_2 + 1{,}05x_{01}) - (1{,}1y_{01} + 0{,}08y_{02}) - (130x_3 + x_{12})$$

$$t = 2: \quad c = y_{23} + (20x_1 + 10x_2 + 100x_3 + 1{,}05x_{12}) - (1{,}08y_{02} + 1{,}1y_{12} + 0{,}08y_{13}) - (100x_4 + x_{23})$$

$$t = 3: \quad c = (100x_1 + 10x_2 + 60x_3 + 120x_4 + 1{,}05x_{23}) - (1{,}1y_{23} + 1{,}08y_{13})$$

Zielfunktion: $c \rightarrow \max!$

Die Projektrestriktionen bleiben unverändert gültig.

Aufgabe 7.6: Modell von *Albach*[53]

Die Medien AG möchte für ihre beiden Produkte „DVD-Rohlinge“ und „CD-Rohlinge“ das Investitions- und Finanzierungsprogramm mit Hilfe des Modells von *Albach* simultan planen. Drei Investitionsalternativen und zwei Finanzierungsmöglichkeiten stehen der Medien AG zur Verfügung. Die Planung soll nach 3 Jahren abgeschlossen sein.

Investitionsobjekte:

Beträge in EUR	t = 0	t = 1	t = 2	t = 3	Kapitalwert (c_j)
Anlage I	– 70.000	35.000	30.000	30.000	9.151,01
Anlage II	– 35.000	15.000	25.000	20.000	14.323,82
Anlage III	– 50.000	23.000	23.000	30.000	12.456,80

Finanzierungsobjekte:

	Höchstgrenze (EUR)	Verzinsung (% p. a.)
Kredit A	300.000	13
Kredit B	250.000	11

53 Modifiziert entnommen aus *Bieg, Hartmut; Kußmaul, Heinz; Waschbusch, Gerd*: Investition, 3. Aufl., München 2016, S. 225–230; *Götze, Uwe*: Investitionsrechnung, 7. Aufl., Berlin/Heidelberg 2014, S. 326–330.

Bei den Krediten erfolgen die Einzahlungen jeweils in voller Höhe in t = 0, Tilgungen und Zins- bzw. Zinseszinszahlungen jeweils im Zeitpunkt t = 3.

Mit den Anlagen I und II können die DVD-Rohlinge hergestellt werden und mit der Anlage III die CD-Rohlinge.

Die geplanten Stückzahlen pro Jahr und pro Einheit eines Investitionsobjekts sowie die Absatzgrenzen lauten für jede Periode:

Investitionsobjekt	Stückzahl pro Einheit des Investitions-objekts (ME/Jahr)	Produkt	Absatzgrenze für das jeweilige Produkt (ME/Jahr)
Anlage I	7.500	DVD-Rohlinge	40.000
Anlage II	2.000		
Anlage III	10.000	CD-Rohlinge	50.000

Weiterhin ist zu beachten:

- Das Investitionsobjekt II soll höchstens 3mal verwirklicht werden.
- Es sind nur ganze Einheiten von Investitionsobjekten zu realisieren.
- In t = 0 stehen 20.000 EUR an Eigenmitteln zur Verfügung.
- Der Kalkulationszinssatz beträgt 10 % p. a.

Formulieren Sie in Anlehnung an das Modell von *Albach* ein optimales Investitions- und Finanzierungsprogramm!

Lösung

Definition der zu verwendenden Variablen und Parameter:

- Variablen:

  x_j: Anzahl der Einheiten des Investitionsobjekts j = 1, 2, 3;
  y_i: Anzahl der Einheiten des Finanzierungsobjekts i = 1, 2.

- Parameter:

  c_j: Kapitalwert je Einheit des Investitionsobjekts j = 1, 2, 3;
  v_i: Kapitalwert je Einheit des Finanzierungsobjekts i = 1, 2.

Zunächst müssen die Kapitalwerte der Investitions- und Finanzierungsobjekte berechnet werden. Die Kapitalwerte der Investitionsobjekte (c_j) sind bereits in der ersten Datentabelle der Aufgabenstellung enthalten. Die Berechnung der Kapitalwerte für die Finanzierungsobjekte (v_i) wird im Folgenden am Beispiel des Finanzierungsobjekts I (Kredit A) erläutert:

Erfolgt im Zeitpunkt $t = 0$ eine Einzahlung aus Kredit A i. H. v. 1 EUR, so beträgt die zugehörige Auszahlung im Zeitpunkt $t = 3$ für Kredit A $1 \text{ EUR} \cdot 1{,}13^3 = 1{,}442897$ EUR. Der auf 1 EUR bezogene Kapitalwert des Finanzierungsobjekts I (v_1) lässt sich dann wie folgt berechnen:

$$v_1 = 1 - (1 \cdot 1{,}13^3) \cdot 1{,}1^{-3} = -0{,}084070$$

Für v_2 ergibt sich:

$$v_2 = 1 - (1 \cdot 1{,}11^3) \cdot 1{,}1^{-3} = -0{,}027521$$

Nun kann die Zielfunktion formuliert werden:

Zielfunktion:

$$9.151{,}01 \cdot x_1 + 14.323{,}82 \cdot x_2 + 12.456{,}80 \cdot x_3 - 0{,}084070 \cdot y_1 - 0{,}027521 \cdot y_2 \rightarrow \max!$$

Liquiditätsrestriktionen:

$$t = 0\text{: } 70.000 \cdot x_1 + 35.000 \cdot x_2 + 50.000 \cdot x_3 - y_1 - y_2 \leq 20.000$$

Für $t = 1$ ergibt sich folgende Liquiditätsnebenbedingung:

$$[70.000 + (-35.000)] \cdot x_1 + [35.000 + (-15.000)] \cdot x_2 + [50.000 + (-23.000)] \cdot x_3 - y_1 - y_2 \leq 20.000$$

$$\rightarrow \quad 35.000 \cdot x_1 + 20.000 \cdot x_2 + 27.000 \cdot x_3 - y_1 - y_2 \leq 20.000$$

Für die nachfolgenden Zeitpunkte lassen sich die Liquiditätsnebenbedingungen analog bestimmen:

$$t = 2\text{: } 5.000 \cdot x_1 - 5.000 \cdot x_2 + 4.000 \cdot x_3 - y_1 - y_2 \leq 20.000$$

$$t = 3\text{: } -25.000 \cdot x_1 - 25.000 \cdot x_2 + 26.000 \cdot x_3 + 0{,}442897 \cdot y_1 + 0{,}367631 \cdot y_2 \leq 20.000$$

Produktions- bzw. Absatzbedingungen:

$$7.500 \cdot x_1 - 2.000 \cdot x_2 \leq 40.000$$

$$10.000 \cdot x_3 \leq 50.000$$

Projektbedingungen:

$$x_2 \leq 3$$

$$y_1 \leq 300.000$$

$$y_2 \leq 250.000$$

Nichtnegativitätsbedingungen:

$x_j \geq 0$ für j = 1, 2, 3

$y_i \geq 0$ für i = 1, 2

Aufgabe 7.7: Modell von *Hax* und *Weingartner*[54]

Einem Investor stehen vier sich nicht gegenseitig ausschließende Investitionsalternativen zur Auswahl. Zur Finanzierung dieser Investitionsobjekte stehen zum Zeitpunkt t = 0 Eigenmittel i. H. v. 50.000 EUR zur Verfügung. Darüber hinaus können zur Finanzierung der Investitionsobjekte zwei Bankkredite zu bestimmten Konditionen aufgenommen werden. Die Zahlungsreihen der jeweiligen Investitionsobjekte, die Zinssätze sowie die maximalen Kreditaufnahmebeträge können den beiden folgenden Tabellen entnommen werden:

Investitionsobjekte	Nettozahlungen (EUR)				
	t = 0	t = 1	t = 2	t = 3	t = 4
Objekt 1	– 90.000	45.000	40.000	40.000	—
Objekt 2	– 45.000	24.000	23.000	24.000	—
Objekt 3		– 80.000	35.000	35.000	40.000
Objekt 4			– 170.000	75.000	80.000

Finanzierungsobjekte	Zinssatz (% p. a.)	Max. Kreditaufnahmebetrag (EUR)
Kredit 1	14	1.350.000
Kredit 2	11	800.000

Bei den Finanzierungsobjekten gilt es, folgende Besonderheiten zu beachten: Bei Kredit 1 findet die Einzahlung in t = 0 statt, die Zinszahlungen erfolgen jeweils am Jahresende, die Tilgung hingegen in t = 3. Kredit 2 führt in t = 1 zu einer Einzahlung, wobei allerdings ein Disagio von 5 % den Berechnungen zugrunde zu legen ist. Zinsen, Zinseszinsen und die Tilgung stehen bei dieser Finanzierungsalternative in t = 4 zur Zahlung an.

Mit Hilfe der Investitionsobjekte 1 und 2 kann Produkt A gefertigt werden, mit den Investitionsobjekten 3 und 4 Produkt B. Die geplanten Stückzahlen sowie die im Planungszeitraum vorgegebenen Absatzhöchstgrenzen lauten:

---

54 In Anlehnung an *Götze, Uwe*: Investitionsrechnung, 7. Aufl., Berlin/Heidelberg 2014, S. 334–342.

Investitionsobjekte	Stückzahl pro Periode	Produktarten	Absatzhöchstgrenze pro Periode
Objekt 1	16.000	A	70.000
Objekt 2	4.500	A	
Objekt 3	17.500	B	130.000
Objekt 4	20.000	B	

Des Weiteren ist zu beachten, dass zum einen alle vier Investitionsobjekte unteilbare Einheiten darstellen und zum anderen die Investitionsobjekte 1 und 2 bzw. 3 und 4 jeweils in der gleichen Anzahl zu realisieren sind.

a) Formulieren Sie zu obigem Problem ein Lineares Programm gemäß dem Modell von *Hax* und *Weingartner* unter der Zielsetzung der Maximierung des Vermögensendwerts, wenn Finanzmittelüberschüsse jeweils für 1 Jahr zu einem Zinssatz von 8 % p. a. (Finanzinvestition) angelegt werden können!

b) Wie verändert sich das erstellte Lineare Programm, wenn es folgende Modifikationen zu beachten gilt (die folgenden Teilaufgaben sind allesamt isoliert zu betrachten):

(1) Sämtliche Sachinvestitionsobjekte dürfen maximal einmal realisiert werden.

(2) Die Laufzeit von Kredit 1 beträgt lediglich 2 Jahre.

(3) Die überschüssigen Finanzmittel dürfen in jeder Periode höchstens bis zu einem Betrag von 200.000 EUR angelegt werden.

Lösung

Teilaufgabe a)

Der Vermögensendwert stellt den in t = 4 (als letzte im Planungszeitraum berücksichtigte Periode) erwirtschafteten Zahlungsmittelüberschuss dar.

In einem ersten Schritt sind zunächst die im Linearen Programm (LP) verwendeten Variablen zu definieren:

x_j: Anzahl der realisierten Einheiten des jeweiligen Investitionsobjekts j (j = 1, ..., 4);

y_i: Umfang der Inanspruchnahme des Kredits i (i = 1, 2);

x_{5t}: Umfang der zum Zeitpunkt t (t = 0, ..., 3) realisierten kurzfristigen Investitionsmöglichkeit 5 (Finanzinvestition).

Nach der Variablendefinition ist es sinnvoll, die zu den verschiedenen Zeitpunkten anfallenden Ein- und Auszahlungen pro Investitions- und Finanzierungsobjekt sowie die zur freien Disposition stehenden Eigenmittel nochmals im Zeitablauf darzustellen.

	Nettozahlungen (EUR)				
	t = 0	t = 1	t = 2	t = 3	t = 4
Objekt 1	– 90.000	45.000	40.000	40.000	—
Objekt 2	– 45.000	24.000	23.000	24.000	—
Objekt 3	—	– 80.000	35.000	35.000	40.000
Objekt 4	—	—	– 170.000	75.000	80.000
Kredit 1	1	– 0,14	– 0,14	– 1,14	—
Kredit 2	—	0,95	—	—	– 1,367631
Eigenmittel	50.000	—	—	—	—

Als Zielfunktionswert soll der Vermögensendwert dienen, der als positive Komponenten die zum Zeitpunkt t = 4 erwirtschafteten Einzahlungsüberschüsse der Objekte 3 und 4 und die aufgezinste kurzfristige Finanzinvestition aus Periode t = 3 umfasst. Dem gegenüber steht der zu leistende Kapitaldienst von Kredit 2.

Somit lautet die zu maximierende **Zielfunktion**:

$$40.000 \cdot x_3 + 80.000 \cdot x_4 + 1{,}08 \cdot x_{53} - 1{,}367631 \cdot y_2 \rightarrow \max!$$

Die wichtigste Nebenbedingung, nämlich die Wahrung der Liquidität in allen Perioden des Planungszeitraums, muss derart formuliert werden, dass in jeder Periode t (t = 0, ..., 3) die Summe der auftretenden Auszahlungsüberschüsse (Kapitalbedarf) maximal so groß ist wie die in derselben Periode zur freien Disposition stehenden Eigenmittel zuzüglich etwaiger aufgenommener Kredite (Kapitaldeckung) und Einzahlungsüberschüsse der einzelnen Investitionsobjekte. Daraus lässt sich für den Zeitpunkt t = 0 folgende Liquiditätsrestriktion ableiten:

$$90.000 \cdot x_1 + 45.000 \cdot x_2 + x_{50} = 50.000 + y_1$$

In der Periode 2 besteht – bei einer Aufnahme von Kredit 1 in t = 1 – ein Kapitalbedarf i. H. v. 0,14 EUR pro EUR an aufgenommenem Fremdkapital, bei Realisation von Objekt 3 ein Kapitalbedarf von 80.000 EUR pro Einheit des Objektes 3 sowie die Möglichkeit, Finanzmittelüberschüsse für ein Jahr zu 8 % p. a. anzulegen. Demgegenüber steht als Kapitaldeckungsbetrag die Summe aus den jeweiligen Einzahlungsüberschüssen der Investitionsobjekte 1 und 2, dem erhaltenen verzinsten Finanzmittelüberschuss aus t = 0 und der Aufnahmemöglichkeit von Kredit 2 zur Verfügung:

Kapitalbedarf: $0{,}14 \cdot y_1 + 80.000 \cdot x_3 + x_{51}$

Kapitaldeckung: $45.000 \cdot x_1 + 24.000 \cdot x_2 + 1{,}08 \cdot x_{50} + 0{,}95 \cdot y_2$

Um das finanzielle Gleichgewicht in t = 1 aufrecht zu erhalten, muss der Kapitalbedarf dem Kapitaldeckungsbetrag entsprechen. Man erhält somit für t = 1 folgende Liquiditätsrestriktion:

$$0{,}14 \cdot y_1 + 80.000 \cdot x_3 + x_{51} = 45.000 \cdot x_1 + 24.000 \cdot x_2 + 1{,}08 \cdot x_{50} + 0{,}95 \cdot y_2$$

Entsprechend lauten die Liquiditätsnebenbedingungen für die Perioden t = 2 und t = 3 wie folgt:

$$0{,}14 \cdot y_1 + 170.000 \cdot x_4 + x_{52} = 40.000 \cdot x_1 + 23.000 \cdot x_2 + 35.000 \cdot x_4 + 1{,}08 \cdot x_{51}$$

$$1{,}14 \cdot y_1 + x_{53} = 40.000 \cdot x_1 + 24.000 \cdot x_2 + 35.000 \cdot x_3 + 75.000 \cdot x_4 + 1{,}08 \cdot x_{52}$$

In zwei weiteren Restriktionen ist nun das vorgegebene Produktionsprogramm zu berücksichtigen. Die mit der Investitionsprogrammentscheidung verbundene Herstellung der Produktarten A und B darf die vorgegebenen Absatzhöchstmengen nicht überschreiten.

$$16.000 \cdot x_1 + 4.500 \cdot x_2 \leq 70.000$$

$$17.500 \cdot x_3 + 20.000 \cdot x_4 \leq 130.000$$

Da die Objekte 1 und 2 bzw. 3 und 4 jeweils in derselben Anzahl realisiert werden müssen, sind die folgenden beiden Nebenbedingungen in das LP aufzunehmen:

$$x_1 = x_2$$

$$x_3 = x_4$$

Die Unteilbarkeit der Investitionsobjekte ist im LP derart zu berücksichtigen, dass die Variablen x_j (j = 1, ..., 4) nur aus der Menge der natürlichen Zahlen (einschließlich Null) stammen dürfen.

$$x_j \in N_0 \text{ für alle } j = 1, \ldots, 4$$

Darüber hinaus sind die Kreditaufnahmebegrenzungen der Finanzierungsobjekte zu berücksichtigen, für die außerdem die Nichtnegativitätsbedingung gelten muss. Es wird beliebige Teilbarkeit der Kredite unterstellt. Analoges ist für die jeweiligen kurzfristigen Finanzinvestitionen zu formulieren:

$$y_1 \leq 1.350.000$$

$$y_2 \leq 800.000$$

$$y_1, y_2 \geq 0$$

$$x_{5t} \geq 0 \text{ für alle } t = 0, \ldots, 3$$

Zusammenfassend lässt sich das LP somit wie folgt darstellen:

(1) $40.000 \cdot x_3 + 80.000 \cdot x_4 + 1{,}08 \cdot x_{53} - 1{,}367631 \cdot y_2 \rightarrow \max!$

(2) $90.000 \cdot x_1 + 45.000 \cdot x_2 + x_{50} = 50.000 + y_1$

(3) $0{,}14 \cdot y_1 + 80.000 \cdot x_3 + x_{51} = 45.000 \cdot x_1 + 24.000 \cdot x_2 + 1{,}08 \cdot x_{50} + 0{,}95 \cdot y_2$

(4) $0{,}14 \cdot y_1 + 170.000 \cdot x_4 + x_{52} = 40.000 \cdot x_1 + 23.000 \cdot x_2 + 35.000 \cdot x_4 + 1{,}08 \cdot x_{51}$

(5) $1{,}14 \cdot y_1 + x_{53} = 40.000 \cdot x_1 + 24.000 \cdot x_2 + 35.000 \cdot x_3 + 75.000 \cdot x_4 + 1{,}08 \cdot x_{52}$

(6) $16.000 \cdot x_1 + 4.500 \cdot x_2 \leq 70.000$

(7) $17.500 \cdot x_3 + 20.000 \cdot x_4 \leq 130.000$

(8) $x_1 = x_2$

(9) $x_3 = x_4$

(10) $y_1 \leq 1.350.000$

(11) $y_2 \leq 800.000$

(12) $y_1, y_2 \geq 0$

(13) $x_{5t} \geq 0$ für alle $t = 0, ..., 3$

(14) $x_j \in N_0$ für alle $j = 1, ..., 4$

Teilaufgabe b)

(1) In dieser Teilaufgabe sind zwei Lösungsansätze denkbar:

Lösungsansatz 1:

Zusätzlich zu obigem LP aus Teilaufgabe a) sind folgende Restriktionen zu formulieren:

(15) $x_1 \leq 1$

(16) $x_2 \leq 1$

(17) $x_3 \leq 1$

(18) $x_4 \leq 1$

Hinweis: Grundsätzlich reichen die Bedingungen (15) und (17) aus, da (8) und (9) weiter gelten.

Lösungsansatz 2:

Die im ersten Lösungsansatz formulierten zusätzlichen Gleichungen (15) bis (18) sowie Gleichung (14) entfallen, wenn sämtliche x_j (j = 1, ..., 4) als Binärvariablen definiert werden. Hierzu muss die Variablendefinition geändert werden.

$$x_j = \begin{cases} 1, \text{ falls Investitionsobjekt j in Programm aufgenommen wird} \\ 0, \text{ falls Investitionsobjekt j nicht in Programm aufgenommen wird} \end{cases}$$

für alle j = 1, …, 4

(2) Die Änderung der Laufzeit von Kredit 1 wirkt sich auf die die Liquidität berücksichtigenden Gleichungen (4) und (5) in t = 2 und t = 3 aus:

Die Liquiditätsrestriktionen in t = 2 und t = 3 lauten modifiziert:

(4´)

$$1{,}14 \cdot y_1 + 170.000 \cdot x_4 + x_{52} = 40.000 \cdot x_1 + 23.000 \cdot x_2 + 35.000 \cdot x_4 + 1{,}08 \cdot x_{51}$$

(5´)

$$x_{53} = 40.000 \cdot x_1 + 24.000 \cdot x_2 + 35.000 \cdot x_3 + 75.000 \cdot x_4 + 1{,}08 \cdot x_{52}$$

(3) Zusätzlich zu obigem LP aus Teilaufgabe a) sind folgende Restriktionen zu formulieren, die der Beschränkung des Kapitalmarktes Rechnung tragen:

(15) $x_{50} \leq 200.000$

(16) $x_{51} \leq 200.000$

(17) $x_{52} \leq 200.000$

(18) $x_{53} \leq 200.000$

Des Weiteren ist zu beachten, dass die bisher formulierten Liquiditätsgleichungen (2) bis (5) in Liquiditätsungleichungen transformiert werden, da ansonsten im Falle eines beschränkten Kapitalmarktes keine Lösung existiert (der Kapitalbedarf darf in jeder Periode höchstens so groß sein wie die Kapitaldeckung).

Aufgabe 7.8: Modell von *Förster* und *Henn*[55]

Ein Unternehmen stellt drei verschiedene Produktarten her, deren Veräußerungspreise, variable Stückkosten und Absatzhöchstgrenzen nachfolgend aufgelistet sind:

	Veräußerungspreis (EUR/ME)	Variable Stückkosten (EUR/ME)	Absatzhöchstgrenze (ME/Jahr)
Produktart 1	2,00	0,60	8.000
Produktart 2	3,50	2,15	6.000
Produktart 3	3,00	1,00	5.000

Jede der drei Produktarten durchläuft einen dreistufigen maschinellen Produktionsprozess. Die folgende Tabelle gibt die Zeitbedarfe der jeweiligen Produktarten 1, 2 und 3 an den Maschinen A, B und C in Minuten pro Stück an:

	Maschine A	Maschine B	Maschine C
Produktart 1	3	3	3
Produktart 2	4	3	2
Produktart 3	5	2	4

Es ist ein Anlagenanfangsbestand vorhanden, der aus je zwei Maschinen vom Typ A und B sowie vier Maschinen vom Typ C besteht. Alle Maschinen des Anlagenanfangsbestands besitzen eine Restlaufzeit von 1 Jahr. Ihre Kapazitäten, bestandsabhängigen Auszahlungen und Liquidationserlöse entsprechen denen, die nachfolgend für neu zu beschaffende Maschinen angegeben werden.

Neue Maschinen können zum jeweiligen Jahresbeginn in unbegrenzter Anzahl angeschafft werden. Ihre wirtschaftliche Nutzungsdauer beläuft sich auf 3 Jahre. Im Zeitpunkt der Anschaffung in $t = 0$ sind folgende vom Anschaffungszeitpunkt unabhängige Daten gegeben:

[55] In Anlehnung an *Götze, Uwe*: Investitionsrechnung, 7. Aufl., Berlin/Heidelberg 2014, S. 349–352.

	Anschaffungs-auszahlung (EUR)	Kapazität (Minuten/Jahr)	Auszahlungen (EUR/Jahr)
Maschine A	1.000	5.000	195
Maschine B	960	4.000	185
Maschine C	880	3.500	225

Der Liquidationserlös einer Maschine beträgt am Ende ihrer wirtschaftlichen Nutzungsdauer 10 % der Anschaffungsauszahlung. Es ist von einer linearen Abschreibung auszugehen. Die Kapazitäten erhöhen sich pro Jahr um 10 %.

In t = 0 stehen dem Unternehmen 25.000 EUR, in t = 1 ein Betrag von 5.000 EUR zur Verfügung. Der Zinssatz für eine kurzfristige Finanzinvestition mit einer Laufzeit von 1 Jahr beträgt 6 % p. a.

Formulieren Sie zu obigem Problem ein Lineares Programm gemäß dem Modell von *Förster* und *Henn* unter der Zielsetzung der Maximierung des Vermögensendwerts in t = 3, wenn Finanzmittelüberschüsse zu einem Zinssatz von 6 % p. a. angelegt werden können!

Lösung

In einem ersten Schritt gilt es zunächst, die im Linearen Programm (LP) verwendeten Variablen zu definieren.

x_{jt}: Anzahl der realisierten Einheiten des jeweiligen Investitionsobjekts j (j = 1, ..., 4) zum Zeitpunkt t (t = 0, 1, 2);[56]

z_{kt}: Produktionsmenge des Produkts k (k = 1, ..., 3) zum Zeitpunkt t (t = 0, 1, 2);

x_{4t}: Umfang der zum Zeitpunkt t (t = 0, 1, 2) realisierten kurzfristigen Investitionsmöglichkeit 4 (Finanzinvestition).

Als Zielfunktionswert soll der Vermögensendwert dienen, der als positive Komponenten die zum Zeitpunkt t = 3 erwirtschafteten Einzahlungsüberschüsse aus produktbezogenen Zahlungen, aus der Liquidation maschineller Anlagen sowie aus der aufgezinsten kurzfristigen Finanzinvestition aus Periode t = 2 umfasst. Die nachfolgende Abbildung zeigt die zeitliche Zuordnung der Liquiditäts-, Kapazitäts- und Absatzrestriktionen (R) sowie die Zielfunktion (ZF):

[56] Es liegen vier Investitionsobjekte vor; dabei handelt es sich um drei Sachinvestitionen und eine Finanzinvestition.

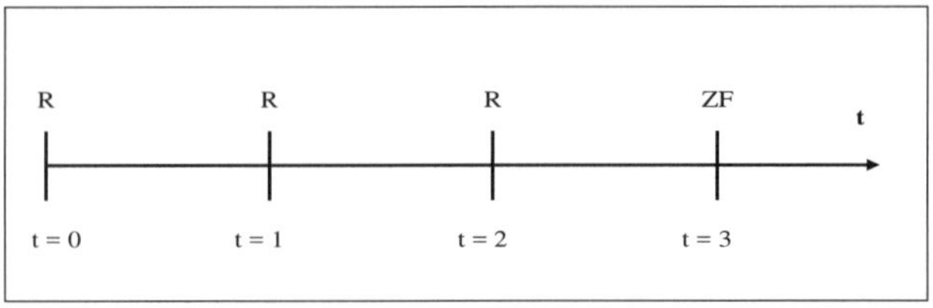

Abbildung 11: Zeitliche Einordnung der einzelnen Restriktionen und der Zielfunktion

Somit lautet die **zu maximierende Zielfunktion**:

$$+0{,}1\cdot(1.000\cdot x_{10}+960\cdot x_{20}+880\cdot x_{30})+0{,}4\cdot(1.000\cdot x_{11}+960\cdot x_{21}+880\cdot x_{31})$$
$$+0{,}7\cdot(1.000\cdot x_{12}+960\cdot x_{22}+880\cdot x_{32})+1{,}4\cdot z_{12}+1{,}35\cdot z_{22}+z_{32}+1{,}06\cdot x_{42}$$

Die wichtigste Nebenbedingung, nämlich die Wahrung der Liquidität in allen Perioden des Planungszeitraums, muss derart formuliert werden, dass in jeder Periode t (t = 0, ..., 2) die Summe der auftretenden Auszahlungsüberschüsse (Kapitalbedarf) maximal so groß ist wie die in derselben Periode zur freien Disposition stehenden Eigenmittel zuzüglich etwaiger rückzahlbarer Finanzinvestitionen der Vorperiode (Kapitaldeckung). Daraus lässt sich für den Zeitpunkt t = 0 folgende **Liquiditätsrestriktion** ableiten:[57]

$$1.000\cdot x_{10}+960\cdot x_{20}+880\cdot x_{30}+195\cdot(2+x_{10})+185\cdot(2+x_{20})+225\cdot(4+x_{30})+x_{40}$$
$$=25.000$$

In Periode 1 erzielen die von den Maschinen (Altbestand zuzüglich Investitionen der Vorperiode) produzierten und abgesetzten Produkte zusätzliche Einzahlungsüberschüsse, die den Betrag der Kapitaldeckung erhöhen. Ferner ist zu beachten, dass der Anlagenanfangsbestand produktionstechnisch in dieser Periode nicht mehr zu berücksichtigen ist, da seine Nutzungsdauer abgelaufen ist. Allerdings werden noch Liquidationserlöse erzielt.

Um das finanzielle Gleichgewicht in t = 1 aufrecht zu erhalten, muss der Kapitalbedarf dem Kapitaldeckungsbetrag entsprechen. Man erhält somit für t = 1 folgende Liquiditätsrestriktion:

$$1.000\cdot x_{11}+960\cdot x_{21}+880\cdot x_{31}+195\cdot(x_{10}+x_{11})+185\cdot(x_{20}+x_{21})$$
$$+225\cdot(x_{30}+x_{31})+x_{41}=5.000+1{,}4\cdot z_{10}+1{,}35\cdot z_{20}+z_{30}+2\cdot 0{,}1\cdot 1.000$$
$$+2\cdot 0{,}1\cdot 960+4\cdot 0{,}1\cdot 880+1{,}06\cdot x_{40}$$

Für t = 2 lautet die Liquiditätsrestriktion:

$$1.000\cdot x_{12}+960\cdot x_{22}+880\cdot x_{32}+195\cdot(x_{10}+x_{11}+x_{12})+185\cdot(x_{20}+x_{21}+x_{22})$$
$$+225\cdot(x_{30}+x_{31}+x_{32})+x_{42}=1{,}4\cdot z_{11}+1{,}35\cdot z_{21}+z_{31}+1{,}06\cdot x_{41}$$

---

[57] Die fixen Zahlen in den Klammern kennzeichnen den Anlagenanfangsbestand laut Aufgabenstellung.

Im Rahmen der **Kapazitätsrestriktionen** ist für jede Periode und jede Maschine eine Gleichung zu formulieren. Dabei ist zu beachten, dass der Anlagenanfangsbestand in t = 0 ebenfalls Kapazität anbietet und sich die Kapazitäten der endogen zu bestimmenden Anzahl an Maschinen um 10 % pro Periode erhöhen.

Die Kapazitätsrestriktionen lauten für t = 0:

$$3 \cdot z_{10} + 4 \cdot z_{20} + 5 \cdot z_{30} \leq 10.000 + 5.000 \cdot x_{10}$$

$$3 \cdot z_{10} + 3 \cdot z_{20} + 2 \cdot z_{30} \leq 8.000 + 4.000 \cdot x_{20}$$

$$3 \cdot z_{10} + 2 \cdot z_{20} + 4 \cdot z_{30} \leq 14.000 + 3.500 \cdot x_{30}$$

Die Kapazitätsrestriktionen lauten für t = 1:

$$3 \cdot z_{11} + 4 \cdot z_{21} + 5 \cdot z_{31} \leq 5.000 \cdot x_{10} + 5.500 \cdot x_{11}$$

$$3 \cdot z_{11} + 3 \cdot z_{21} + 2 \cdot z_{31} \leq 4.000 \cdot x_{20} + 4.400 \cdot x_{21}$$

$$3 \cdot z_{11} + 2 \cdot z_{21} + 4 \cdot z_{31} \leq 3.500 \cdot x_{30} + 3.850 \cdot x_{31}$$

Die Kapazitätsrestriktionen lauten für t = 2:

$$3 \cdot z_{12} + 4 \cdot z_{22} + 5 \cdot z_{32} \leq 5.000 \cdot x_{10} + 5.500 \cdot x_{11} + 6.050 \cdot x_{12}$$

$$3 \cdot z_{12} + 3 \cdot z_{22} + 2 \cdot z_{32} \leq 4.000 \cdot x_{20} + 4.400 \cdot x_{21} + 4.840 \cdot x_{22}$$

$$3 \cdot z_{12} + 2 \cdot z_{22} + 4 \cdot z_{32} \leq 3.500 \cdot x_{30} + 3.850 \cdot x_{31} + 4.235 \cdot x_{32}$$

Die produzierte Menge darf in keiner Periode größer als die nachgefragte Menge sein, woraus nachstehende **Absatzrestriktionen** resultieren:

$z_{1t} \leq 8.000$ für alle t = 0, 1, 2

$z_{2t} \leq 6.000$ für alle t = 0, 1, 2

$z_{3t} \leq 5.000$ für alle t = 0, 1, 2

Die **Nichtnegativitätsbedingungen** lauten:

$x_{jt} \in N_0$ für alle j = 1, 2, 3 und alle t = 0, 1, 2

$x_{4t} \geq 0$ für alle t = 0, 1, 2

$z_{kt} \geq 0$ für alle k = 1, 2, 3 und alle t = 0, 1, 2

8 Gesamtbewertung von Unternehmen als Anwendungsfall der Investitionsrechnung

Aufgabe 8.1: Bewertung ganzer Unternehmen

Systematisieren Sie die Anlässe für die Bewertung ganzer Unternehmen!

Lösung[58]

Die **Anlässe für die Bewertung ganzer Unternehmen** können wie folgt in fünf Gruppen unterteilt werden:

(1) **Bewertung aufgrund unternehmerischer Initiativen**, insb.:

- beim Kauf bzw. Verkauf ganzer Unternehmen, von Betriebsteilen oder von Beteiligungen (Ein- und Austritt von Gesellschaftern);
- im Zusammenhang mit Fusionen;
- bei der Zuführung von Eigenkapital (insb. Börsengang) bzw. Fremdkapital;
- bei Sacheinlagen (einschließlich Übertragungen des ganzen Gesellschaftsvermögens);
- bei Management Buy Outs oder wertorientierten Managementkonzepten.

(2) **Bewertung für Zwecke der externen Rechnungslegung**, z. B.:

- zur Kaufpreisallokation;
- beim Impairmenttest;
- bei steuerrechtlichen Regelungen zu konzerninternen Umstrukturierungen.

(3) **Bewertung aufgrund gesetzlicher Regelungen**, insb.:

- des Aktiengesetzes:
  - Abschluss von Unternehmensverträgen;
  - Eingliederung;

[58] Vgl. *Castedello, Marc:* Die Unternehmensbewertung, in: WP-Handbuch, Band II, hrsg. vom Institut der Wirtschaftsprüfer, 14. Aufl., Düsseldorf 2014, S. 1–214, Rn. 9–13 (in der aktuellen Aufl. nicht mehr enthalten).

  - Squeeze Out.
- des Umwandlungsgesetzes:
  - Barabfindungen;
  - Umtauschverhältnisse beim Verschmelzungs- und Spaltungsbericht.

(4) **Bewertung auf vertraglicher Grundlage**, z. B.:

- beim Ein- und Austritt von Gesellschaftern bei einer Personengesellschaft;
- bei Erbauseinandersetzungen und Erbteilungen;
- bei Abfindungsfällen im Familienrecht;
- bei Schiedsverträgen und Schiedsgutachten.

(5) **Sonstige Anlässe**.

Aufgabe 8.2: Funktionen der Unternehmensbewertung

Skizzieren Sie in knapper Form die Funktionen der Unternehmensbewertung!

Lösung

Die **funktionale Unternehmensbewertung bzw. Werttheorie** versucht, den Meinungsstreit zwischen objektiver und subjektiver Bewertung eines Unternehmens zu überwinden und unterscheidet insofern zwischen den Haupt- und Nebenfunktionen einer Unternehmensbewertung. Als **Hauptfunktionen** werden

- die **Beratungsfunktion** mit dem Ziel der Findung eines Entscheidungswertes,
- die **Vermittlungsfunktion** mit dem Ziel der Herbeiführung eines Interessenausgleichs in einer Konfliktsituation zwischen Parteien mit divergierenden Interessen unter der Heranziehung eines unparteiischen Dritten und
- die **Argumentationsfunktion** mit dem Ziel der Unterstützung einer in einer Verhandlung befindlichen Partei durch Ermittlung eines Argumentationswertes

unterschieden.

Als **Nebenfunktionen** werden

- die **Steuerbemessungsfunktion** (Ermittlung des Teilwerts für die Bewertung in der Steuerbilanz; Ermittlung des Unternehmenswerts nach dem vereinfachten Ertragswertverfahren bzw. früher nach dem sogenannten Stuttgarter Verfahren) und
- die **Bilanzfunktion** (vor allem zur Bewertung von Beteiligungen in Bilanzen)

unterschieden.

Aufgabe 8.3: Substanzwerte

Zeigen Sie in einem Schaubild die Formen der Substanzwerte in der Unternehmensbewertung auf und ordnen Sie deren Abgrenzung zum Ertragswert dort ein!

Lösung

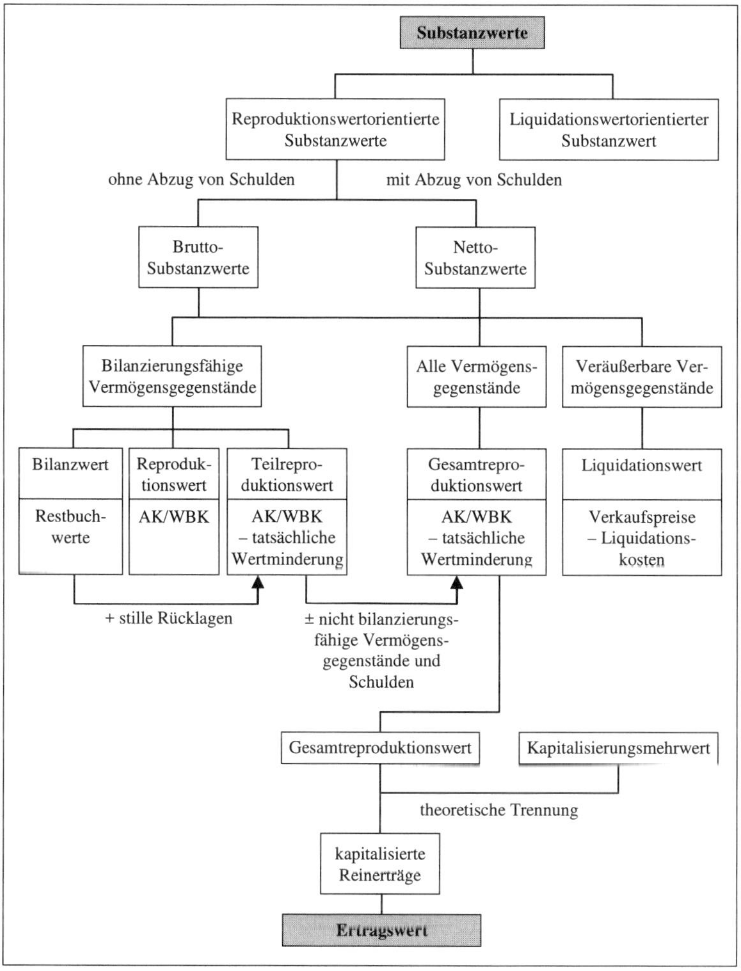

Abbildung 12: Formen der Substanzwerte in der Unternehmensbewertung und deren Abgrenzung zum Ertragswert[59]

Dabei gilt:

AK: Anschaffungskosten;

WBK: Wiederbeschaffungskosten.

[59] Geringfügig modifiziert entnommen aus *Kußmaul, Heinz*: Gesamtbewertung von Unternehmen als spezieller Anwendungsfall der Investitionsrechnung (Teil II), in: Der Steuerberater 1996, S. 306.

Aufgabe 8.4: Zukunftserfolgswertmethode

Charakterisieren Sie die Zukunftserfolgswertmethode als neueres Verfahren der Unternehmensbewertung!

Lösung

Während im Rahmen der traditionellen Verfahren der Unternehmensbewertung eine Orientierung an einem objektivierten Unternehmenswert erfolgt, zielt die **Zukunftserfolgswertmethode** weitgehend auf einen auf subjektiven Erwartungen basierenden Gesamtwert des Unternehmens ab. Der hinter dieser Methode stehende Grundgedanke stützt sich auf die traditionelle Ertragswertmethode. Im Gegensatz zur traditionellen Ertragswertmethode wird hier bei der Berechnung des Unternehmenswerts jedoch nicht auf die Zahlenwerte hinsichtlich der zukünftig erzielbaren Gewinne zurückgegriffen, die bei normaler Unternehmerleistung realistisch erscheinen; vielmehr kann hier unter Berücksichtigung gewisser Bewertungsrestriktionen eine Heranziehung von Werten erfolgen, die der entsprechende Bewerter aus subjektiven Überlegungen heraus dem Unternehmensgeschehen und somit den Entnahmeerwartungen beimisst.

Aufgabe 8.5: Ertragswertverfahren

Der in der Gastronomie tätige Herr Fleischer möchte sein Unternehmen zu Beginn des Jahres 20 verkaufen. Er rechnet mit einem Kalkulationszinssatz von 10 % p. a. und einer Restlebensdauer von 8 Jahren. Das Unternehmen könnte dann für 15 Mio. EUR liquidiert werden. Die Einzahlungsüberschüsse (Gewinne) der vergangenen 5 Jahre beliefen sich auf:

Jahr	Gewinn (TEUR)
15	1.400
16	1.270
17	1.085
18	920
19	825

Welchen Wert hat das Unternehmen, wenn Herr Fleischer das Ertragswertverfahren anwendet?

Lösung

Der **Ertragswert eines Unternehmens** ergibt sich aus der Summe aller abgezinsten zukünftigen Nutzenzugänge, die sich der Käufer bzw. Verkäufer aus dem Unternehmen verspricht. Der Ertragswert orientiert sich dabei am nachhaltig erzielbaren Unternehmenserfolg, der bei normaler Unternehmenstätigkeit zu erwarten ist. Hierbei besteht jedoch die Problematik der Unsicherheit der Zukunftsdaten. Zur Ermittlung des Ertragswerts erfolgt daher eine Orientierung an Vergangenheitswerten und Unterstellung ihrer Gültigkeit für die Zukunft.

Berechnung des durchschnittlichen Gewinns (G) für die abgelaufenen 5 Geschäftsjahre:

$$G = \frac{1.400 + 1.270 + 1.085 + 920 + 825}{5} = 1.100 \text{ TEUR}$$

(ohne Zins- und Zinseszinseffekt).

Bei Annahme einer begrenzten Lebensdauer des Unternehmens und konstanter jährlicher Gewinne ergibt sich der Ertragswert des Unternehmens unter Berücksichtigung des Liquidationserlöses wie folgt:

$$EW = G \cdot \frac{(1+i)^n - 1}{i \cdot (1+i)^n} + L_n \cdot (1+i)^{-n}$$

Die verwendeten Symbole bedeuten dabei Folgendes:

EW: Ertragswert des Unternehmens;

G: Konstanter jährlicher Gewinn;

i: Kalkulationszinssatz;

L_n: Liquidationseinzahlung(-erlös) des Unternehmens, falls $L_n > 0$, bzw. Liquidationsauszahlung, falls $L_n < 0$;

n: Erwartete (Rest-)Lebensdauer des Unternehmens.

Hier:

$EW = 1.100 \cdot \text{RBF}(i = 10\,\%/n = 8 \text{ Jahre}) + 15.000 \cdot 1{,}1^{-8}$

$\quad = 1.100 \cdot 5{,}334926 + 15.000 \cdot 1{,}1^{-8}$

$\quad =$ **+ 12.866,03 TEUR**

Der Ertragswert beläuft sich auf 12.866,03 TEUR.

Aufgabe 8.6: Vereinfachtes Ertragswertverfahren

Frau Fleischer zieht es in Erwägung, ihr Unternehmen im Jahr 20 ihrem Sohn zu vermachen. Zu diesem Zweck soll eine Unternehmensbewertung vorgenommen werden.

Jahr	Betriebsergebnisse nach § 202 BewG (TEUR)
17	1.200
18	800
19	730

Bestimmen Sie den Wert des Unternehmens unter Anwendung des vereinfachten Ertragswertverfahrens nach den §§ 199 ff. BewG!

Lösung

Die Bewertung von übergehendem Betriebsvermögen und Anteilen an Kapitalgesellschaften zur Bemessung der Erbschaft- und Schenkungsteuer kann anhand des sog. **vereinfachten Ertragswertverfahrens** erfolgen.[60] Nach § 200 Abs. 1 BewG ergibt sich der Ertragswert grundsätzlich aus der Multiplikation des vorgegebenen Kapitalisierungsfaktors mit dem zukünftig nachhaltig erzielbaren Jahresertrag. Dieser ist gemäß § 201 Abs. 1 und 2 BewG mit Hilfe des in der Vergangenheit tatsächlich erzielten Durchschnittsertrags zu bestimmen, welcher grundsätzlich aus den nach § 202 BewG zu ermittelnden Betriebsergebnissen der letzten drei vor dem Bewertungsstichtag abgelaufenen Wirtschaftsjahre herzuleiten ist. Nach § 203 Abs. 1 BewG beträgt der heranzuziehende Kapitalisierungsfaktor (k) 13,75. Das Bundesministerium der Finanzen ist dazu ermächtigt, diesen an die Entwicklung der Zinsstrukturdaten anzupassen.

Berechnung des zukünftig nachhaltig erzielbaren Jahresertrags (JE):

$$JE = \frac{1.200\ TEUR + 800\ TEUR + 730\ TEUR}{3} = 910\ TEUR$$

Ermittlung des Ertragswerts nach § 200 Abs. 1 BewG:

$$EW = JE \cdot k$$

[60] Vgl. grundlegend zum vereinfachten Ertragswertverfahren *Bieg, Hartmut; Kußmaul, Heinz; Waschbusch, Gerd*: Investition, 3. Aufl., München 2016, S. 290–295.

Dabei gilt:

EW: Ertragswert des Unternehmens;

JE: Zukünftig nachhaltig erzielbarer Jahresertrag;

k: Kapitalisierungsfaktor nach § 203 Abs. 1 BewG.

Hier:

EW = 910 TEUR · 13,75 = **12.512,50 TEUR**

Der Ertragswert nach § 200 Abs. 1 BewG beläuft sich auf 12.512,50 TEUR.

Aufgabe 8.7: Substanzwertverfahren

Der Gastronomiebetrieb des Herrn Fleischer (siehe Aufgabe 8.5 auf Seite 224) weist ein bilanziertes Vermögen i. H. v. 11.500 TEUR aus. Auf der Passivseite stehen Wertberichtigungen auf Forderungen und Anlagen i. H. v. 3.000 TEUR, ein Betrag, der dem bisher eingetretenen Wertverzehr exakt Rechnung trägt. Würden alle aktivierten Vermögensgegenstände heute neu beschafft, müsste Herr Fleischer 13.000 TEUR ausgeben. Um dem bisher eingetretenen Wertverzehr Rechnung zu tragen, müssen von diesem Betrag 3.000 TEUR als Wertminderung abgesetzt werden. Der Wert der nicht bilanzierungsfähigen immateriellen Vermögensgegenstände lässt sich auf 1.500 TEUR veranschlagen.

Wie hoch ist der

a) (Teil-)Reproduktions(neu)wert,

b) Teilreproduktions(alt)wert,

c) Gesamtreproduktionswert,

d) Wert des Unternehmens nach dem Substanzwertverfahren,

e) Kapitalisierungsmehrwert,

f) originäre Firmenwert?

Hinweis: Der Ertragswert des Unternehmens von Herrn Fleischer wurde bereits in Aufgabe 8.5 auf Seite 225 berechnet.

Lösung

Teilaufgabe a)

Der **(Teil-)Reproduktions(neu)wert** ergibt sich aus der Summe der Anschaffungs- bzw. Wiederbeschaffungskosten aller bilanzierten materiellen und immateriellen Vermögensgegenstände zum Zeitpunkt der Bewertung (Neuzustand) und beträgt 13.000 TEUR.

Teilaufgabe b)

Der **Teilreproduktions(alt)wert (= Substanzwert)** ergibt sich aus der Summe der Anschaffungs- bzw. Wiederbeschaffungskosten aller bilanzierten materiellen und immateriellen Vermögensgegenstände zum Zeitpunkt der Bewertung (Neuzustand), vermindert um die tatsächlichen Wertminderungen, und beträgt 13.000 TEUR – 3.000 TEUR = 10.000 TEUR.

Teilaufgabe c)

Der **Gesamtreproduktionswert** ergibt sich aus dem Teilreproduktions(alt)-wert zuzüglich aller nicht bilanzierungsfähigen immateriellen Vermögensgegenstände und beträgt 10.000 TEUR + 1.500 TEUR = 11.500 TEUR.

Teilaufgabe d)

Der **Wert des Unternehmens nach dem Substanzwertverfahren** ergibt sich aus der Summe der Beträge, die aufgewendet werden müssten, um einen Betrieb der gleichen technischen Leistungsfähigkeit zu errichten, wie sie der zu bewertende Betrieb besitzt.

Eigentlich sollte beim Substanzwert der Gesamtreproduktionswert (hier: 11.500 TEUR) zugrunde gelegt werden. Aufgrund der Tatsache, dass in der Praxis bei nicht bilanzierungsfähigen immateriellen Vermögensgegenständen in aller Regel Ermittlungsschwierigkeiten bestehen, wird stattdessen üblicherweise auf den Teilreproduktions(alt)wert (hier: 10.000 TEUR) zurückgegriffen.

Teilaufgabe e)

Der **Kapitalisierungsmehrwert** stellt die Differenz von Ertragswert und Gesamtreproduktionswert dar und beträgt 12.866,03 TEUR – 11.500 TEUR = 1.366,03 TEUR.

Teilaufgabe f)

Der **originäre Firmenwert** ergibt sich aus der Differenz von Ertragswert und Teilreproduktions(alt)wert (= Substanzwert) und beträgt 12.866,03 TEUR – 10.000 TEUR = 2.866,03 TEUR (= Kapitalisierungsmehrwert 1.366,03 TEUR + nicht bilanzierungsfähige immaterielle Vermögensgegenstände 1.500 TEUR).

Aufgabe 8.8: Mittelwertverfahren[61]

Ein Unternehmen, das einen durchschnittlichen jährlichen Reingewinn von geschätzten 1,25 Mio. EUR erwirtschaftet und einen Kalkulationszinssatz von 8 % p. a. zugrunde legt, weist die folgende Bilanz auf:

Aktiva	Bilanz (in Mio. EUR)		Passiva
Anlagevermögen	3,7	Eigenkapital	3,2
Umlaufvermögen	4,2	Fremdkapital	4,7
Gesamtvermögen	7,9	Gesamtkapital	7,9

Weiterhin sind die nachstehenden Informationen verfügbar:

	Wieder-beschaffungswert (EUR)	Liquidationswert (EUR)
Nicht betriebsnotwendige Gebäude im Anlagevermögen	430.000	360.000
Nicht betriebsnotwendige Hilfs- und Betriebsstoffe im Umlaufvermögen	180.000	70.000

Berechnen Sie den Unternehmenswert nach dem Mittelwertverfahren!

Lösung

Nach dem Mittelwertverfahren ergibt sich der Unternehmenswert als arithmetisches Mittel aus Ertragswert und Teilreproduktions(alt)wert (= Substanzwert):

$$UW = \frac{EW + TRW}{2}$$

[61] Stark modifiziert entnommen aus *Olfert, Klaus*: Kompakt-Training Investition, 7. Aufl., Herne 2015, S. 156–157 und S. 207.

Dabei gilt:

UW: Gesamtwert des Unternehmens;

EW: Ertragswert des Unternehmens;

TRW: Teilreproduktions(alt)wert (= Substanzwert) des Unternehmens.

Teilreproduktions(alt)wert (= Substanzwert):

Bilanzsumme	7.900.000 EUR
– Wiederbeschaffungswert der nicht betriebsnotwendigen Güter	– 610.000 EUR
+ Liquidationswert der nicht betriebsnotwendigen Güter	+ 430.000 EUR
= Teilreproduktions(alt)wert (= Substanzwert)	= 7.720.000 EUR

Ertragswert:

$$\text{Ertragswert} = \frac{\text{Gewinn}}{1 + i - 1} = \frac{1.250.000 \text{ EUR}}{1{,}08 - 1} = \frac{1.250.000 \text{ EUR}}{0{,}08} = 15.625.000 \text{ EUR}$$

Unternehmenswert nach dem Mittelwertverfahren:

$$= \frac{EW + TRW}{2} = \frac{15.625.000\,\text{EUR} + 7.720.000\,\text{EUR}}{2} = 11.672.500 \text{ EUR}$$

Aufgabe 8.9: Methode der Übergewinnabgeltung[62]

Es gelten die Daten aus Aufgabe 8.5 auf Seite 224 sowie aus Aufgabe 8.7 auf Seite 227. Die Methode der Übergewinnabgeltung unterteilt den in den nächsten 8 Jahren zu erwartenden durchschnittlichen Gewinn i. H. v. 1.100 TEUR pro Jahr in einen Normalgewinn und in einen sogenannten Übergewinn, der von Herrn Fleischer mit einem Satz von 25 % kapitalisiert werden soll. Zur Ermittlung des Normalgewinns dagegen gilt weiterhin der Kalkulationszinssatz des Herrn Fleischer i. H. v. 10 % p. a.

a) Wie hoch ist der Normalgewinn?

b) Wie hoch ist der Übergewinn?

c) Wie hoch ist bei Anwendung der Methode der Übergewinnabgeltung (hier in der Variante der befristeten diskontierten Übergewinnabgeltung) der Unternehmenswert?

[62] Modifiziert entnommen aus *Wöhe, Günter; Kaiser, Hans; Döring, Ulrich*: Übungsbuch zur Einführung in die Allgemeine Betriebswirtschaftslehre, 16. Aufl., München 2020, S. 327–328.

d) Warum unterscheidet dieses Unternehmensbewertungsverfahren zwischen einem Normalgewinn und einem Übergewinn?

Lösung

Teilaufgabe a)

Die **Methode der Übergewinnabgeltung** zählt zu den indirekten Methoden der Unternehmenswertermittlung. Deren Charakteristikum ist, dass der Unternehmenswert aus der Summe von Teilreproduktions(alt)wert und Firmenwert ermittelt wird.

Normalgewinn:

$G_N = i \cdot TRW = 0{,}1 \cdot 10.000$ TEUR = **1.000 TEUR**

Dabei gilt:

G_N: Normalgewinn;

TRW: Teilreproduktions(alt)wert;

i: Landesüblicher Zinssatz („Normalzinssatz“).

Teilaufgabe b)

Übergewinn:

Der Teil des jährlichen Gewinns, der über den Normalgewinn hinausgeht.

$G_Ü = G - G_N = 1.100$ TEUR – 1.000 TEUR = **100 TEUR**

Dabei gilt:

$G_Ü$: Übergewinn;

G: Erwarteter durchschnittlicher Gewinn;

G_N: Normalgewinn.

Teilaufgabe c)

Unternehmenswert bei einer befristeten diskontierten Übergewinnabgeltung:

$$UW = TRW + G_Ü \cdot RBF\,(i_ü\,\%/n\ \text{Jahre})$$

Dabei gilt:

n: Übergewinndauer;

$i_ü$: Zinssatz für den Übergewinn.

$$UW = 10.000 \text{ TEUR} + 100 \text{ TEUR} \cdot RBF (i = 25\,\%/n = 8 \text{ Jahre})$$
$$= 10.000 \text{ TEUR} + 100 \text{ TEUR} \cdot 3{,}328911 = \mathbf{+\,10.332{,}89\ TEUR}$$

Teilaufgabe d)

Ein Übergewinn gilt im Rahmen der Übergewinnabgeltungsmethode als nicht dauerhaft; nur der Normalgewinn wird als nachhaltig und dauerhaft in seinem zeitlichen Anfall angesehen.[63] Als Konsequenz daraus resultiert, dass ein Übergewinn nur für eine bestimmte Zeitspanne – die sogenannte Übergewinndauer – im Rahmen des Unternehmensgesamtwerts zu berücksichtigen ist.

Aufgabe 8.10: IDW S 1

Erläutern Sie die Berücksichtigung von Steuern bei der Ermittlung objektivierter Unternehmenswerte nach dem Standard IDW S 1!

Lösung

Der Wert eines Unternehmens entspricht nach **Standard IDW S 1** der Höhe der den Anteilseignern zufließenden Nettozuflüsse, zu deren Ermittlung neben den inländischen und ausländischen Ertragsteuern des Unternehmens selbst grundsätzlich auch die persönlichen aufgrund des Eigentums am Unternehmen entstehenden Ertragsteuern der Anteilseigner zu berücksichtigen sind. Prinzipiell sind die individuellen steuerlichen Verhältnisse der Anteilseigner zu berücksichtigen; hierbei ist zu unterscheiden, welche Rechtsform der einzelne Anteilseigner aufweist und ob es sich um einen Steuerinländer oder -ausländer handelt. Problematisch ist dabei aber oftmals die bestehende Heterogenität der an einem zu bewertenden Unternehmen beteiligten Anteilseigner, welche unterschiedliche steuerliche Verhältnisse aufweisen, was in der Praxis eine Typisierung der steuerlichen Verhältnisse der Anteilseigner notwendig macht.[64]

---

[63] Vgl. *Bieg, Hartmut; Kußmaul, Heinz; Waschbusch, Gerd*: Investition, 3. Aufl., München 2016, S. 266–268.

[64] Vgl. *Ernst, Dietmar; Schneider, Sonja; Thielen, Björn*: Unternehmensbewertungen erstellen und verstehen, 6. Aufl., München 2018, S. 112–114.

Zur **Ermittlung objektivierter Unternehmenswerte** empfiehlt das IDW die folgenden anlassbezogenen Typisierungen der steuerlichen Verhältnisse der Anteilseigner:[65]

- **unmittelbare Typisierung**:
  - Bei gesetzlich (beispielsweise Squeeze out) und vertraglich (beispielsweise Ein- und Austritt von Gesellschaftern aus einer Personengesellschaft) bedingten Bewertungsanlässen erfolgt die Berechnung des objektivierten Unternehmenswerts aus der Perspektive einer inländischen unbeschränkt steuerpflichtigen natürlichen Person, welche ihre Anteile im Privatvermögen hält, und unter unmittelbarer Typisierung der steuerlichen Verhältnisse der Anteilseigner.
  - Durch die Typisierung soll verhindert werden, dass der objektivierte Unternehmenswert – bei gegebenen unterschiedlichen Einkommensverhältnissen der beteiligten Anteilseigner – von individuell unterschiedlichen Steuersätzen abhängig gemacht wird.
  - Sowohl die finanziellen Überschüsse als auch der Kapitalisierungszinssatz sind durch den Einfluss persönlicher Ertragsteuern, für die sachgerechte Annahmen zu treffen sind, zu modifizieren.
  - Bei der Bewertung eines Einzelunternehmens oder einer Personengesellschaft sind stets – aufgrund der transparenten Besteuerung[66] – die persönlichen Ertragsteuern der Anteilseigner zu berücksichtigen. Bei Bewertungen aus Sicht eines unbeschränkt einkommensteuerpflichtigen Inländers wird i. d. R. ein typisierter Steuersatz i. H. v. 35 % als angemessen und vertretbar angesehen. Eine zusätzliche Berücksichtigung von Kirchensteuer und Solidaritätszuschlag erfolgt bei dieser Typisierung nicht. Aufgrund der Möglichkeit zur teilweisen Anrechnung der Gewerbesteuer ist die typisierte Einkommensteuer noch um die Gewerbesteueranrechnung zu modifizieren.[67]

---

[65] Vgl. dazu *IDW*: IDW Standard: Grundsätze zur Durchführung von Unternehmensbewertungen (IDW S1 i. d. F. 2008), in: IDW-Fachnachrichten 2008, S. 271–292, hier insb. S. 276–278; ferner m. w. N. *Castedello, Marc:* Die Unternehmensbewertung, in: WP-Handbuch, Band II, hrsg. vom Institut der Wirtschaftsprüfer, 14. Aufl., Düsseldorf 2014, S. 1–214, Rn. 83–85 und Rn. 110–113 (in der aktuellen Aufl. nicht mehr enthalten).

[66] Vgl. hierzu *Kußmaul, Heinz*: Betriebswirtschaftliche Steuerlehre, 8. Aufl., Berlin/Boston 2020, S. 229.

[67] Die Gewerbesteuer wurde bereits auf Ebene der Gesellschaft in den finanziellen Überschüssen berücksichtigt.

  - Für im Privatvermögen gehaltene Anteile an Kapitalgesellschaften, die keine Beteiligungen i. S. d. § 17 Abs. 1 Satz 1 EStG sind, ist die Abgeltungsteuer zu berücksichtigen: folglich ist eine definitive Steuerbelastung i. H. v. 25 % zuzüglich Solidaritätszuschlag zu verwenden.[68]

- **mittelbare Typisierung:**

  - Bei der mittelbaren Typisierung liegt die Annahme zugrunde, dass die Besteuerung der Nettozuflüsse beim Anteilseigner der Besteuerung der Zuflüsse aus einer Alternativinvestition in ein Aktienportfolio entspricht.

  - Es erfolgt keine Berücksichtigung persönlicher Ertragsteuern bei der Ermittlung finanzieller Überschüsse und des Kalkulationszinssatzes. Die Berücksichtigung der persönlichen Steuern erfolgt aber mittelbar durch die Verwendung von am Kapitalmarkt beobachteten Renditen im Diskontierungszinssatz; diese Renditen haben sich unter dem Einfluss der persönlichen Besteuerung der Investoren am Kapitalmarkt gebildet, weswegen eine nochmalige Berücksichtung von Steuern im Zinssatz obsolet ist.

Eine mittelbare Typisierung ist im Rahmen von Unternehmensveräußerungen und anderen unternehmerischen Initiativen, bei denen der Wirtschaftsprüfer als neutraler Gutachter tätig ist (beispielsweise Fairness Opinions, Kreditwürdigkeitsprüfungen), sachgerecht.

Aufgabe 8.11: Free Cashflow (FCF)-Verfahren

Skizzieren Sie in grundlegender Weise die Berechnungen des Unternehmenswerts nach dem „Free Cashflow (FCF)-Verfahren"!

---

[68] Vgl. weiterführend *Castedello, Marc:* Die Unternehmensbewertung, in: WP-Handbuch, Band II, hrsg. vom Institut der Wirtschaftsprüfer, 14. Aufl., Düsseldorf 2014, S. 1–214, Rn. 113 (in der aktuellen Aufl. nicht mehr enthalten).

Lösung

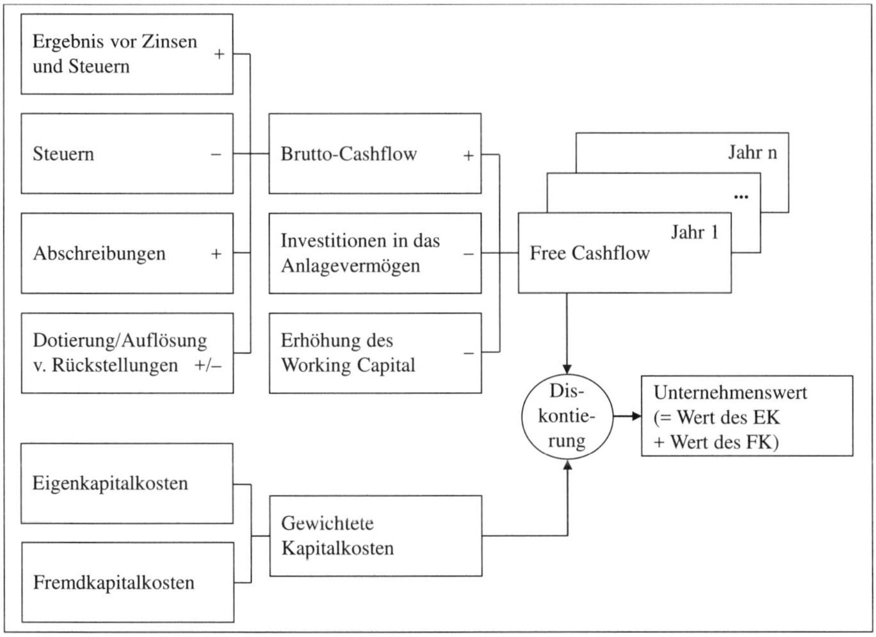

Abbildung 13: Berechnung des Unternehmenswerts nach dem Free Cashflow (FCF)-Verfahren[69]

Aufgabe 8.12: Discounted Cashflow (DCF)-Verfahren und Capital Asset Pricing Model (CAPM)

Ordnen Sie das „Capital Asset Pricing Model" systematisch in den Kontext der „Discounted Cashflow-Verfahren" ein, und zeigen Sie bei dieser Gelegenheit, welche „Discounted Cashflow-Verfahren" im Wesentlichen unterschieden werden!

[69] Modifiziert entnommen aus *Meyersiek, Dietmar*: Unternehmenswert und Branchendynamik, in: Betriebswirtschaftliche Forschung und Praxis 1991, S. 235.

Lösung

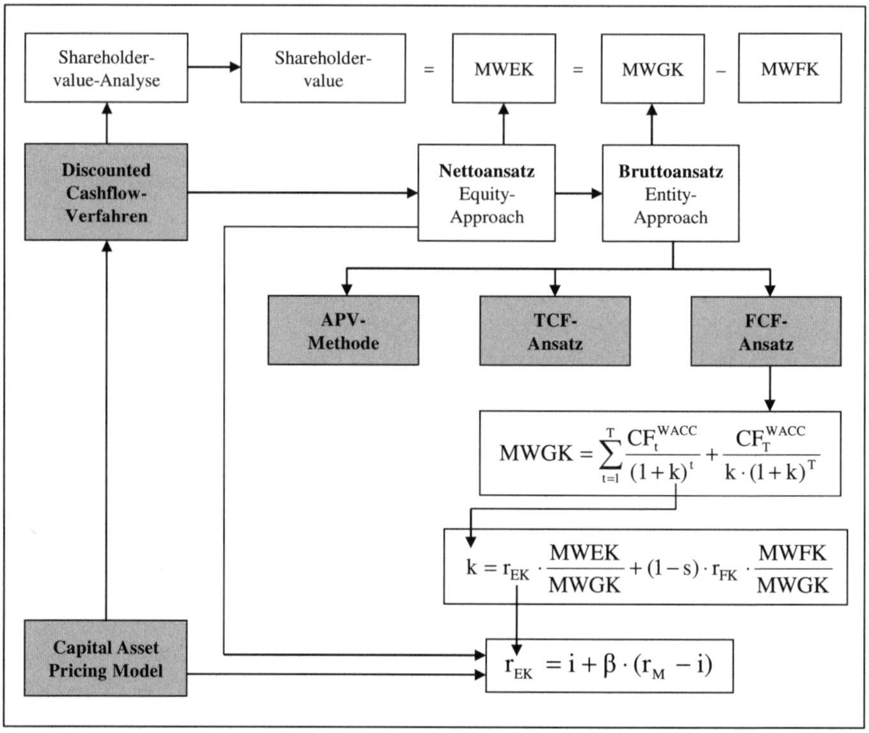

Abbildung 14: Systematisierung der einzelnen DCF-Verfahren[70]

Dabei gilt:

MWEK: Marktwert des Eigenkapitals;

MWGK: Marktwert des Gesamtkapitals;

MWFK: Marktwert des Fremdkapitals;

APV: Adjusted Present Value-Ansatz (Methode des angepassten Barwerts);

TCF: Total Cashflow-Ansatz;

FCF: Free Cashflow-Ansatz;

CF_t^{WACC}: Erwartungswert der Cashflows für Eigen- und Fremdkapitalgeber in der Periode t;

---

[70] Modifiziert entnommen aus *Böcking, Hans-Joachim; Nowak, Karsten*: Der Beitrag der Discounted Cash-flow-Verfahren zur Lösung der Typisierungsproblematik bei Unternehmensbewertungen, in: Der Betrieb 1998, S. 686.

CF_T^{WACC}: Erwartungswert der Cashflows für Eigen- und Fremdkapitalgeber am Ende des Planungshorizonts;

k: Gewogener durchschnittlicher Kapitalkostensatz;

r_{EK}: Erwartungswert der Rendite der Eigentümer;

r_{FK}: Erwartungswert der Rendite der Fremdkapitalgeber;

s: Steuersatz für Ertragsteuern auf Unternehmerebene;

i: Risikoloser landesüblicher Zins;

r_M: Erwartungswert der Rendite aus der Anlage des Geldes im „Marktportfolio";

β: Maß für die Risikoklasse des Unternehmens.

Aufgabe 8.13: Unternehmensbewertung nach den Discounted Cashflow (DCF)-Verfahren[71]

Ein Unternehmen erwartet folgende Cashflows, die sowohl den Eigenkapitalgebern als auch den Fremdkapitalgebern vorbehalten sind:

t	1	2	3	ab 4
Cashflow (EUR)	400.000	200.000	300.000	350.000

Das Eigenkapital des Unternehmens beläuft sich zum Zeitpunkt t = 0 auf 700.000 EUR. Der risikolose landesübliche Zinssatz beträgt 8 % p. a., der Risikozuschlag der Eigenkapitalgeber 4 % p. a.

Zum Zeitpunkt t = 0 wird Fremdkapital zu folgenden Konditionen aufgenommen:

- Auszahlungsbetrag (Marktwert des Fremdkapitals): 300.000 EUR;
- Fremdkapitalkostensatz: 6 % p. a.;
- Laufzeit: 4 Jahre;
- endfällige Tilgung.

Berechnen Sie den Marktwert des Eigenkapitals des Unternehmens nach dem Bruttoansatz (WACC-Ansatz) sowie nach dem Nettoansatz! Vernachlässigen Sie dabei sowohl die Steuerwirkungen als auch das Zirkularitätsproblem im Rahmen der Ermittlung des Marktwerts des Eigenkapitals!

---

[71] Stark modifiziert entnommen aus *Kußmaul, Heinz*: Ermittlung der künftigen Vorteilsströme im Barwertkonzept zur Fundamentalanalyse, in: Der Steuerberater 1999, S. 147.

Lösung

Bruttoansatz (Entity-Value):

Es wird zunächst der Marktwert des Gesamtkapitals berechnet. Anschließend ist der Marktwert des Fremdkapitals davon in Abzug zu bringen, um den Marktwert des Eigenkapitals zu berechnen.

Den gewichteten Kapitalkostensatz (WACC) berechnet man als:

$$k = (0{,}08 + 0{,}04) \cdot \frac{700.000}{700.000 + 300.000} + 0{,}06 \cdot \frac{300.000}{700.000 + 300.000} = 10{,}2\ \%$$

Der Marktwert des Gesamtkapitals lautet:

$$\begin{aligned} MWGK &= 400.000 \cdot 1{,}102^{-1} + 200.000 \cdot 1{,}102^{-2} + 300.000 \cdot 1{,}102^{-3} \\ &\quad + 350.000 \cdot 1{,}102^{-4} + \frac{350.000}{0{,}102 \cdot (1 + 0{,}102)^4} \\ &= 3.315.865{,}64 \text{ EUR} \end{aligned}$$

Somit berechnet man den **Marktwert des Eigenkapitals** wie folgt:

MWEK = MWGK – MWFK = 3.315.865,64 – 300.000 = **3.015.865,64 EUR**

Nettoansatz (Equity-Value):

Beim Nettoansatz ist die Bedienung der Fremdkapitalgeber im Rahmen obiger Cashflow-Größen zu eliminieren. Es ergibt sich der Netto-Cashflow, der zu diskontieren ist. Als Diskontierungszinssatz ist der Eigenkapitalkostensatz i. H. v. 12 % p. a. zu verwenden.

t	CF (EUR)	Fremdkapitalzinsen und Tilgung (EUR)	Netto-CF (EUR)	Barwerte (EUR)
1	400.000	18.000	382.000	341.071,43
2	200.000	18.000	182.000	145.089,29
3	300.000	18.000	282.000	200.722,03
4	350.000	318.000	32.000	20.336,58
Σ				**707.219,33**

$$MWEK = 707.219{,}33 + \frac{350.000}{0{,}12 \cdot (1 + 0{,}12)^4} = \mathbf{2.560.813{,}73\ EUR}$$

Der **Marktwert des Eigenkapitals** beträgt 2.560.813,73 EUR. Bei der Berechnung der 2. Phase wurde dabei nicht mit dem Netto-Cashflow i. H. v. 32.000 EUR gerechnet, sondern mit dem Cashflow i. H. v. 350.000 EUR. Dies liegt daran, dass das aufgenommene Fremdkapital nur eine begrenzte Laufzeit von 4 Jahren aufweist.

Aufgabe 8.14: Unternehmensbewertung nach den Discounted Cashflow (DCF)-Verfahren[72]

Herr Foxtrott, ein mittelständischer Fabrikant von Tanzsportschuhen und Alleineigentümer der Foxtrott GmbH, beabsichtigt aufgrund von Nachfolgeproblemen den Verkauf seines Unternehmens. Da Sie als Geschäftsführer der Quickstep AG schon lange die Ausweitung ihres Fertigungsprogramms anstreben, erwägen Sie, dem Alleineigentümer der Foxtrott GmbH ein Kaufangebot zu unterbreiten. Die Foxtrott GmbH erwidert Ihr Interesse und stellt Ihnen zu Ihrer Information nachstehende Planzahlen für die nächsten Jahre zur Verfügung:

Beträge in TEUR	Jahr 1	Jahr 2	Jahr 3	ab Jahr 4
Einzahlungswirksame Umsatzerlöse	4.000	4.400	4.620	4.620
Auszahlungswirksame Herstellungskosten	2.600	2.860	3.003	3.003
Auszahlungswirksame Vertriebs- und Verwaltungsaufwendungen	400	440	462	462
Abschreibungen auf das Anlagevermögen	250	288	317	333
Zinsaufwendungen für das Fremdkapital	100	112	116	111
Brutto-Investitionen in das Anlagevermögen	438	432	396	333
Investitionen in das Umlaufvermögen	438	336	185	–
Tilgung (–) / Neuverschuldung (+)	+ 285	+ 113	– 115	–

Den Zahlen und den Erläuterungen von Herrn Foxtrott ist zu entnehmen, dass durch Investitionen in den nächsten 3 Jahren der Umsatz gesteigert werden kann. Über einen Prognosezeitraum von 3 Jahren kann Foxtrott die Ergebnisse zuverlässig schätzen. Danach wird vereinfachend mit konstanten Werten gerechnet. Gehen Sie im Folgenden davon aus, dass nur betriebsnotwendiges Vermögen vorhanden ist.

In den nächsten Tagen wollen Sie sich mit Herrn Foxtrott treffen, um erste Verkaufsverhandlungen zu führen. Um eine Vorstellung über den zu zahlenden Preis zu erhalten, erinnern Sie sich an ein Management-Seminar zum Thema „Wertorientierte Unternehmensführung“, in dem die Discounted Cashflow-Methoden zur Unternehmensbewertung vorgestellt wurden. Wie Sie den

72 Modifiziert entnommen aus *Schierenbeck, Henner; Wöhle, Claudia B.*: Grundzüge der Betriebswirtschaftslehre, Übungsbuch, 10. Aufl., München 2011, S. 137–139 und S. 570–573.

Unterlagen dieses Seminars entnehmen können, benötigen Sie weitere Daten, die Sie wie folgt zusammenstellen:

- Die Foxtrott GmbH soll im Fall der Übernahme die gleiche Eigenkapitalrendite erwirtschaften wie die Quickstep AG. Zur Bestimmung der Verzinsungserwartungen der Eigenkapitalgeber nach dem Capital Asset Pricing Model (CAPM) sind die folgenden Daten zu verwenden:
  - Marktrendite = 9,8 % p. a.;
  - unternehmensspezifischer β-Faktor = 1,25;
  - Zinssatz langfristiger Staatsanleihen (Prognosezeitraum) = 3,8 % p. a.
- Für die Ermittlung des kapitalgewichteten (Gesamt-)Kapitalkostensatzes ist davon auszugehen, dass zukünftig der Anteil des Fremdkapitals zu Barwerten im Durchschnitt 37 % des Gesamtkapitals zu Barwerten ausmacht. Die Quickstep AG verfügt über eine langfristige Festzinsvereinbarung i. H. v. 4 % p. a., die auch für die übernommene Foxtrott GmbH gelten würde. Dies ist bereits in der Zusammenstellung der Unternehmensdaten für die Foxtrott GmbH berücksichtigt.
- Vereinfachend ist anzunehmen, dass sowohl der Eigenkapitalkostensatz als auch der Fremdkapitalkostensatz für den Prognosezeitraum konstant ist. Letzterer gilt zudem für das Unternehmen unabhängig von der Laufzeit der Verbindlichkeiten.
- Für die Ermittlung des Restwertes des Unternehmens nach Ablauf des dreijährigen Prognosezeitraumes ist das Konzept der „Ewigen Rente" anzuwenden, d. h., dass die relevanten Zahlungsströme des Jahres 4 in gleicher Höhe für die Zukunft gelten sollen.

a) Stellen Sie zunächst die relevanten Zahlungsströme für den Prognosezeitraum und für die Bestimmung des Restwertes zusammen!

(1) Berechnen Sie zunächst mit Hilfe der oben angegebenen Werte die Freien Cashflows „Brutto" für die 3 Jahre des Prognosezeitraumes sowie ab dem Jahr 4! Da die Freien Cashflows „Brutto" die zukünftigen Zahlungen an Eigen- und Fremdkapitalgeber darstellen, ist hier die Nach-Steuergröße zu bestimmen. Bei der Ermittlung der Steuerzahlungen (auf volle TEUR gerundet) sind die Fremdkapitalzinsen – wie auch die Abschreibungen auf das Anlagevermögen – steuerlich abziehbar. Es ist von einem Steuersatz von 25 % auszugehen. Die Besteuerung auf Eigentümerebene findet keine Berücksichtigung.

(2) Ermitteln Sie als nächstes die Netto-Zahlungen an die Fremdkapitalgeber bzw. die Netto-Zahlungen von den Fremdkapitalgebern jeweils für die 3 Jahre des Prognosezeitraumes und ab dem Jahr 4!

(3) Ermitteln Sie nun die den Eigenkapitalgebern zustehenden Freien Cashflows „Netto", wiederum jeweils für die 3 Jahre des Prognosezeitraumes und ab dem Jahr 4!

b) Nehmen Sie als erstes die Bestimmung des (Netto-)Unternehmenswertes nach dem **Equity-Ansatz** vor!

(1) Ermitteln Sie zunächst den Eigenkapitalkostensatz gemäß dem Capital Asset Pricing Model (CAPM)!

(2) Bestimmen Sie auf Basis der zuvor berechneten Größen den (Netto-) Unternehmenswert nach dem Equity-Ansatz!

c) Wenden Sie im Folgenden den **Entity-Ansatz** zur Bestimmung des (Netto-)Unternehmenswertes der Foxtrott GmbH an!

(1) Ermitteln Sie zunächst den (Gesamt-)Kapitalkostensatz als kapitalgewichteten Eigen- und Fremdkapitalkostensatz!

(2) Wie hoch ist der (Netto-)Unternehmenswert der Foxtrott GmbH, der sich nach dem Entity-Ansatz ergibt?

d) Erklären Sie, worin die Problematik bei der Bestimmung des Unternehmenswertes nach dem Entity-Ansatz besteht! Gehen Sie auch darauf ein, unter welchen Voraussetzungen Entity- und Equity-Ansatz zu identischen (Netto-)Unternehmenswerten führen!

Lösung

Teilaufgabe a)

(1) Da der Freie Cashflow „Brutto" eine Größe nach Unternehmenssteuern ist, ist zunächst für jedes Jahr der steuerpflichtige Gewinn und die daraus resultierende Steuerzahlung zu ermitteln.

Beträge in TEUR	Jahr 1	Jahr 2	Jahr 3	ab Jahr 4
Umsatzerlöse	4.000	4.400	4.620	4.620
Herstellungskosten	– 2.600	– 2.860	– 3.003	– 3.003
Vertriebs- und Verwaltungs-aufwendungen	– 400	– 440	– 462	– 462
Abschreibungen auf das Anlagevermögen	– 250	– 288	– 317	– 333
Zinsaufwendungen für das Fremdkapital	– 100	– 112	– 116	– 111
Gewinn vor Steuern	= 650	= 700	= 722	= 711
Steuern (= steuerpflichtiger Gewinn · 25 %)	– 163	– 175	– 181	– 178
Gewinn nach Steuern	= 487	= 525	= 541	= 533

Der jährliche Freie Cashflow „Brutto" ergibt sich dann wie folgt:

Beträge in TEUR	Jahr 1	Jahr 2	Jahr 3	ab Jahr 4
Gewinn nach Steuern	487	525	541	533
Zinsaufwendungen für das Fremdkapital	+ 100	+ 112	+ 116	+ 111
Abschreibungen auf das Anlagevermögen	+ 250	+ 288	+ 317	+ 333
Brutto-Cashflow nach Steuern	= 837	= 925	= 974	= 977
Brutto-Investitionen in das Anlagevermögen	– 438	– 432	– 396	– 333
Investitionen in das Umlaufvermögen	– 438	– 336	– 185	–
Freier Cashflow „Brutto"	= – 39	= 157	= 393	= 644

(2) Die Netto-Zahlungen an (–) die Fremdkapitalgeber bzw. von (+) den Fremdkapitalgebern ergeben sich aus den Zinsaufwendungen für das Fremdkapital und aus den Veränderungen des Fremdkapitals durch Tilgung (–) bzw. Neuverschuldung (+):

Beträge in TEUR	Jahr 1	Jahr 2	Jahr 3	ab Jahr 4
Zinsaufwendungen für das Fremdkapital	– 100	– 112	– 116	– 111
Tilgung (–)/ Neuverschuldung (+)	+ 285	+ 113	– 115	–
Netto-Zahlungen an (–) die Fremdkapitalgeber bzw. von (+) den Fremdkapitalgebern	= + 185	= + 1	= – 231	= – 111

(3) Der jährliche Freie Cashflow „Netto" unterscheidet sich vom Freien Cashflow „Brutto" durch die Berücksichtigung der Netto-Zahlungen an die Fremdkapitalgeber bzw. von den Fremdkapitalgebern.

Beträge in TEUR	Jahr 1	Jahr 2	Jahr 3	ab Jahr 4
Freier Cashflow „Brutto"	– 39	157	393	644
Netto-Zahlungen an (–) die Fremdkapitalgeber bzw. von (+) den Fremdkapitalgebern	+ 185	+ 1	– 231	– 111
Freier Cashflow „Netto"	= 146	= 158	= 162	= 533

Teilaufgabe b)

(1) Zur Bestimmung der Eigenkapitalkosten wird bei den Discounted Cashflow (DCF)-Methoden üblicherweise auf das CAPM zurückgegriffen. Allgemein gilt für die Eigenkapitalkosten:

$$r_{EK} = i + \beta \cdot (r_M - i)$$

Dabei gilt:

r_{EK} = Erwartungswert der Rendite der Eigentümer (Eigenkapitalkostensatz);

i = Risikoloser landesüblicher Zinssatz gemäß dem Planungshorizont (= Zinssatz langfristiger Staatsanleihen);

r_M = Erwartungswert der Rendite aus der Anlage des Geldes im „Marktportfolio";

β = Maß für die Risikoklasse des Unternehmens.

Vereinfachend werden in die Gleichung für r_M und für den β-Faktor die in der Vergangenheit festgestellten Werte angesetzt. Der Eigenkapitalkostensatz der Foxtrott GmbH beläuft sich demnach auf:

$$r_{EK} = 3{,}8\ \% + 1{,}25 \cdot (9{,}8\ \% - 3{,}8\ \%) = 11{,}3\ \%\ \text{p. a.}$$

(2) Um zum (Netto-)Unternehmenswert nach dem Equity-Ansatz zu gelangen, müssen die Freien Cashflows „Netto“, die aus logischen Gründen den Netto-Zahlungen an die Eigenkapitalgeber entsprechen, mit dem Eigenkapitalkostensatz diskontiert werden, d. h.:

$$UW_{DCF}^{Equity} = \sum_{t=1}^{n} \frac{FCFN_t}{(1 + r_{EK})^t} + RWN_0$$

Dabei gilt:

$FCFN_t$: Freier Cashflow „Netto“ des Unternehmens zum Zeitpunkt t;

r_{EK}: Eigenkapitalkostensatz;

RWN_0: Barwert des Restwertes des Unternehmens als (Netto-)Unternehmenswert am Ende des Prognosezeitraumes in t = n;

n: Prognosezeitraum (hier: n = 3).

Für den Barwert der Freien Cashflows „Netto“ über den Prognosezeitraum ergibt sich Folgendes:

$$\sum_{t=1}^{3} \frac{FCFN_t}{(1+r_{EK})^t} = \frac{146}{1{,}113^1} + \frac{158}{1{,}113^2} + \frac{162}{1{,}113^3}$$

$$= 131{,}18 + 127{,}55 + 117{,}50 = 376{,}23 \text{ TEUR}$$

Für die Berechnung des Restwertes des Unternehmens am Ende des Prognosezeitraumes (in t = n) ist das „Konzept der ewigen Rente“ anzuwenden. Anschließend ist dieser Restwert auf den aktuellen Zeitpunkt t = 0 mit dem Eigenkapitalkostensatz abzuzinsen:

$$RWN_0 = \frac{FCFN_{n+1}}{r_{EK} \cdot (1 + r_{EK})^n} = \frac{533}{0{,}113 \cdot 1{,}113^3} = 3.421{,}08 \text{ TEUR}$$

Schließlich ergibt sich für den **(Netto-)Unternehmenswert nach dem Equity-Ansatz** Folgendes:

$$UW_{DCF}^{Equity} = \sum_{t=1}^{n} \frac{FCFN_t}{(i + r_{EK})^t} + RWN_0 = 376{,}23 + 3.421{,}08$$

$$= \mathbf{+\ 3.797{,}31\ TEUR}$$

Teilaufgabe c)

(1) Die Gleichung, mit welcher der kapitalgewogene durchschnittliche (Gesamt-)Kapitalkostensatz bestimmt wird, lautet allgemein:

$$k = r_{EK} \cdot \frac{EK}{GK} + r_{FK} \cdot \frac{FK}{GK}$$

Dabei gilt:

k: (Gesamt-)Kapitalkostensatz des Unternehmens;

r_{EK}: Erwartungswert der Rendite der Eigentümer (Eigenkapitalkostensatz);

r_{FK}: Erwartungswert der Rendite der Fremdkapitalgeber (Fremdkapitalkostensatz);

EK/FK: Eigenkapitalquote zu Barwerten;

FK/GK: Fremdkapitalquote zu Barwerten.

Nach Einsetzen der Unternehmensdaten folgt für den (Gesamt-)Kapitalkostensatz der Foxtrott GmbH:

$k = 11{,}3\ \% \cdot 0{,}63 + 4{,}0\ \% \cdot 0{,}37 = 8{,}5990\ \%$ p. a.

(2) Für die Berechnung des (Netto-)Unternehmenswertes nach dem Entity-Ansatz gilt die folgende Formel:

$$UW_{DCF}^{Entity} = \sum_{t=1}^{n} \frac{FCFB_t}{(1+k)^t}$$

$$+ \sum_{t=1}^{n} \frac{\text{Nettozahlungen an die (–) / von den (+) Fremdkapitalgeber/n}_t}{(1+r_{FK})^t}$$

$$+ RWN_0$$

$$= \sum_{t=1}^{n} \frac{FCFB_t}{(1+k)^t}$$

$$+ \sum_{t=1}^{n} \frac{\text{Nettozahlungen an die (–) / von den (+) Fremdkapitalgeber/n}_t}{(1+r_{FK})^t}$$

$$+ RWB_0 + RWFK_0$$

Dabei gilt:

$FCFB_t$: Freier Cashflow „Brutto“ des Unternehmens zum Zeitpunkt t;

k: (Gesamt-)Kapitalkostensatz des Unternehmens;

r_{FK}: Erwartungswert der Rendite der Fremdkapitalgeber (Fremdkapitalkostensatz);

RWN_0: Barwert des Restwertes des Unternehmens als (Netto-)Unternehmenswert am Ende des Prognosezeitraumes in t = n;

RWB_0: Barwert des Restwertes des Unternehmens als (Brutto-)Unternehmenswert am Ende des Prognosezeitraumes in t = n;

$RWFK_0$: Barwert des Restwertes der Zahlungen an die Fremdkapitalgeber des Unternehmens am Ende des Prognosezeitraumes in t = n.

Zunächst ergibt sich durch das Einsetzen der Unternehmensdaten für den Barwert der Freien Cashflows „Brutto“ über den Prognosezeitraum:

$$\sum_{t=1}^{3} \frac{FCFB_t}{(1+k)^t} = \frac{-39}{1{,}085990^1} + \frac{157}{1{,}085990^2} + \frac{393}{1{,}085990^3}$$

$$= -35{,}91 + 133{,}12 + 306{,}84 = 404{,}05 \text{ TEUR}$$

Der Barwert des Restwertes des Unternehmens – berechnet nach dem Entity-Ansatz – ergibt sich – unter Ansatz des „Konzepts der ewigen Rente“ –, indem vom Barwert der am Ende des Prognosezeitraumes Freien Cashflows „Brutto“ der Barwert der Netto-Zahlungen an die Fremdkapitalgeber abgezogen wird.

$$RWN_0 = \frac{FCFB_{n+1}}{k \cdot (1+k)^n}$$

$$+ \frac{\text{Nettozahlungen an die (–) / von den (+) Fremdkapitalgeber/n in t = n + 1}}{r_{FK} \cdot (1 + r_{FK})^n}$$

Setzt man für die Berechnung des Barwertes des Brutto-Restwertes die entsprechenden Werte ein, so ergibt sich für diesen Folgendes:

$$RWB_0 = \frac{644}{0{,}085990 \cdot (1 + 0{,}085990)^3} = 5.847{,}37 \text{ TEUR}$$

Der **(Brutto-)Unternehmenswert** beläuft sich somit auf:

$$UW_{DCF}^{Brutto} = 404{,}05 + 5.847{,}37 = 6.251{,}42 \text{ TEUR}$$

Der Barwert der Netto-Zahlungen an die (–) / von den (+) Fremdkapitalgeber/n über den Prognosezeitraum ergibt sich wie folgt:

$$\sum_{t=1}^{3} \frac{\text{Nettozahlungen an die (–) / von den (+) Fremdkapitalgeber/n}_t}{(1 + r_{FK})^t}$$

$$= \frac{185}{1{,}04^1} + \frac{1}{1{,}04^2} + \frac{-231}{1{,}04^3}$$

$$= 177{,}88 + 0{,}92 + (-205{,}36) = -26{,}56 \text{ TEUR}$$

Der Restwert der Zahlungen an die Fremdkapitalgeber ergibt sich als:

$$\frac{\text{Nettozahlungen an die (–) / von den (+) Fremdkapitalgeber/n in t = n + 1}}{r_{FK} \cdot (1 + r_{FK})^n}$$

$$= \frac{-111}{0{,}04 \cdot (1 + 0{,}04)^3} = -2.466{,}96 \text{ TEUR}$$

Der Barwert der Schulden (BW_{FK}) beläuft sich somit auf:

$$BW_{FK} = (-26{,}56) + (-2.466{,}96) = -2.493{,}52 \text{ TEUR}$$

Somit ergibt sich für den **(Netto-)Unternehmenswert nach dem Entity-Ansatz** folgender Betrag:

$$UW_{DCF}^{Entity} = 6.251{,}42 - 2.493{,}52 = \mathbf{+\ 3.757{,}90\ TEUR}$$

Teilaufgabe d)

Entity- und Equity-Ansatz bzw. Brutto- und Netto-Verfahren führen theoretisch immer dann zu übereinstimmenden Ergebnissen, wenn die angenommenen Finanzierungsprämissen sich in den geplanten Cashflows und in den verwendeten Kapitalisierungszinssätzen niederschlagen.

Als problematisch erweist sich bei der Anwendung des Entity-Ansatzes das bestehende Zirkularitätsproblem, da der Marktwert des Eigenkapitals, welcher durch das Verfahren bestimmt werden soll, bereits zur Bestimmung des Kapitalisierungszinssatzes erforderlich ist. Zur Behebung des Problems kann mittels iterativen Vorgehens die Lösung schrittweise berechnet werden. Erschwerend kommt hinzu, dass sich die Kapitalstruktur im Zeitablauf verändert, da in der Aufgabe von der sogenannten autonomen Finanzierungsprämisse ausgegangen wird. Diese besagt, dass das Fremdkapital unabhängig vom Verschuldungsgrad zu Marktwerten geplant wird. Um dieser Veränderung Rechnung zu tragen, wäre ein rekursives Vorgehen notwendig. Dabei müsste der Kapitalisierungszinssatz, ausgehend vom letzten Jahr des Prognosezeitraumes, für jedes Jahr der jeweiligen Kapitalstruktur entsprechend berechnet werden.

Aufgabe 8.15: Unternehmensbewertung nach den Discounted Cashflow (DCF)-Verfahren

Ihr Kunde, ein mittelständisches Unternehmen im Dienstleistungssektor, möchte seinen Mitbewerber, die Weiterbildungs-GmbH, übernehmen. Daher erhalten Sie den Auftrag, den „angemessenen“ Wert der Weiterbildungs-GmbH mit Hilfe des Discounted Cashflow (DCF)-Verfahrens zu ermitteln. Von der Weiterbildungs-GmbH werden Ihnen dafür folgende Daten zur Verfügung gestellt:

t	1	2	3	ab 4
Netto-Cashflow (EUR)	1.500.000	500.000	2.000.000	2.500.000

Die Weiterbildungs-GmbH verfügt über eine langfristige Festzinsvereinbarung, die ihr einen Fremdkapitalzinssatz von 5,5 % p. a. garantiert. An die Fremdkapitalgeber sind in den einzelnen Jahren jeweils folgende Nettozahlungen zu leisten:

t = 1: 500.000 EUR,

t = 2: 300.000 EUR,

t = 3: 800.000 EUR,

ab t = 4: 300.000 EUR.

Die Eigenkapitalrendite wird mit Hilfe des Capital Asset Pricing Models (CAPM) und folgenden Daten bestimmt:

- Marktrendite = 10,5 % p. a.,
- unternehmensspezifischer β-Faktor = 1,3,
- Zinssatz für langfristige Staatsanleihen (risikolos) = 4,0 % p. a.,
- Fremdkapitalquote = 70 %.

Bei der Ermittlung des Unternehmenswertes wird von einer unendlich langen Lebensdauer des Unternehmens ausgegangen. Dabei rechnet man nach den ersten 4 Jahren mit einer jährlich gleich bleibenden ewigen Rente in Höhe des Netto-Cashflows des vierten Jahres (t = 4).

a) Ermitteln Sie den gewichteten Kapitalkostensatz (WACC) sowie den Eigenkapitalkostensatz mit Hilfe des Capital Asset Pricing Models (CAPM)!

b) Berechnen Sie den Marktwert des Eigenkapitals der Weiterbildungs-GmbH nach dem Entity Approach (Bruttomethode)!

c) Bestimmen Sie auf Basis der ermittelten Ergebnisse aus Teilaufgabe a) den Marktwert des Eigenkapitals der Weiterbildungs-GmbH nach dem Equity Approach (Nettomethode)!

d) Begründen Sie, warum die Ergebnisse aus Teilaufgabe b) und aus Teilaufgabe c) nicht übereinstimmen!

Lösung

Teilaufgabe a)

Für die Eigenkapitalkostenermittlung mit Hilfe des CAPM gilt allgemein folgende Formel:

$$r_{EK} = i + \beta \cdot (r_M - i)$$

Dabei gilt:

r_{EK}: Erwartungswert der Rendite der Eigentümer, risikoangepasste Renditeforderung der Eigentümer, Kapitalkosten der Eigentümer;

i: Risikoloser landesüblicher Zins;

r_M: Erwartungswert der Rendite aus der Anlage des Geldes im „Marktportfolio“;

$(r_M - i)$: Erwartete „Überrendite“ bei Anlage in riskante statt risikolose Wertpapiere;

β: Maß für die Risikoklasse des Unternehmens.

Die Eigenkapitalkosten betragen demnach:

$$r_{EK} = 4{,}0\ \% + 1{,}3 \cdot (10{,}5\ \% - 4{,}0\ \%) = 12{,}45\ \%\ \text{p. a.}$$

Der gewichtete Kapitalkostensatz (k) ergibt sich allgemein wie folgt:

$$k = r_{EK} \cdot \frac{EK}{GK} + r_{FK} \cdot \frac{FK}{GK}$$

Dabei gilt:

k: WACC, gewogener durchschnittlicher Kapitalkostensatz;

r_{EK}: Erwartungswert der Rendite der Eigentümer, risikoangepasste Renditeforderung der Eigentümer, Kapitalkosten der Eigentümer;

r_{FK}: Erwartungswert der Rendite der Fremdkapitalgeber, Renditeforderung der Fremdkapitalgeber.

$$k = 12{,}45\ \% \cdot 0{,}3 + 5{,}50\ \% \cdot 0{,}7 = 7{,}585\ \%\ \text{p. a.}$$

Teilaufgabe b)

Marktwert des Eigenkapitals (MWEK) der Weiterbildungs-GmbH nach dem Entity-Approach (Bruttomethode):

$MWEK = UW_{GK} - MWFK$

Dabei gilt:

UW_{GK}: Gesamtkapitalbezogener Unternehmenswert;

MWFK: Marktwert des Fremdkapitals.

$$UW_{GK} = \sum_{t=1}^{4} \frac{NCF_t}{(1+k)^t} + \frac{NCF_n}{k \cdot (1+k)^n} \text{ für } n = 4$$

$$UW_{GK} = \frac{1.500}{(1+0{,}07585)^1} + \frac{500}{1{,}07585^2} + \frac{2.000}{1{,}07585^3} + \frac{2.500}{1{,}07585^4} + \frac{2.500}{0{,}07585} \cdot \frac{1}{1{,}07585^4}$$

$$= 29.900{,}83278 \approx 29.900{,}83 \text{ TEUR}$$

$$MWFK = \sum_{t=1}^{4} \frac{\text{Zahlungen an die Fremdkapitalgeber}_t}{(1+r_{FK})^t} + \frac{\text{Zahlungen an die Fremdkapitalgeber}_n}{(1+r_{FK})^n}$$

$$MWFK = \frac{500}{1{,}055^1} + \frac{300}{1{,}055^2} + \frac{800}{1{,}055^3} + \frac{300}{1{,}055^4} + \frac{300}{0{,}055} \cdot \frac{1}{1{,}055^4}$$

$$= 6.069{,}92575 \approx 6.069{,}93 \text{ TEUR}$$

MWEK = 29.900,83 – 6.09,93 = 23.830,90 TEUR

Teilaufgabe c)

Marktwert des Eigenkapitals (MWEK) der Weiterbildungs-GmbH nach dem Equity-Approach (Nettomethode):

Beträge in TEUR	1	2	3	ab 4
Netto-Cashflow	1.500	500	2.000	2.500
– Kapitaldienst	– 500	– 300	– 800	– 300
= Free-Cashflow	= 1.000	= 200	= 1.200	= 2.200

Der MWEK ergibt sich, indem sämtliche Free-Cashflows mit dem Eigenkapitalkostensatz ($r_{EK} = 12{,}45$ % p. a.) diskontiert werden.

$$MWEK = \sum_{t=1}^{4} \frac{FCF_t}{(1+r_{EK})^t} + \frac{FCF_n}{r_{EK} \cdot (1+r_{EK})^n} \quad \text{für } n = 4$$

$$MWEK = \frac{1.000}{1{,}1245^1} + \frac{200}{1{,}1245^2} + \frac{1.200}{1{,}1245^3} + \frac{2.200}{1{,}1245^4} + \frac{2.200}{0{,}1245} \cdot \frac{1}{1{,}1245^4}$$

$$= 14.318{,}62003 \approx 14.318{,}62$$

Teilaufgabe d)

Die Ergebnisse stimmen deshalb nicht überein, weil die Netto-Cashflows im Rahmen des Entity-Approach (Bruttomethode) mit dem gewichteten Kapitalkostensatz k diskontiert werden, während bei dem Equity-Approach (Nettomethode) die Abzinsung mittels des Eigenkapitalkostensatzes r_{EK} erfolgt. Weiterhin werden die Zahlungen an die Fremdkapitalgeber beim Equity-Ansatz mit dem Eigenkapitalkostensatz r_{EK}, die Zahlungen beim Entity-Ansatz hingegen mit dem Fremdkapitalzinssatz r_{FK} diskontiert. Die unterschiedlich hohen Zinssätze und die Vorgehensweise bei der Ermittlung des MWEK determinieren die Differenz zwischen dem MWEK nach der Bruttomethode und dem MWEK nach der Nettomethode.

Aufgabe 8.16: Shareholdervalue-Ansätze

Entwickeln Sie in einem Schaubild den Zusammenhang zwischen den Discounted Cashflow (DCF)-Verfahren und den Methoden des Controllings zur Bewertung von Geschäftsbereichen, den sogenannten Shareholdervalue-Ansätzen! Verwenden Sie in diesem Zusammenhang auch die wichtigsten Begriffe aus dem Economic Value Added (EVA)-Konzept und dem Cashflow Return On Investment (CFROI)-Konzept!

Lösung

Das Shareholdervalue-Konzept ist in der Betriebswirtschaftslehre nur zum Teil neu, da in der Investitionstheorie die Entscheidungsregel, eine Investition nur dann durchzuführen, wenn aus ihr ein positiver Kapitalwert resultiert, klassisches Gedankengut ist. Der Ertragswert wurde bisher zur Bewertung von Unternehmen und Unternehmensteilen herangezogen. Nach dem Shareholdervalue-Ansatz wird der Ertragswert nun zur strategischen Steuerung und Kontrolle ganzer Unternehmen, einzelner Konzerngesellschaften und Geschäftsbereiche eingesetzt. Die Beziehungen zwischen Shareholdervalue-Konzepten und den DCF-Verfahren lassen sich anhand der Abbildung auf Seite 252 darstellen.

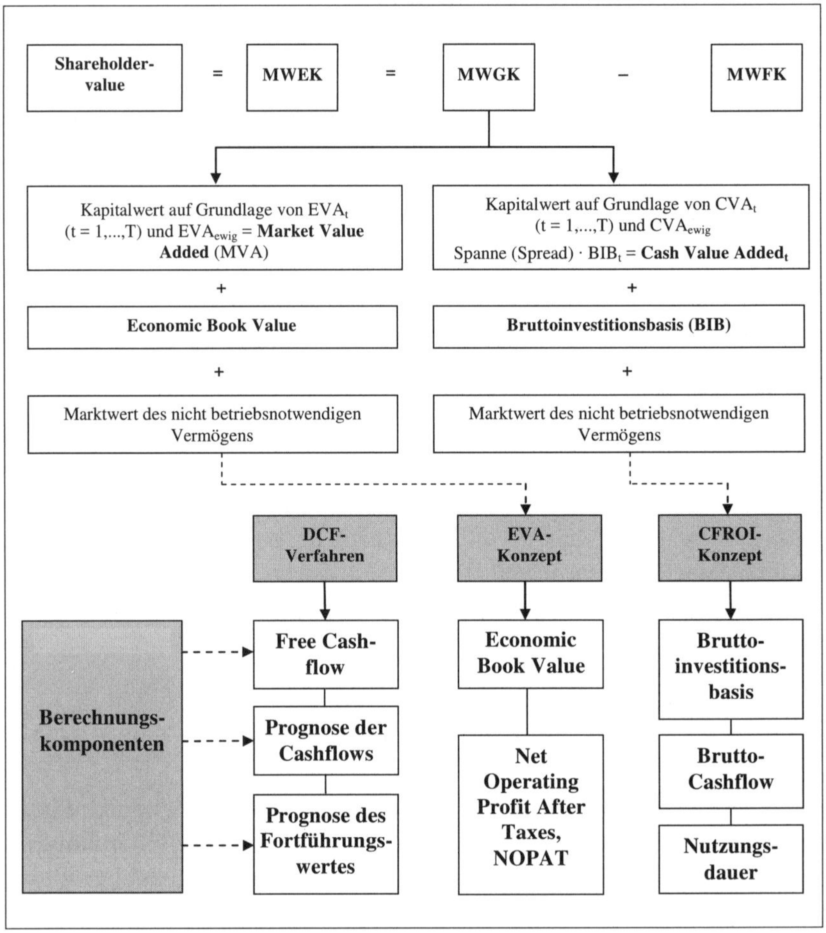

Abbildung 15: Systematisierung der Shareholdervalue-Ansätze[73]

[73] Geringfügig modifiziert entnommen aus *Bieg, Hartmut; Kußmaul, Heinz; Waschbusch, Gerd*: Investition, 3. Aufl., München 2016, S. 328.

Dabei bedeuten:

BIB:	Bruttoinvestitionsbasis;
CVA:	Cash Value Added;
MVA:	Market Value Added;
MWEK:	Marktwert des Eigenkapitals;
MWGK:	Marktwert des Gesamtkapitals;
MWFK:	Marktwert des Fremdkapitals;
DCF:	Discounted Cashflow;
EVA:	Economic Value Added;
CFROI:	Cashflow Return On Investment.

9 Entscheidungen über Finanzinvestitionen

9.1 Die Analyse festverzinslicher Wertpapiere

Aufgabe 9.1: Risikoanalyse

Die Beurteilung von (internationalen) Anleihen durch sogenannte Ratingagenturen erfolgt i. d. R. nach dem Top-Down-Prinzip, d. h., ausgehend vom Länderrisiko werden das Branchenrisiko, die unternehmensspezifischen und schließlich die gläubigertitelspezifischen Risiken untersucht. Erläutern Sie diese Risiken, die in das Rating-Urteil eingehen!

Lösung

Das **Länderrisiko** ist dadurch gekennzeichnet, dass aufgrund wirtschaftlicher und/oder politischer Instabilität eines Landes der Transfer der geschuldeten Leistung durch den ausländischen Schuldner verhindert wird. Dabei unterscheidet man zum einen das **Konvertierungsrisiko**, bei dem es dem ausländischen Schuldner aufgrund einer bestehenden Devisenknappheit seines Sitzlandes nicht mehr möglich ist, die Währung des Sitzlandes in die geschuldete Währung zu konvertieren. Zum anderen unterscheidet man das **Transferrisiko**, also die Gefahr, dass der ausländische Schuldner aufgrund politischer Beschränkungen seitens seines Sitzlandes seine Leistung nicht mehr erbringen darf.

Mit dem **Branchenrisiko** werden sowohl die Zukunftsperspektiven als auch die Konkurrenzsituation eines Wirtschaftssektors (einer Branche) beurteilt. Neben staatlichen Unterstützungsmaßnahmen für die betrachtete Branche werden bei der Ermittlung des Rating-Urteils die Abhängigkeit dieser Branche von der gesamtwirtschaftlichen Entwicklung, der technologische Fortschritt innerhalb dieser Branche, die Wechselkursabhängigkeit dieser Branche sowie Schwierigkeiten, die beim Markteintritt in diese Branche bzw. beim Marktaustritt aus dieser Branche bestehen, berücksichtigt.

In den **unternehmensspezifischen Risiken** werden das Geschäftsrisiko und das finanzielle Risiko zusammengefasst. Die Qualität des Managements, die Technologie, das Marketing und die Effizienz des Emittenten des Gläubigertitels beeinflussen dabei die Bewertung des Geschäftsrisikos. Das finanzielle Risiko wird dagegen anhand einer standardisierten Analyse von Jahresabschlusskennzahlen beurteilt, wobei vor allem die zukünftige Ertragsfähigkeit des Emittenten des Gläubigertitels prognostiziert werden soll. Um die Aussagefähigkeit der jahresabschlussanalytisch gewonnenen Kennzahlen zu gewährleisten, müssen allerdings Divergenzen, die sich aufgrund international unterschiedlich angewandter Rechnungslegungsvorschriften (HGB, IFRS, US-GAAP) ergeben, ebenso berücksichtigt werden wie nicht bilanzwirksame Geschäfte.

Bei den **gläubigertitelspezifischen Risiken** werden die Rangordnung und die Sicherstellung der Verbindlichkeiten des Emittenten bewertet, d. h., es kommt im Rating dann zu Abschlägen, wenn die Verbindlichkeiten beispielsweise nachrangig besichert sind.

Aufgabe 9.2: Zinsänderungsrisiko

Um die Vorteilhaftigkeit einer Investition zu beurteilen, ist es notwendig, sich intensiv mit den möglichen Investitionsrisiken zu beschäftigen. Was versteht man in diesem Zusammenhang unter dem Zinsänderungsrisiko?

Lösung

Das **Zinsänderungsrisiko** – nur bei offenen Zinspositionen bedeutsam – besteht darin, dass das erzielte Zinsergebnis aufgrund der Veränderung von Marktzinssätzen negativ von dem erwarteten und angestrebten Zinsergebnis abweicht; es lässt sich in das Festzinsrisiko und das variable Zinsänderungsrisiko einteilen. Beim **Festzinsrisiko** ist es dem Investor rechtlich nicht möglich, die für Aktiv- oder Passivpositionen festgelegten Zinssätze an veränderte Marktgegebenheiten anzupassen. Negative Erfolgsauswirkungen aus einer Änderung des relevanten Marktzinsniveaus können die Folge sein. Im Gegensatz dazu besteht die Gefahr beim **variablen Zinsänderungsrisiko** darin, aufgrund unterschiedlicher Zinsanpassungselastizitäten einzelner zinstragender Aktiv- und Passivpositionen auf veränderte Marktbedingungen nicht in gleicher Schnelligkeit und in gleichem Ausmaße reagieren zu können, wodurch es zu negativen Auswirkungen auf den Erfolg kommen kann.

Festverzinsliche Wertpapiere unterliegen – sofern sie nicht bis zur Endfälligkeit gehalten werden – dem Zinsänderungsrisiko in der Form des Kurswertänderungs- und des Wiederanlagerisikos. Bei einem steigenden Marktzinsniveau fällt der Kurs festverzinslicher Wertpapiere, so dass bei ihrem Verkauf ein Kursverlust droht (**Kurswertänderungsrisiko**). Das **Wiederanlagerisiko** festverzinslicher Wertpapiere verläuft hierzu gegenläufig. Es besteht in der Gefahr, dass die aus einem Gläubigerpapier zufließenden Zinsen nur zu einem niedrigeren Zinssatz als dem im Gläubigerpapier vereinbarten Zinssatz angelegt werden können.

9.2 Portfolio Selection und Capital Asset Pricing Model (CAPM)

Aufgabe 9.3: Fragestellung des Portfolio Selection-Modells nach *Markowitz*

Beschreiben Sie in einem Satz, wie das Portfolio Selection-Modell nach *Markowitz* einem Investor bei der Beurteilung seiner Investitionsentscheidung behilflich sein kann!

Lösung

Das Portfolio Selection-Modell nach *Markowitz* kann einem Investor relativ einfach diejenige Wertpapierkombination aufzeigen, die für ein jeweils gegebenes Risikoniveau (σ_P) die zu erwartende Rendite des Portfolios (μ_P) maximiert.

Aufgabe 9.4: Prämissen des Portfolio Selection-Modells nach *Markowitz*

Erläutern Sie die wesentlichen Prämissen, die dem Modell der „Portfolio Selection" nach *Markowitz* zugrunde liegen!

Lösung

Dem Portfolio Selection-Modell nach *Markowitz* liegen folgende wesentlichen Prämissen zugrunde:

- Die Renditen an den Kapitalmärkten folgen einer Normalverteilung. Dies hat den Vorteil, dass sich die Normalverteilung durch zwei Parameter – den Erwartungswert und die Standardabweichung – vollständig beschreiben lässt.
- Es liegen Informationen über die Präferenzen des Investors hinsichtlich der erwarteten Renditen (Beschreibung durch den Erwartungswert) und der damit verbundenen Risiken (Beschreibung durch die Varianz bzw. die Standardabweichung; Abbildung mit Hilfe von Indifferenzkurven) vor.
- Transaktionskosten und Steuern sowie Handlungsbeschränkungen beim Wertpapierkauf bzw. -verkauf existieren nicht (Vorliegen eines vollkommenen Kapitalmarktes).

- Das Volumen aller am Kapitalmarkt gehandelten Wertpapiere ist gegeben. Die Wertpapiere sind beliebig teilbar, weil nur dann die Portfolio-Gewichtung frei wählbar ist.
- Der Betrachtungszeitraum beträgt genau eine Periode, d. h., Wertpapiere werden in t_0 gekauft und in t_1 wieder verkauft.
- Alle Entscheidungsträger sind risikoavers und verhalten sich rational.

Aufgabe 9.5: Systematisches und unsystematisches Risiko

Was versteht man unter dem Begriff des systematischen bzw. des unsystematischen Risikos?

Lösung

Das durch Diversifikation potenziell eliminierbare Portfoliorisiko bezeichnet man als unsystematisches Risiko. Im Gegensatz dazu spricht man beim Vorliegen unvermeidbarer Portfoliorisiken vom systematischen Risiko.

Aufgabe 9.6: Effizientes bzw. optimales Portfolio und Minimum-Varianz-Portfolio (MVP)

Was versteht man unter einem effizienten und was unter einem optimalen Portfolio? Was drückt in diesem Zusammenhang der Punkt „Minimum-Varianz-Portfolio (MVP)" aus?

Lösung

Ein effizientes Portfolio, d. h. die effiziente Kombination von erwarteter Rendite (μ_P) und Risiko (σ_P) in diesem Portfolio, ist dadurch gekennzeichnet, dass kein anderes Portfolio existiert mit

- gleicher Standardabweichung (σ_P) und höherem Erwartungswert (μ_P) oder
- niedrigerer Standardabweichung (σ_P) und gleichem Erwartungswert (μ_P) oder
- niedrigerer Standardabweichung (σ_P) und höherem Erwartungswert (μ_P)

der Portfoliorendite.

Ein optimales Portfolio ist ein effizientes Portfolio, das dem Investor den höchsten Nutzen verspricht. Die persönliche Risikoneigung wird dabei mit Hilfe von Indifferenzkurven abgebildet.

Der Punkt MVP trennt zum einen die Menge der MVP in den effizienten und den ineffizienten Teil und kennzeichnet zum anderen die Kombination der Aktien A und B (im Zwei-Wertpapier-Fall) mit dem minimalen Risiko.

Aufgabe 9.7: Kritikpunkte am Portfolio Selection-Modell nach *Markowitz*

Nennen Sie die wesentlichen Kritikpunkte am Portfolio Selection-Modell nach *Markowitz*!

Lösung

Die wesentlichen Kritikpunkte am Modell der Portfolio Selection nach *Markowitz* sind:

- Die Ausrichtung des Modells orientiert sich lediglich an den zwei Zielgrößen „erwartete Rendite“ und „Risiko des Portfolios“.
- Die Umsetzung des Modells ist in der Praxis nur unter Datensicherheit möglich.
- Das Modell muss in der Praxis unter Berücksichtigung der Ganzzahligkeitsbedingung für die zu berechnenden Wertpapieranteile gelöst werden.
- Die Portfolio-Theorie nach *Markowitz* vernachlässigt die Frage des Timings, d. h., Aussagen zum richtigen Zeitpunkt für den Kauf bzw. Verkauf von Wertpapieren werden nicht getroffen.
- Der Datenaufwand für die Anwendung des Modells ist erheblich.
- Schließlich lässt sich der Grad der Risikoaversion des Investors in der Praxis nur schwer ermitteln.

Aufgabe 9.8: Portfolio Selection-Modell[74]

Für zwei Wertpapiere (Aktien) sind folgende Daten gegeben:

Wertpapier (Aktie)	Erwartungswert der Renditen μ (% p. a.)	Standardabweichung der Renditen σ (%)
High Risk	11	25
Low Return	9	19

Die Renditen der beiden Wertpapiere (Aktien) sind zu ρ = 60 % positiv korreliert.

a) Berechnen Sie die erwartete Rendite und die Standardabweichung des Portfolios, das zu 70 % „High Risk"-Titel und zu 30 % „Low Return"-Titel enthält!

b) Bestimmen Sie mögliche effiziente Portfolios, indem Sie für variierende Wertpapieranteile (Aktienanteile) im Portfolio die jeweils erwartete Rendite sowie die jeweilige Standardabweichung des Portfolios ermitteln! Bestimmen Sie das Minimum-Varianz-Portfolio (MVP) und stellen Sie die effizienten μ_P-σ_P-Kombinationen grafisch dar!

c) Welche erwartete Rendite weist das risikolose Portfolio auf, wenn die Korrelation der Renditeentwicklung beider Wertpapiere (Aktien) nicht 60 % beträgt, sondern perfekt negativ ist?

Lösung

Teilaufgabe a)

Für die **erwartete Rendite eines Portfolios**, das aus zwei Wertpapieren (Aktien) besteht, gilt der folgende Zusammenhang:

$\mu_P = q_1 \cdot \mu_1 + q_2 \cdot \mu_2$

mit q_1, q_2 = Anteile der einzelnen Titel im Portfolio, wobei $q_1 + q_2 = 1$

Mit den gegebenen erwarteten Renditen der beiden Wertpapiere (Aktien) ergibt sich:

$\mu_P = 0{,}7 \cdot 11\,\% + 0{,}3 \cdot 9\,\% =$ **10,4 % p.a.**

---

74 Modifiziert entnommen aus *Schierenbeck, Henner; Wöhle, Claudia B.*: Grundzüge der Betriebswirtschaftslehre, Übungsbuch, 10. Aufl., München 2011, S. 130 und S. 541–544.

In die Berechnung der **Standardabweichung des Zwei-Wertpapier-Portfolios** geht neben den Standardabweichungen der einzelnen Wertpapiere (Aktien) die Korrelation der Renditeentwicklung ein. Es gilt folgende Formel:

$$\sigma_P = \sqrt{q_1^2 \cdot \sigma_1^2 + q_2^2 \cdot \sigma_2^2 + 2 \cdot q_1 \cdot q_2 \cdot \sigma_{12}}$$

Der Korrelationskoeffizient (ρ_{12}) der Renditen von Wertpapier 1 (Aktie 1) und Wertpapier 2 (Aktie 2) ergibt sich wie folgt:

$$\rho_{12} = \frac{\sigma_{12}}{\sigma_1 \cdot \sigma_2}$$

Durch Umformung des Korrelationskoeffizienten und Einsetzen der aus der Aufgabenstellung gegebenen Daten wird die Kovarianz (σ_{12}) der Renditen von Wertpapier 1 (Aktie 1) und Wertpapier 2 (Aktie 2) ermittelt:

$$\rho_{12} = \frac{\sigma_{12}}{\sigma_1 \cdot \sigma_2} \rightarrow \sigma_{12} = \rho_{12} \cdot \sigma_1 \cdot \sigma_2 = 0{,}60 \cdot 0{,}25 \cdot 0{,}19 = 0{,}0285$$

Durch Einsetzen der gegebenen bzw. errechneten Werte erhält man:

$$\sigma_P = \sqrt{0{,}7^2 \cdot 0{,}25^2 + 0{,}3^2 \cdot 0{,}19^2 + 2 \cdot 0{,}7 \cdot 0{,}3 \cdot 0{,}0285}$$

$$\sigma_P = \sqrt{0{,}030625 + 0{,}003249 + 0{,}01197} = \sqrt{0{,}045844} = 0{,}214112 \approx \mathbf{21{,}4112\ \%}$$

Teilaufgabe b)

Anteil High Risk (q_1)	Anteil Low Return (q_2)	Erwartete Rendite des Portfolios (% p. a.)	Standardabweichung des Portfolios (%)
0,0	1,0	9,0	19,0
0,1	0,9	9,2	18,7
0,2	0,8	9,4	18,6
0,3	0,7	9,6	18,8
0,4	0,6	9,8	19,2
0,5	0,5	10,0	19,7
0,6	0,4	10,2	20,5
0,7	0,3	10,4	21,4
0,8	0,2	10,6	22,5
0,9	0,1	10,8	23,7
1,0	0,0	11,0	25,0

Effiziente Portfolios zeichnen sich dadurch aus, dass kein zweites Portfolio mit gleichem Erwartungswert und einer niedrigeren Standardabweichung bzw. mit gleicher Standardabweichung und einem höheren Erwartungswert existiert.

Bei ausschließlicher Investition in die Wertpapiere (Aktien) „Low Return" (erwartete Rendite 9,0 % p. a.; Standardabweichung des Portfolios 19,0 %) bzw. einem Anteil dieser Wertpapiere (Aktien) von 90 % (erwartete Rendite des Portfolios 9,2 % p. a.; Standardabweichung des Portfolios 18,7 %) im Portfolio existieren jeweils Wertpapiermischungen (z. B. Anteil High Risk von 20 % und Anteil Low Return von 80 %), mit denen bei niedrigerer Standardabweichung eine höhere Rendite erzielt werden kann. Demnach sind diese beiden Portfolios nicht effizient.

Um das MVP bestimmen zu können, muss die Varianz der Portfoliorendite folgendermaßen umgeformt werden:

Die Anteile der einzelnen Titel im Portfolio müssen sich zu 100 % addieren. Daher muss gelten:

$$q_1 + q_2 = 1$$

Damit lässt sich der Anteil der Aktie 2 (q_2) am Portfolio eindeutig bestimmen als:

$$q_2 = 1 - q_1$$

Eingesetzt in die Berechnungsformel der Varianz der Portfoliorendite ergibt sich:

$$\sigma_P^2 = q_1^2 \cdot \sigma_1^2 + (1 - q_1)^2 \cdot \sigma_2^2 + 2 \cdot q_1 \cdot (1 - q_1) \cdot \sigma_{12}$$

Zur Bestimmung des MVP muss man nun die erste Ableitung der Varianz der Portfoliorendite (σ_P^2) nach dem Anteil der Aktie 1 am Portfolio (q_1) wie folgt bilden:

$$\sigma_P^2 = q_1^2 \cdot \sigma_1^2 + (1 - q_1)^2 \cdot \sigma_2^2 + 2 \cdot q_1 \cdot (1 - q_1) \cdot \sigma_{12}$$

$$\sigma_P^2 = q_1^2 \cdot \sigma_1^2 + (1 - 2 \cdot q_1 + q_1^2) \cdot \sigma_2^2 + 2 \cdot q_1 \cdot \sigma_{12} - 2 \cdot q_1^2 \cdot \sigma_{12}$$

$$\sigma_P^2 = q_1^2 \cdot \sigma_1^2 + q_1^2 \cdot \sigma_2^2 - 2 \cdot q_1^2 \cdot \sigma_{12} - 2 \cdot q_1 \cdot \sigma_2^2 + 2 \cdot q_1 \cdot \sigma_{12} + \sigma_2^2$$

$$\frac{\partial \sigma_P^2}{\partial q_1} = 2 \cdot \sigma_1^2 \cdot q_1 + 2 \cdot \sigma_2^2 \cdot q_1 - 4 \cdot \sigma_{12} \cdot q_1 - 2 \cdot \sigma_2^2 + 2 \cdot \sigma_{12}$$

Diese erste Ableitung ($\frac{\partial \sigma_P^2}{\partial q_1}$) muss gleich Null gesetzt werden, um das Minimum der Portfoliovarianz (σ_P^2) zu erhalten.

$$\frac{\partial \sigma_P^2}{\partial q_1} = 2 \cdot q_1 \cdot (\sigma_1^2 + \sigma_2^2 - 2 \cdot \sigma_{12}) - 2 \cdot (\sigma_2^2 - \sigma_{12}) \overset{!}{=} 0 \rightarrow q_1^* = \frac{\sigma_2^2 - \sigma_{12}}{\sigma_1^2 + \sigma_2^2 - 2 \cdot \sigma_{12}}$$

Zur Überprüfung der Minimumbedingung muss die zweite Ableitung der Portfoliovarianz (σ_P^2) nach dem Anteil der Aktie 1 (q_1) positiv sein:

$$\frac{\partial \sigma_P^2}{\partial^2 q_1} = 2 \cdot (\sigma_1^2 + \sigma_2^2 - 2 \cdot \sigma_{12}) \overset{!}{>} 0$$

Die Varianz der Rendite des Portfolios errechnet man, indem die Standardabweichung für die Aktie „High Risk“ und die Aktie „Low Return“ quadriert wird:

$\sigma_1 = 0{,}25 \rightarrow \sigma_1^2 = 0{,}0625$

$\sigma_2 = 0{,}19 \rightarrow \sigma_2^2 = 0{,}0361$

$$q_1^* = \frac{0{,}0361 - 0{,}0285}{0{,}0625 + 0{,}0361 - 2 \cdot 0{,}0285} = 0{,}182692$$

$q_2^* = 1 - q_1 \approx 0{,}817308$

Überprüfung der Minimumbedingung mittels der zweiten Ableitung:

$$\frac{\partial \sigma_P^2}{\partial^2 q_1} = 2 \cdot (0{,}0625 + 0{,}0361 - 2 \cdot 0{,}0285) = 0{,}0832 > 0$$

Der risikoscheue Investor wird, um **das risikominimale Portfolio (MVP)** zu erwerben, die Aktie 1 anteilig mit 18,2692 % und die Aktie 2 anteilig mit 81,7308 % in sein Depot legen. Mit dieser Aufteilung erzielt der Investor eine **Rendite** von

$\mu_P = 0{,}11 \cdot 0{,}182692 + 0{,}09 \cdot 0{,}817308 = \mathbf{9{,}3654\ \%\ p.a.}$

Die Standardabweichung der Portfoliorendite im Punkt MVP beläuft sich auf:

$$\sigma_P = \sqrt{0{,}182692^2 \cdot 0{,}25^2 + 0{,}817308^2 \cdot 0{,}19^2 + 2 \cdot 0{,}182692 \cdot 0{,}817308 \cdot 0{,}0285}$$

$\sigma_P \approx 18{,}6310\ \%$

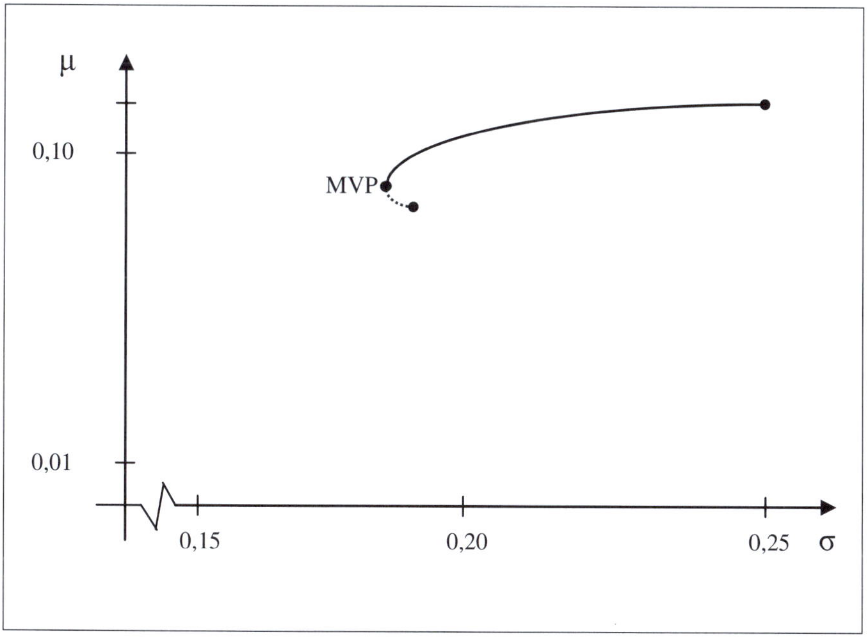

Abbildung 16: Standardabweichung der Portfoliorendite im Punkt MVP

Teilaufgabe c)

Eine perfekt negative Korrelation bedeutet, dass der Korrelationskoeffizient der Renditen von zwei Wertpapieren (Aktien) genau $\rho = -1$ beträgt. In diesem Fall gilt für die Standardabweichung eines Portfolios bestehend aus zwei Titeln:

$$\sigma_P = \sqrt{q_1^2 \cdot \sigma_1^2 + q_2^2 \cdot \sigma_2^2 + 2 \cdot q_1 \cdot \sigma_1 \cdot q_2 \cdot \sigma_2}$$

$$\sigma_P = \sqrt{(q_1 \cdot \sigma_1 - q_2 \cdot \sigma_2)^2}$$

$$\sigma_P = q_1 \cdot \sigma_1 - q_2 \cdot \sigma_2$$

Mit $q_2 = 1 - q_1$ folgt:

$$\sigma_P = q_1 \cdot \sigma_1 - (1 - q_1) \cdot \sigma_2$$

Um das risikolose Portfolio zu ermitteln, ist $\sigma_P = 0$ zu setzen. Mit den Werten $\sigma_1 = 25\ \%$ und $\sigma_2 = 19\ \%$ ergibt sich:

$$0 = q_1 \cdot 25\ \% - (1 - q_1) \cdot 19\ \%$$

Daraus folgt:

$q_1 = 43{,}1818\ \%$ und $q_2 = 56{,}8182\ \%$

Die **Rendite des Null-Risiko-Portfolios** beträgt somit:

$\mu_P = 0{,}431818 \cdot 11\ \% + 0{,}568182 \cdot 9\ \% = \mathbf{9{,}8636\ \%\ p.\,a.}$

Für den Fall, dass die Renditen von zwei Wertpapieren (Aktien) perfekt negativ korreliert sind, lässt sich das Risiko durch eine bestimmte Zusammensetzung des Portfolios aus beiden Titeln vollständig eliminieren. Im Beispiel beträgt die Rendite des Null-Risiko-Portfolios 9,8636 % p. a.

Aufgabe 9.9: Minimum-Varianz-Portfolio (MVP)

Ein Investor möchte sein Vermögen für 1 Jahr möglichst ertragreich und zugleich möglichst risikolos anlegen, wobei sich ihm der Kauf von drei Wertpapierarten (A, B und C) anbietet. Die Rückflüsse (Dividende und Kurswert der Wertpapiere) lassen sich nicht mit Sicherheit vorhersagen. Bekannt ist lediglich die Wahrscheinlichkeitsverteilung der Wertpapierrenditen. Im Zuge der Vorbereitung auf das Beratungsgespräch haben Sie als Privatkundenberater der Hausbank des Kunden folgende Daten ermittelt:

	Zustandsabhängige Rendite (% p. a.)					
	$p_1 = 0{,}2$	$p_2 = 0{,}1$	$p_3 = 0{,}4$	$p_4 = 0{,}3$	μ_n (% p. a.)	σ_n^2 (%)
Wertpapier A	10	12	15	18	14,6	8,44
Wertpapier B	8	16	10	20	13,2	24,16
Wertpapier C	18	16	10	4	10,4	27,04

Der Investor wägt die Chancen und Risiken der verschiedenen Anlagen gegeneinander ab und entschließt sich für den Kauf eines Wertpapierportfolios, das aus dem Wertpapier B und dem Wertpapier C bestehen soll.

a) Bestimmen Sie rechnerisch die risikominimale Wertpapiermischung (MVP)! Wie lauten die zugehörige Portfoliorendite und das Portfoliorisiko?

b) Der Erwartungswert der Portfoliorendite wird mit μ_P bezeichnet und das Risiko des Portfolios mit σ_P. Stellen Sie alle Wertpapiermischungen aus Wertpapier B und C in einem (μ_P; σ_P)-Diagramm grafisch dar, wobei der Anteilsprozentsatz von B zwischen 0 % und 100 % variieren kann!

c) Wie ist eine effiziente Wertpapiermischung aus Wertpapier B und C definiert? Bestimmen Sie in Ihrer unter Teilaufgabe b) erstellten Grafik alle effizienten Wertpapiermischungen!

Lösung

Teilaufgabe a)

Erwartungswert der Rendite des Portfolios:

$$\mu_P = EW[P] = EW(r_1 \cdot x_1 + r_2 \cdot x_2) = EW[r_1] \cdot x_1 + EW[r_2] \cdot x_2 = \mu_1 \cdot x_1 + \mu_2 \cdot x_2$$

Varianz der Rendite des Portfolios:

$$\begin{aligned}\sigma_P^2 &= Var[P] = Var(r_1 \cdot x_1 + r_2 \cdot x_2)\\ &= Var(r_1 \cdot x_1) + Var(r_2 \cdot x_2) + 2 \cdot Cov(r_1 \cdot x_1; r_2 \cdot x_2)\end{aligned}$$

$$\begin{aligned}\sigma_P^2 &= x_1^2 \cdot Var[r_1] + x_2^2 \cdot Var[r_2] + 2 \cdot x_1 \cdot x_2 \cdot Cov[r_1, r_2]\\ &= x_1^2 \cdot \sigma_1^2 + x_2^2 \cdot \sigma_2^2 + 2 \cdot x_1 \cdot x_2 \cdot \sigma_{12}\end{aligned}$$

Budgetrestriktion: $x_1 + x_2 = 1 \rightarrow x_2 = 1 - x_1$

$$\rightarrow \mu_P = \mu_1 \cdot x_1 + \mu_2 \cdot (1 - x_1)$$

$$\rightarrow \sigma_P^2 = x_1^2 \cdot \sigma_1^2 + (1 - x_1)^2 \cdot \sigma_2^2 + 2 \cdot x_1 \cdot (1 - x_1) \cdot \sigma_{12}$$

Berechnung der Kovarianz der Renditen von Wertpapier 1 (Wertpapier B) und Wertpapier 2 (Wertpapier C):

$$\sigma_{12} = Cov[r_1, r_2] = EW[(r_1 - \mu_1) \cdot (r_2 - \mu_2)] = \sum_{s=1}^{4} (r_{1s} - \mu_1) \cdot (r_{2s} - \mu_2) \cdot p_s$$

$$\begin{aligned}\sigma_{12} &= (0{,}08 - 0{,}132) \cdot (0{,}18 - 0{,}104) \cdot 0{,}2 + (0{,}16 - 0{,}132) \cdot (0{,}16 - 0{,}104) \cdot 0{,}1\\ &\quad + (0{,}10 - 0{,}132) \cdot (0{,}10 - 0{,}104) \cdot 0{,}4 + (0{,}20 - 0{,}132) \cdot (0{,}04 - 0{,}104) \cdot 0{,}3\\ &= -\ 0{,}001888\end{aligned}$$

Berechnung des Korrelationskoeffizienten von Wertpapier 1 (Wertpapier B) und Wertpapier 2 (Wertpapier C):

$$\rho_{12} = Korr[r_1, r_2] = \frac{Cov[r_1, r_2]}{\sqrt{Var[r_1] \cdot Var[r_2]}} = \frac{\sigma_{12}}{\sigma_1 \cdot \sigma_2}$$

$$\rho_{12} = \frac{-0{,}001888}{\sqrt{0{,}2416 \cdot 0{,}2704}} = \frac{-0{,}001888}{0{,}4915282 \cdot 0{,}52} = -0{,}007387$$

Interpretation:

- Die Kovarianz ist ein Maß, welches die lineare Abhängigkeit zwischen zwei Wahrscheinlichkeitsvariablen beschreibt.
- Der Korrelationskoeffizient ist ein normiertes Maß, das die lineare Abhängigkeit zwischen zwei Wahrscheinlichkeitsvariablen beschreibt.

Es gilt:

$-1 \leq \rho \leq +1$;

$\rho = +1$: Vollständig positive lineare Abhängigkeit;

$\rho = 0$: Lineare Unabhängigkeit;

$\rho = -1$: Vollständig negative lineare Abhängigkeit. In diesem Spezialfall lässt sich ein Portfolio bestimmen, das bei einer positiven erwarteten Rendite kein Risiko aufweist.

Das MVP lässt sich mit Hilfe der Differenzialrechnung berechnen, indem aus der Varianz der Portfoliorendite die erste Ableitung nach dem Anteil des Wertpapiers 1 am Portfolio (q_1) wie folgt gebildet wird:

$$\sigma_P^2 = q_1^2 \cdot \sigma_1^2 + (1-q_1)^2 \cdot \sigma_2^2 + 2 \cdot q_1 \cdot (1-q_1) \cdot \sigma_{12}$$

$$\sigma_P^2 = q_1^2 \cdot \sigma_1^2 + (1 - 2 \cdot q_1 + q_1^2) \cdot \sigma_2^2 + 2 \cdot q_1 \cdot \sigma_{12} - 2 \cdot q_1^2 \cdot \sigma_{12}$$

$$\sigma_P^2 = q_1^2 \cdot \sigma_1^2 + q_1^2 \cdot \sigma_2^2 - 2 \cdot q_1^2 \cdot \sigma_{12} - 2 \cdot q_1 \cdot \sigma_2^2 + 2 \cdot q_1 \cdot \sigma_{12} + \sigma_2^2$$

$$\frac{\partial \sigma_P^2}{\partial q_1} = 2 \cdot \sigma_1^2 \cdot q_1 + 2 \cdot \sigma_2^2 \cdot q_1 - 4 \cdot \sigma_{12} \cdot q_1 - 2 \cdot \sigma_2^2 + 2 \cdot \sigma_{12}$$

Diese erste Ableitung ($\frac{\partial \sigma_P^2}{\partial q_1}$) muss gleich Null gesetzt werden, um das Minimum der Portfoliovarianz (σ_P^2) zu erhalten.

$$\frac{\partial \sigma_P^2}{\partial q_1} = 2 \cdot q_1 \cdot (\sigma_1^2 + \sigma_2^2 - 2 \cdot \sigma_{12}) - 2 \cdot (\sigma_2^2 - \sigma_{12}) \overset{!}{=} 0 \rightarrow q_1^* = \frac{\sigma_2^2 - \sigma_{12}}{\sigma_1^2 + \sigma_2^2 - 2 \cdot \sigma_{12}}$$

Zur Überprüfung der Minimumbedingung muss die zweite Ableitung der Portfoliovarianz (σ_P^2) nach dem Anteil des Wertpapiers 1 (q_1) positiv sein:

$$\frac{\partial \sigma_P^2}{\partial^2 q_1} = 2 \cdot (\sigma_1^2 + \sigma_2^2 - 2 \cdot \sigma_{12}) \overset{!}{>} 0$$

$$q_1^* = \frac{0{,}2704 - (-0{,}001888)}{0{,}2416 + 0{,}2704 - 2 \cdot (-0{,}001888)} \approx 0{,}527919$$

$$q_2^* = 1 - q_1 \approx 0{,}472081$$

Überprüfung der Minimumbedingung mittels der zweiten Ableitung:

$$\frac{\partial \sigma_P^2}{\partial^2 q_1} = 2 \cdot [0{,}2416 + 0{,}2704 - 2 \cdot (-0{,}001888)] = 1{,}031552 > 0$$

Der risikoscheue Investor wird, um das **risikominimale Portfolio (MVP)** zu erwerben, das Wertpapier 1 (Wertpapier B) anteilig mit 52,7919 % und das Wertpapier 2 (Wertpapier C) anteilig mit 47,2081 % in sein Depot legen.

Mit dieser Aufteilung erzielt der Investor eine **Rendite** von

$\mu_P = 0{,}132 \cdot 0{,}527919 + 0{,}104 \cdot 0{,}472081 \approx 11{,}8782$ % p. a.

Die **Standardabweichung der Portfoliorendite** im Punkt MVP beläuft sich auf

$$\sigma_P = \sqrt{0{,}527919^2 \cdot 0{,}2416 + 0{,}472081^2 \cdot 0{,}2704 + 2 \cdot 0{,}527919 \cdot 0{,}472081 \cdot (-0{,}001888)}$$

$\sigma_P \approx 0{,}355890 \approx 35{,}5890$ %

Teilaufgabe b)

Anteil x_1 (Wertpapier B)	Anteil x_2 (Wertpapier C)	Erwartete Portfolio-Rendite μ_P (% p. a.)	Standardabweichung des Portfolios $\sigma_P = \sqrt{\sigma_P^2}$
0,0	1,0	10,40	0,5200
0,2	0,8	10,96	0,1821
0,4	0,6	11,52	0,3676
0,6	0,4	12,08	0,3596
0,8	0,2	12,64	0,1648
1,0	0,0	13,20	0,4915

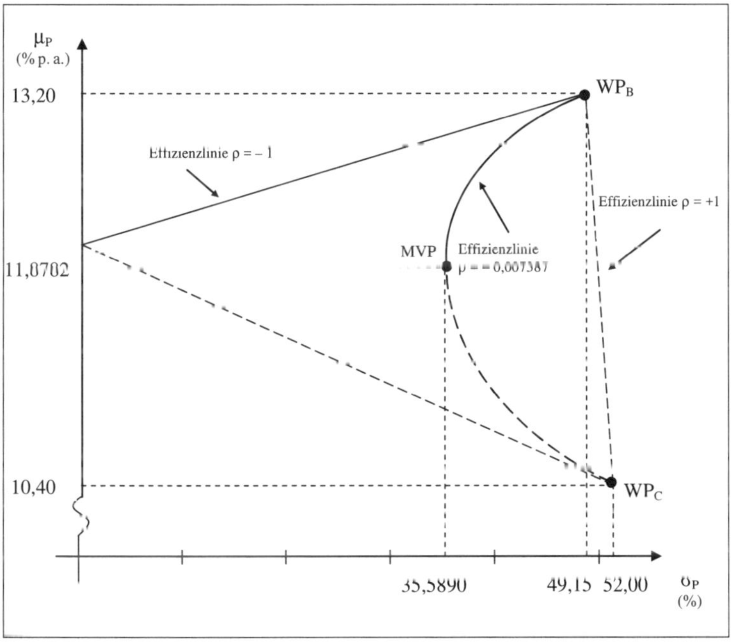

Abbildung 17: (μ_P, σ_P)-Diagramm für Wertpapier B und Wertpapier C

Teilaufgabe c)

Ein effizientes Portfolio zwischen zwei Wertpapieren ist dadurch gekennzeichnet, dass kein anderes Portfolio existiert mit

- gleicher Standardabweichung und höherem Erwartungswert oder
- niedrigerer Standardabweichung und gleichem Erwartungswert oder
- niedrigerer Standardabweichung und höherem Erwartungswert

der Portfoliorendite.

Effizient sind in der Abbildung nur solche Portfolios, die auf der Kurve zwischen MVP und WP_B liegen. Dieses Kurvenstück wird als Effizienzlinie bezeichnet (hier bei einem Korrelationskoeffizienten von $\rho = -0{,}007387$).

Weiterhin sind in der Abbildung noch die Effizienzlinien für $\rho = +1$ sowie für $\rho = -1$ angedeutet.

Bei vollständiger negativer Korrelation der beiden Wertpapiere ergibt sich der Spezialfall, dass durch geeignete Mischung ein Portfolio realisiert werden kann, das ein Risiko bezüglich der (erwarteten) Portfoliorendite von Null aufweist.

Aufgabe 9.10: Kovarianz und Korrelationskoeffizient

Als Private-Banking Kunde empfiehlt Ihnen Ihr Vermögensberater Aktien der Alternativenergie AG (Aktie 1) sowie der Konventionalenergie AG (Aktie 2) zum Kauf. Im Zuge des Beratungsgesprächs werden Ihnen folgende Daten zur Verfügung gestellt:

Umwelt-zustand	Steigende Preise für fossile Brennstoffe	Senkung der Steuerbelastung für fossile Brennstoffe	Sinkende Preise für fossile Brennstoffe	Einführung einer Mindestquote für alternativ erzeugten Strom
	(1)	(2)	(3)	(4)
Wahrscheinlichkeit (p_S)	0,70	0,10	0,05	0,15
Renditen der Aktie 1 (% p. a.)	8,00	5,00	3,00	7,00
Renditen der Aktie 2 (% p. a.)	2,00	6,00	6,50	3,00

Bestimmen Sie die Kovarianz und den Korrelationskoeffizienten der Renditen von Aktie 1 und Aktie 2!

Lösung

Erwartungswert der Aktienrenditen pro Aktie j (j = 1, 2):

$$EW[r_j] = \sum_{s=1}^{4} r_{js} \cdot p_s = \mu_j$$

$$\mu_1 = 0{,}08 \cdot 0{,}7 + 0{,}05 \cdot 0{,}10 + 0{,}03 \cdot 0{,}05 + 0{,}07 \cdot 0{,}15 = 0{,}073000 = 7{,}30\ \%\ \text{p. a.}$$

$$\mu_2 = 0{,}02 \cdot 0{,}7 + 0{,}06 \cdot 0{,}10 + 0{,}065 \cdot 0{,}05 + 0{,}03 \cdot 0{,}15 = 0{,}027750 = 2{,}775\ \%\ \text{p. a.}$$

Risiko einer Aktie j (j = 1, 2) in Form der Standardabweichung der Aktienrendite:

$$\sqrt{Var[r_j]} = \sqrt{\sum_{s=1}^{4} (r_{js} - \mu_j)^2 \cdot p_s} = \sigma_j$$

$$\begin{aligned}\sigma_1^2 &= (0{,}08 - 0{,}073)^2 \cdot 0{,}7 + (0{,}05 - 0{,}073)^2 \cdot 0{,}10 + (0{,}03 - 0{,}073)^2 \cdot 0{,}05 \\ &\quad + (0{,}07 - 0{,}073)^2 \cdot 0{,}15 \\ &= 0{,}000181\end{aligned}$$

$$\sigma_1 = \sqrt{0{,}000181} \approx 0{,}013454 \approx 1{,}3454\ \%$$

$$\begin{aligned}\sigma_2^2 &= (0{,}02 - 0{,}02775)^2 \cdot 0{,}7 + (0{,}06 - 0{,}02775)^2 \cdot 0{,}10 + (0{,}065 - 0{,}02775)^2 \cdot 0{,}05 \\ &\quad + (0{,}03 - 0{,}02775)^2 \cdot 0{,}15 \\ &\approx 0{,}0002162\end{aligned}$$

$$\sigma_2 = \sqrt{0{,}0002162} \approx 0{,}014704 \approx 1{,}4704\ \%$$

Kovarianz der Renditen von Aktie 1 und Aktie 2:

$$\sigma_{12} = \sum_{s=1}^{4} (r_{1s} - \mu_1) \cdot (r_{2s} - \mu_2) \cdot p_s$$

$$\begin{aligned}\sigma_{12} &= (0{,}08 - 0{,}073) \cdot (0{,}02 - 0{,}02775) \cdot 0{,}7 + (0{,}05 - 0{,}073) \cdot (0{,}06 - 0{,}02775) \cdot 0{,}10 \\ &\quad + (0{,}03 - 0{,}073) \cdot (0{,}065 - 0{,}02775) \cdot 0{,}05 \\ &\quad + (0{,}07 - 0{,}073) \cdot (0{,}03 - 0{,}02775) \cdot 0{,}15 \\ &\approx -0{,}000193\end{aligned}$$

Korrelationskoeffizient der Renditen von Aktie 1 und Aktie 2:

$$\rho_{12} = \frac{\sigma_{12}}{\sigma_1 \cdot \sigma_2}$$

$$\rho_{12} = \frac{-0{,}000193}{0{,}013454 \cdot 0{,}014704} \approx -0{,}975597$$

Aufgabe 9.11: Capital Asset Pricing Model (CAPM)

Worin besteht der wesentliche Unterschied des Capital Asset Pricing Model (CAPM) zum Portfolio Selection-Modell nach *Markowitz*?

Lösung

Das Capital Asset Pricing Model (CAPM) ist eine Erweiterung der Portfoliotheorie nach *Markowitz* um eine risikolose Anlagemöglichkeit, d. h., neben den riskanten Anlagemöglichkeiten in Wertpapieren (z. B. Aktien) existieren auch risikolose Anlagemöglichkeiten in Wertpapieren (z. B. festverzinsliche Bundesanleihen). Dadurch wird die Anlageentscheidung des Investors wesentlich vereinfacht. Die Kenntnis der persönlichen Präferenzen hinsichtlich der erwarteten Renditen und des damit verbundenen Risikos (abgebildet durch Indifferenzkurven) ist nicht mehr erforderlich; der Investor wird einen Teil seines Budgets in die Optimalkombination risikobehafteter Wertpapiere (das Marktportfolio) investieren und den anderen Teil in die risikolose Anlage.

Aufgabe 9.12: Capital Asset Pricing Model (CAPM)[75]

Nennen Sie die wichtigsten Prämissen des Capital Asset Pricing Model (CAPM)!

Lösung

Die wichtigsten Prämissen des Capital Asset Pricing Models sind:

- Risikoscheues Verhalten der Investoren sowie der Versuch, ein möglichst effizientes Portfolio zu halten, um damit das Periodenendvermögen zu maximieren.
- Vollständige und homogene Erwartungen der Investoren. Der Marktpreis der Wertpapiere kann von den einzelnen Investoren nicht beeinflusst werden.
- Zum risikolosen Zinssatz können die Marktteilnehmer unbeschränkt Kapitalbeträge anlegen und aufnehmen.

---

[75] Vgl. *Perridon, Louis; Steiner, Manfred; Rathgeber, Andreas*: Finanzwirtschaft der Unternehmung, 17. Aufl., München 2017, S. 289–291.

- Existenz eines vollkommenen Kapitalmarktes. Insbesondere können Transaktionskosten und Steuern vernachlässigt werden. Weiterhin ist der Markt informationseffizient und die Informationen stehen allen Investoren kostenlos zur Verfügung.
- Die auf dem Kapitalmarkt gehandelten Wertpapiere sind beliebig teilbar. Weiterhin ist die Anzahl der umlaufenden Wertpapiere fest vorgegeben.

Aufgabe 9.13: Kapitalmarkt- und Wertpapiermarktlinie

Erklären Sie den Zusammenhang, der zwischen der Kapitalmarktlinie und der Wertpapiermarktlinie besteht!

Lösung

Die Kapitalmarktlinie umfasst alle effizienten Portfolios, die durch die Kombination eines risikolosen Wertpapiers mit dem risikobehafteten Marktportfolio erreicht werden können. Dagegen bildet die Wertpapiermarktlinie den Zusammenhang zwischen der erwarteten Rendite einzelner Wertpapiere aus dem Marktportfolio und deren systematischem Risiko im Verhältnis zum Marktrisiko – gemessen durch den Betafaktor – ab.

Die Abbildung 18 verdeutlicht noch einmal grafisch den Zusammenhang zwischen der Kapitalmarktlinie und der Wertpapiermarktlinie. Mit Hilfe der Kapitalmarktlinie lassen sich alle effizienten Portfolios, die durch Kombination des Marktportfolios M mit der risikolosen Anlage R erreicht werden können, darstellen.

Bei den Portfolios 1 und 2 in der Abbildung handelt es sich um ineffiziente Portfolios. Das systematische Risiko (nicht durch Diversifikation zu beseitigen) dieser beiden Anlagen kann durch die Kapitalmarktlinie nicht dargestellt werden. Erst die Wertpapiermarktlinie macht die Bewertung einzelwirtschaftlicher Risiken möglich. Im Marktportfolio M ist das Diversifikationspotenzial vollständig ausgeschöpft. Daraus folgt, dass es sich bei der Standardabweichung des Marktportfolios (σ_M) vollständig um das systematische Risiko handelt. Gemessen wird das systematische Risiko einer Einzelanlage mit Hilfe des Betafaktors (β_M).

Bei gleich großem Gesamtrisiko von Anlage 1 und Anlage 2 ($\sigma_1 = \sigma_2$) fällt das systematische Risiko und damit der zu erwartende Ertrag der Anlage 2 im Vergleich zur Anlage 1 geringer aus ($\beta_2 < \beta_1$).

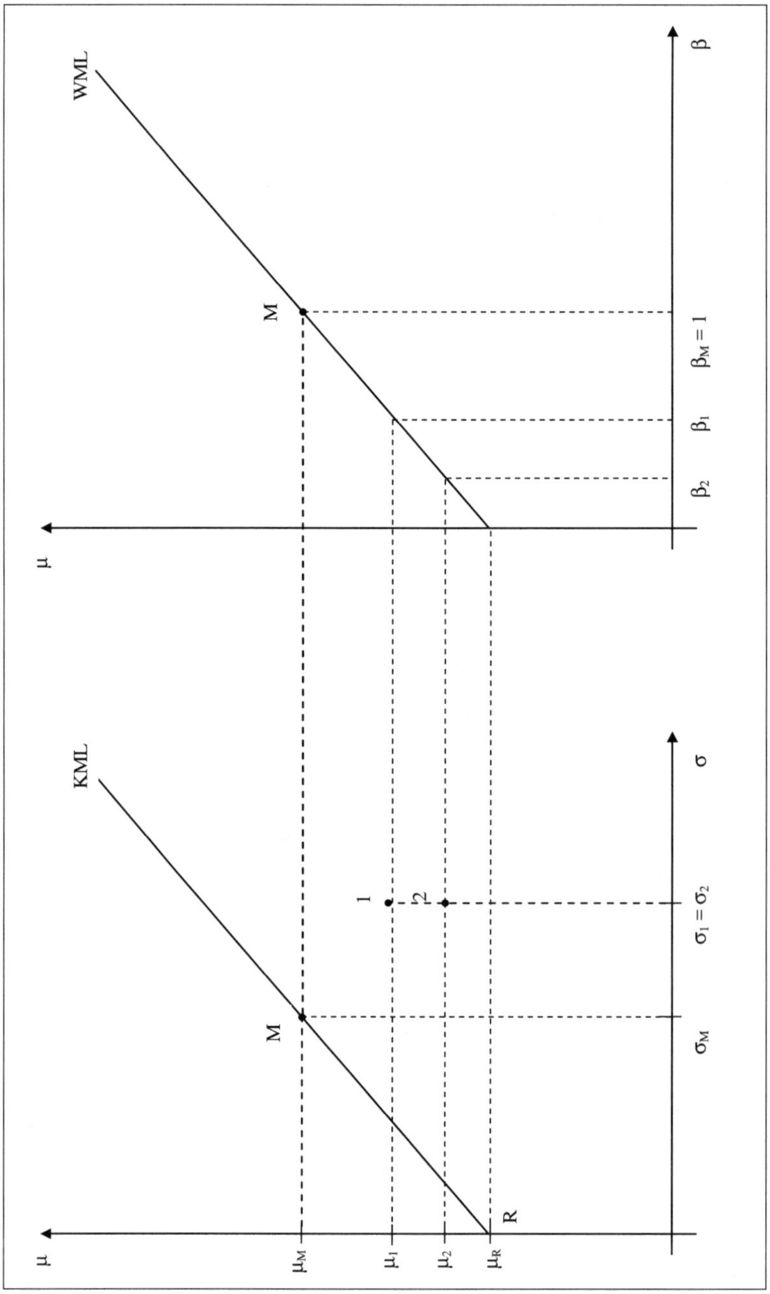

Abbildung 18: Zusammenhang zwischen der Kapitalmarktlinie (KML) und der Wertpapiermarktlinie (WML)[76]

---

[76] Abbildung modifiziert entnommen aus *Günther, Stefan; Moriabadi, Cyrus; Schulte, Jörn; Garz, Hendrik*: Portfolio-Management, 5. Aufl., Frankfurt a. M. 2012, S. 69.

Aufgabe 9.14: *Tobin*-Separation

Was versteht man im Rahmen der Kapitalmarkttheorie unter dem Begriff der „*Tobin*-Separation"?

Lösung

Unter der „*Tobin*-Separation" versteht man die Trennbarkeit der Entscheidung über die Zusammensetzung des Portfolios risikobehafteter Wertpapiere vom Grad der Risikoneigung des Investors. Bei Vorliegen homogener Erwartungen wird jeder Anleger in das identische Portfolio risikobehafteter Wertpapiere investieren, das sogenannte Marktportfolio. Die individuelle Präferenzstruktur des Anlegers spiegelt sich lediglich in der Aufteilung des Gesamtanlagebetrages auf das Marktportfolio und die risikolose Anlageform wider.

Aufgabe 9.15: Marktportfolio[77]

Unternehmer Schlau möchte mit Hilfe des Capital Asset Pricing Model (CAPM) ein Investitionsvorhaben beurteilen, das einen Kapitaleinsatz von 250 EUR erfordert und eine Laufzeit von 1 Jahr aufweist. Er hat für drei alternative Umweltzustände die Eintrittswahrscheinlichkeiten und die Rückzahlungsbeträge aus der Investition bzw. aus dem Marktportfolio ermittelt. Der sogenannte „risikofreie" Zins, zu dem Anlagen risikolos getätigt werden können, beträgt 5 % p. a.

Umwelt-zustand	Eintritts-wahrscheinlichkeit	Rückzahlung aus der Investition (EUR)	Rückzahlung aus dem Marktportfolio (EUR)
1	0,4	300	287,5
2	0,3	380	255,0
3	0,3	100	262,5

a) Ermitteln Sie die Renditen für die Investition und das Marktportfolio für alle drei Umweltzustände!

b) Errechnen Sie ausgehend von den Ergebnissen der Teilaufgabe a) den Erwartungswert und die Standardabweichung der Investitions- und Marktrendite sowie den Korrelationskoeffizienten der Investitions- und Marktrendite und den Betafaktor!

---

[77] Modifiziert entnommen aus *Schierenbeck, Henner; Wöhle, Claudia B.*: Grundzüge der Betriebswirtschaftslehre, Übungsbuch, 10. Aufl., München 2011, S. 130–131 und S. 545–549.

c) Nach diesen Vorarbeiten möchte Unternehmer Schlau von Ihnen den (markt-)risikoangepassten Kalkulationszinsfuß (Gleichgewichtsrendite) für seine Investition und die Netto-Investitionsrendite als Differenz zwischen dem Renditeerwartungswert der Investition und der Gleichgewichtsrendite ermittelt wissen. Verdeutlichen Sie ihm Ihre Ergebnisse auch grafisch!

Lösung

Teilaufgabe a)

Bestimmung der Renditen für die Investition und das Marktportfolio:

Umwelt-zustand	Eintritts-wahrschein-lichkeit	Kapitaleinsatz (EUR)	Ertrag der Investition (EUR)	Überschuss der Investition (EUR)	Rendite der Investition (% p. a.)
u	w^u	a	e_j^u	$ü_j^u$	$R_j^u = \frac{ü_j^u}{a}$
1	0,4	250	500	250	100
2	0,3	250	380	130	52
3	0,3	250	100	– 150	– 60

Bei Eintritt von Umweltzustand 1 ergibt sich für das Investitionsvorhaben eine Rendite von 100 % p. a. und bei Eintritt von Umweltzustand 2 eine Rendite von 52 % p. a. Sollte dagegen Umweltzustand 3 eintreten, dann würde hieraus eine negative Rendite von – 60 % p. a. resultieren.

Umwelt-zustand	Eintritts-wahrschein-lichkeit	Kapitaleinsatz (EUR)	Ertrag des Markt-portfolios (EUR)	Überschuss des Markt-portfolios (EUR)	Rendite des Markt-portfolios (% p. a.)
u	w^u	a	e_m^u	$ü_m^u$	$R_m^u = \frac{ü_m^u}{a}$
1	0,4	250	287,5	37,5	15
2	0,3	250	255,0	5,0	2
3	0,3	250	262,5	12,5	5

Bei Realisierung des Marktportfolios ergibt sich bei jeder Umweltsituation eine positive Rendite, die allerdings jeweils deutlich unter den positiven Möglichkeiten des Investitionsvorhabens liegt. Bei Umweltzustand 1 würde sich die Rendite des Marktportfolios (kurz Marktrendite) auf 15 % p. a., bei Umweltzustand 2 auf 2 % p. a. und bei Umweltzustand 3 auf 5 % p. a. belaufen.

Teilaufgabe b)

Erwartungswert der Investitionsrendite $\mu(R_j)$

$$\mu(R_j) = \sum_{u=1}^{3} w^u \cdot R_j^u$$

$$\mu(R_j) = 0{,}4 \cdot 100\,\% + 0{,}3 \cdot 52\,\% + 0{,}3 \cdot (-60\,\%)$$
$$= 37{,}6\,\%\ \text{p. a.}$$

Der Erwartungswert der Investitionsrendite beläuft sich auf 37,6 % p. a.

Erwartungswert der Marktrendite $\mu(R_m)$

$$\mu(R_m) = \sum_{u=1}^{3} w^u \cdot R_m^u$$

$$\mu(R_m) = 0{,}4 \cdot 15\,\% + 0{,}3 \cdot 2\,\% + 0{,}3 \cdot 5\,\%$$
$$= 8{,}1\,\%\ \text{p. a.}$$

Der Erwartungswert der Marktrendite beläuft sich auf 8,1 % p. a. und liegt damit deutlich unter dem Erwartungswert der Investitionsrendite von 37,6 % p. a.

Standardabweichung der Investitionsrendite σ_j

$$\sigma_j = \sqrt{\sum_{u=1}^{3} w^u \cdot [R_j^u - \mu(R_j)]^2}$$

$$\sigma_j = \sqrt{0{,}4 \cdot (1{,}00 - 0{,}376)^2 + 0{,}3 \cdot (0{,}52 - 0{,}376)^2 + 0{,}3 \cdot (-0{,}60 - 0{,}376)^2}$$
$$= \sqrt{0{,}15575 + 0{,}00622 + 0{,}28577} = \sqrt{0{,}44774} \approx 0{,}669134 \approx 66{,}9134\,\%$$

Die Streuung um den Erwartungswert der Investitionsrendite ist mit 66,9134 % sehr hoch und spiegelt damit die stark differierenden Überschüsse aus der Investition bei den drei alternativen Umweltzuständen wider.

Standardabweichung der Marktrendite σ_m

$$\sigma_m = \sqrt{\sum_{u=1}^{3} w^u \cdot [R_m^u - \mu(R_m)]^2}$$

$$\sigma_m = \sqrt{0{,}4 \cdot (0{,}15 - 0{,}081)^2 + 0{,}3 \cdot (0{,}02 - 0{,}081)^2 + 0{,}3 \cdot (0{,}05 - 0{,}081)^2}$$
$$= \sqrt{0{,}001904 + 0{,}001116 + 0{,}000288} = \sqrt{0{,}003308} = 0{,}057515 = 5{,}7515\,\%$$

Die Streuung um den Erwartungswert der Marktrendite ist gegenüber der Investitionsrendite sehr viel geringer und beläuft sich auf nur 5,7515 % p. a.

Korrelationskoeffizient der Investitions- zur Marktrendite ρ_{jm}

In einem ersten Schritt ist die **Kovarianz σ_{jm}** zu bestimmen:

$$\sigma_{jm} = \sum_{u=1}^{3} w^u \cdot [R_j^u - \mu(R_j)] \cdot [R_m^u - \mu(R_m)]$$

$$\sigma_{jm} = 0{,}4 \cdot (1{,}00 - 0{,}376) \cdot (0{,}15 - 0{,}081) + 0{,}3 \cdot (0{,}52 - 0{,}376) \cdot (0{,}02 - 0{,}081)$$
$$+ 0{,}3 \cdot (-0{,}60 - 0{,}376) \cdot (0{,}05 - 0{,}081)$$
$$\approx 0{,}017222 - 0{,}002635 + 0{,}009077 \approx 0{,}023664$$

Für den **Korrelationskoeffizienten** ergibt sich somit:

$$\rho_{jm} = \frac{\sigma_{jm}}{\sigma_j \cdot \sigma_m} = \frac{0{,}023664}{0{,}669134 \cdot 0{,}057515} \approx 0{,}614885 \approx 61{,}4885\ \%$$

Der Korrelationskoeffizient ρ_{jm} gibt an, wie stark das systematische Risiko der Investition j ist, also welcher Teil des Gesamtrisikos dem Marktportfoliorisiko entspricht. Bei einem Gesamtrisiko von 66,9134 % entfallen 61,4885 % hiervon, d. h. 41,1440 % (Risikoeinheiten), auf das systematische Risiko.

Betafaktor β_j

$$\beta_j = \frac{\sigma_{jm}}{\sigma_m^2} = \frac{0{,}023664}{0{,}057515^2} \approx 7{,}1536$$

Der Betafaktor β_j zeigt, um welchen Faktor das markbestimmte (systematische) Risiko der Investition j höher liegt als das Marktportfoliorisiko. Ausgehend von einem auf 1 normierten Marktportfoliorisiko ($\beta_m = 1$) besagt ein Betafaktor von ca. 7,15, dass der Investition j das ca. 7,15-fache des Marktportfoliorisikos als systematisches Investitionsrisiko innewohnt.

Teilaufgabe c)

Gleichgewichtsrendite (Mindestrendite) der Investition GR_j

$$GR_j = R_f + [\mu(R_m) - R_f] \cdot \beta_j$$

$$GR_j = 5\ \% + (8{,}1\ \% - 5\ \%) \cdot 7{,}1536 = 27{,}1762\ \%$$

Die Gleichgewichtsrendite (risikoangepasster Kalkulationszinsfuß) ermittelt man, indem zum risikolosen Anlagezins von 5 % p. a. die Differenz aus Marktrendite und risikolosem Zins i. H. v. 3,1 % p. a. multipliziert mit dem Betafaktor von 7,1536 addiert wird. Die Gleichgewichtsrendite (Mindestrendite) der Investition j als Ausgleich für das übernommene marktbestimmte Risiko beträgt demnach 27,1762 % p. a. Dieser Wert ist die Messlatte für die Beurteilung der Vorteilhaftigkeit der Investition j gegenüber einer Anlage gemäß dem Marktportfolio.

Ergänzende Erläuterungen zur Gleichgewichtsrendite:[78]

Bei risikobehafteten Investitionen setzt sich der Kalkulationszinsfuß aus dem risikolosen Marktzinssatz für entsprechende Kapitalanlagen und einer Risikoprämie zusammen. Dieser risikoangepasste Kalkulationszinsfuß ist theoretisch exakt definiert und ergibt sich entsprechend der Gleichung der Wertpapiermarktlinie als Funktion des Marktpreises für die Risikoübernahme bei Halten des Marktportfolios und der spezifischen marktbezogenen Risikohöhe des betrachteten Investitionsvorhabens. Nur dann, wenn der Ertrag einer Investition größer als der sich im theoretischen Gleichgewichtsmodell ergebende risikoangepasste Kalkulationszinsfuß ist, wird eine Investition durchgeführt, andernfalls wird sie verworfen.

Netto-Investitionsrendite der Investition NIR_j

$NIR_j = \mu(R_j) - GR_j$

$NIR_j = 37{,}60\ \% - 27{,}1762\ \% = 10{,}4238\ \%$ p. a.

Abbildung 19 verdeutlicht diesen Sachverhalt noch einmal grafisch:

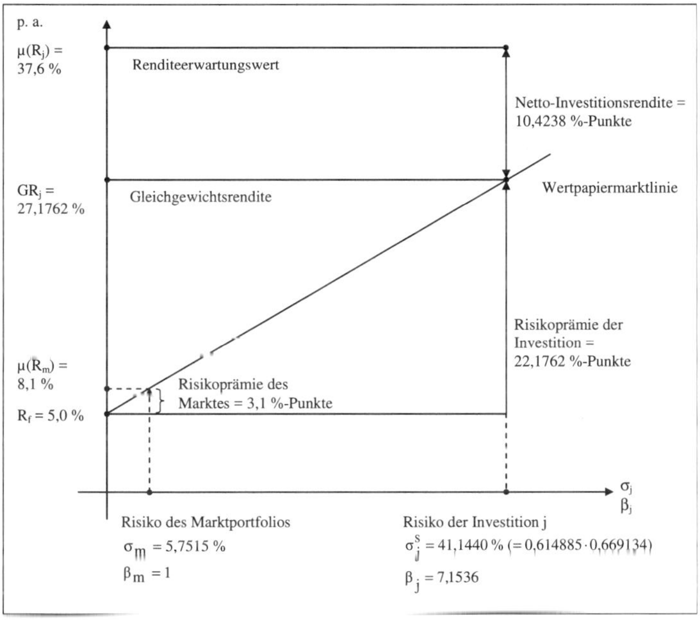

Abbildung 19: Netto-Investitionsrendite

---

[78] Vgl. *Schierenbeck, Henner; Wöhle, Claudia B.*: Grundzüge der Betriebswirtschaftslehre, 19. Aufl., München 2016, S. 467–471.

Die Netto-Investitionsrendite der Investition j ergibt sich aus der Differenz zwischen dem Renditeerwartungswert der Investition j und der Gleichgewichtsrendite der Investition j. Der positive Wert von 10,4238 % p. a. zeigt, dass die Anlage der Mittel im Investitionsvorhaben für Schlau vorteilhafter ist als eine Anlage gemäß dem Marktportfolio.

Aufgabe 9.16: Capital Asset Pricing Model (CAPM)

Anleger Z, ein Kunde der Hausbank AG, hat sein Vermögen im Gesamtwert von 3 Mio. EUR in ein vollkommen diversifiziertes Aktienportfolio investiert. Er möchte seinen Aktienbestand um 10.000 EUR erhöhen. Als Wertpapierberater der Hausbank AG machen Sie Z folgende fünf Anlagevorschläge:

Aktie	Branche	Betafaktor
1	Versorgungsunternehmen	0,5
2	Lebensmitteldiscounter	0,8
3	Anlagenbauer	1,0
4	Automobilhersteller	1,2
5	Luxusgüterhersteller	1,5

a) Welchen Titel empfehlen Sie Ihrem Kunden Z, wenn er sein Geld in die Aktie mit dem niedrigsten Risiko investieren möchte?

b) Am Kapitalmarkt existiert eine risikolose Anlage, deren Rendite 2 % p. a. beträgt. Die Rendite des Marktportfolios M wird von den beiden denkbaren Umweltzuständen U_1 und U_2 beeinflusst:

	Konjunkturelle Entwicklung	Rendite des Marktportfolios (% p. a.)
U_1	gut	+ 20
U_2	schlecht	– 10

Mit welchen Renditeschwankungen muss Ihr Kunde Z bei den jeweiligen Aktien rechnen? Welche Aktien sollten Sie Ihrem Kunden Z nicht empfehlen, wenn er einen Jahresverlust von maximal 1.200 EUR aus dem Zukauf der Aktien hinzunehmen bereit ist?

Lösung

Teilaufgabe a)

Das Portfolio des Kunden Z ist vollständig diversifiziert, d. h., es unterliegt ausschließlich dem nicht mehr diversifizierbaren systematischen Risiko. Der Aktienzukauf i. H. v. 10.000 EUR wird die Portfoliostruktur nicht wesentlich verändern, so dass zur Beurteilung des Risikos der neuen Aktien ausschließlich auf deren systematisches Risiko zurückgegriffen werden kann. Aktien mit niedrigem (hohem) Betawert sind in geringem (hohem) Maße konjunkturanfällig.

Die Aktie 1 hat einen Betafaktor von 0,5. Das bedeutet, dass bei einem Sinken (Steigen) der Rendite des Marktportfolios um 10 %-Punkte die Rendite der Aktie 1 nur um 5 %-Punkte sinkt (steigt). Bei der Aktie 5 mit einem Betafaktor von 1,5 verhält es sich so, dass bei einer 10-prozentigen Renditeänderung des Marktportfolios sich die Rendite der Aktie 5 um 15 %-Punkte ändern wird. Unter der Bedingung, möglichst wenig Risiko einzugehen, werden Sie dem Kunden Z zum Kauf der Aktie 1 raten, da diese den niedrigsten Betafaktor aufweist.

Teilaufgabe b)

Die Rendite einer beliebigen Aktie lässt sich im Capital Asset Pricing Model (CAPM) mit Hilfe der nachfolgenden Formel bestimmen:

$$\mu_i = \mu_R + (\mu_M - \mu_R) \cdot \beta_i$$

Dabei gilt:

μ_i: Erwartete Rendite des Wertpapiers i;

μ_R: Erwartete Rendite der risikolosen Anlage;

μ_M: Erwartete Rendite des Marktportfolios M;

β_i: Maß für die Risikohöhe der Rendite des Wertpapiers i.

Aktie	Rendite μ_i in % p. a. der Aktien bei Eintritt von	
	U_1	U_2
1	2,0 + (20,0 – 2,0) · 0,5 = + 11,0	2,0 + (– 10,0 – 2,0) · 0,5 = – 4,0
2	2,0 + (20,0 – 2,0) · 0,8 = + 16,4	2,0 + (– 10,0 – 2,0) · 0,8 = – 7,6
3	2,0 + (20,0 – 2,0) · 1,0 = + 20,0	2,0 + (– 10,0 – 2,0) · 1,0 = – 10,0
4	2,0 + (20,0 – 2,0) · 1,2 = + 23,6	2,0 + (– 10,0 – 2,0) · 1,2 = – 12,4
5	2,0 + (20,0 – 2,0) · 1,5 = + 29,0	2,0 + (– 10,0 – 2,0) · 1,5 = – 16,0

Bei Eintritt des Umweltzustandes U_2 würde der Kunde Z bei einem Kapitaleinsatz von 10.000 EUR durch den Zukauf der Aktie 4 (5) einen Verlust von 1.240 EUR (1.600 EUR) hinnehmen müssen. Will der Kunde Z – wie gefordert – seinen jährlichen Verlust auf max. 1.200 EUR begrenzen, scheiden die Aktien 4 und 5 als Alternativen aus.

9.3 Die Aktienanalyse[79]

Aufgabe 9.17: Aufgaben der Aktienanalyse

Welche Aufgaben hat die Aktienanalyse (i. e. S.)?

Lösung

Aufgaben der Aktienanalyse (i. e. S.):

- Die Kaufwürdigkeit einer Aktie ist im Hinblick auf Kursgewinne und zukünftige Dividendenausschüttungen zu überprüfen.
- Der optimale Zeitpunkt für den Verkauf von Aktien ist zu bestimmen, um entweder Buchgewinne zu realisieren oder sich vor einem drohenden Kursverfall zu schützen.
- Die Aktienanalyse untersucht die Determinanten von Angebot und Nachfrage.

---

[79] Vgl. zur Aktienanalyse ausführlich *Bieg, Hartmut; Kußmaul, Heinz*: Investitions- und Finanzierungsmanagement, Band III: Finanzwirtschaftliche Entscheidungen, München 2000, S. 153–233.

Aufgabe 9.18: Prinzip der technischen Aktienanalyse

Erläutern Sie das Prinzip, welches der technischen Aktienanalyse zugrunde liegt!

Lösung

Die technische Aktienanalyse geht davon aus, dass in den in der Vergangenheit beobachteten Kursen alle bekannten und wertbeeinflussenden Faktoren berücksichtigt sind. Sobald sich neue relevante Tatsachen ergeben, fließen diese sofort in die Bewertung und damit in die Struktur von Angebot und Nachfrage, d. h. in das Bild des Charts, ein.

Aufgabe 9.19: Technische Aktienanalyse

a) Kritiker der technischen Aktienanalyse behaupten, sie sei „eine sich selbst erfüllende Prophezeiung". Beschreiben Sie zunächst den Untersuchungsgegenstand der technischen Aktienanalyse und nehmen Sie anschließend Stellung zur getroffenen Behauptung!

b) In angelsächsischen Ländern verwendet man bei der Darstellung von Charts üblicherweise eine metrische Skalierung. In den kontinentaleuropäischen Ländern ist dagegen die logarithmische Skalierung der Regelfall. Welchem Zweck dient die logarithmische Darstellung?

Lösung

Teilaufgabe a)

Die Anhänger der technischen Aktienanalyse sehen im Kurs einer Aktie das Spiegelbild der Börsenmeinungen über die Zukunftsaussichten eines Unternehmens. Untersuchungsgegenstände der technischen Aktienanalyse sind:

- die Kursverläufe einzelner Unternehmen,
- die Kursverläufe von Branchen und
- die Kursverläufe der Gesamtwirtschaft.

Nicht untersucht werden bei der reinen technischen Aktienanalyse fundamentale und monetäre Bestimmungsfaktoren.

Die Behauptung könnte dann zutreffend sein, wenn man unterstellt, dass sich viele Marktteilnehmer der technischen Aktienanalyse bedienen und sich an den daraus abgeleiteten Empfehlungen orientieren. Insofern ist es notwendig, marktpsychologische Aspekte, die durch bestimmte Kurskonstellationen hervorgerufen werden, bei der Anlageentscheidung zu berücksichtigen.

Teilaufgabe b)

Die Verwendung eines logarithmischen Maßstabes verfolgt in erster Linie den Zweck, relative Veränderungen der Kurse optisch gleich darzustellen. Somit sind Aktienkursänderungen, wie beispielsweise die Beschleunigung eines Trends (Zunahme der Steigung) oder ein sich verlangsamender Trend (abnehmende Steigung), leichter ablesbar.

Aufgabe 9.20: Methode der gleitenden Durchschnitte

Eine Methode, die im Rahmen der technischen Aktienanalyse angewendet wird, ist die der gleitenden Durchschnitte. Worin liegen die Vorteile dieser Methode und welche Probleme sind mit ihrer Anwendung verbunden?

Lösung

Die „Methode der gleitenden Durchschnitte", die sowohl für Index- als auch für Einzelwertprognosen bzw. für kurz- und langfristige Anlageentscheidungen herangezogen werden kann, bietet zwei Vorteile. Zum einen ist das Verfahren sehr einfach und daher gut handhabbar, zum anderen handelt es sich bei diesem Analyseinstrument um eine statistische Methode, die mechanisch und objektiv reagiert.

Die verzögerte Reaktionszeit bei Indexänderungen ist dagegen ein Problem. Je nachdem wie groß und wie lang der betrachtete Zeitraum ist, kann eine Indikation der Trendumkehr durch den gleitenden Durchschnitt einige Zeit dauern. Damit besteht die Gefahr, dass durch ein zu spätes Ausstiegssignal erhebliche Verluste anfallen bzw. bei einer Aufwärtsbewegung Kurschancen verpasst werden. Zudem ist die Methode bei stark volatilen Kursen nicht anwendbar.

Aufgabe 9.21: Advance-Decline-Line (ADL)

Welche Bedeutung wird der Advance-Decline-Line (ADL) im Rahmen der technischen Aktienanalyse allgemein eingeräumt?

Lösung

Die ADL ist eine komplementäre Ergänzung bei der Analyse eines Kursindexes. Im Gegensatz zur reinen Betrachtung eines Kursindexes, der einen wertmäßigen Eindruck vermittelt, trifft die ADL eine Aussage über die mengenmäßige Entwicklung des Indexes. Damit können Fehlinterpretationen vermieden werden. So kann beispielsweise ein Index aufgrund stark gestiegener Kurse einiger Wertpapiere (wertmäßige Erfassung) insgesamt ebenfalls steigen, obwohl die überwiegende Mehrheit der im Index vertretenen Wertpapiere im Kurs gefallen ist (mengenmäßige Erfassung).

Aufgabe 9.22: Unterschiede zwischen technischer Aktienanalyse und Fundamentalanalyse

Erarbeiten Sie die wesentlichen Unterschiede, die zwischen der technischen Aktienanalyse und der Fundamentalanalyse bestehen!

Lösung

Die Fundamentalanalyse trifft die Aktienauswahl in erster Linie anhand sogenannter Mikrofaktoren, d. h. anhand solcher Faktoren, die aus dem Unternehmen selbst stammen. Daneben werden aber auch gesamtwirtschaftliche Faktoren in die Betrachtung mit einbezogen, wie beispielsweise die Konjunkturentwicklung, der private Konsum, Inflationsraten oder Zinssätze.

Im Gegensatz dazu erfolgt die Aktienauswahl mit Hilfe der technischen Aktienanalyse ausschließlich anhand historischer Kursverläufe (Chartformationen) und technischer Kennzahlen (Börsenumsätze).

Aufgabe 9.23: Bestandteile der Fundamentalanalyse

Stellen Sie die einzelnen Bestandteile der Fundamentalanalyse grafisch dar und schildern Sie kurz deren jeweiligen Inhalte!

Lösung

Globalanalyse	**Branchenanalyse**	**Unternehmensanalyse**
– Konjunktur	– Auftragseingänge	– Strategie
– Zinsen	– Branchenklima	– Managementqualität
– Währungen	– Lagerbestände	– Marktbewertung
– Liquidität	– Branchenzyklus	– Kennzahlen
– Preise	– usw.	– usw.
– usw.		

Abbildung 20: Bestandteile der Fundamentalanalyse

Globalanalyse:

Bei der Globalanalyse liegt der Fokus der Betrachtung auf internationalen Entwicklungen und volkswirtschaftlichen Faktoren.

Branchenanalyse:

Bei der Branchenanalyse werden die wirtschaftlichen Aussichten der jeweiligen Branche (je nach Kontext national bzw. international) in Abhängigkeit von internen und externen Einflüssen beurteilt.

Unternehmensanalyse:

Bei der Unternehmensanalyse wird die Ertragskraft eines Unternehmens untersucht. Dabei werden Jahresabschlüsse von Unternehmen ausgewertet und Kennzahlen gebildet sowie zwischenbetriebliche Vergleiche durchgeführt.

Aufgabe 9.24: Innerer Wert einer Aktie

Die Barwertmethode beantwortet die Frage, was künftige Zahlungen, die aus dem Kauf einer Aktie resultieren, heute Wert sind. Nehmen Sie zu dieser Aussage – im Hinblick auf die Bestimmung des „inneren“ Wertes einer Aktie – kritisch Stellung!

Lösung

Die Barwertmethode bzw. das Barwertmodell kann im Falle von Aktien nur einen ungefähren Anhaltspunkt für den „inneren“ Wert einer Aktie liefern. Vor allen Dingen liegt das daran, dass jede Annahme, die getroffen wird – zukünftige Gewinne bzw. Cashflows, Zinssätze und Risikoprämien werden im Voraus geschätzt – mit Unsicherheiten behaftet ist. Zudem werden die genannten Größen von vielen weiteren Faktoren beeinflusst, wie z. B. der Managementqualität, der künftigen Kostenstruktur oder auch durch das Umfeld der Konkurrenz.

Aufgabe 9.25: Notwendigkeit der Bereinigung des Jahreserfolges eines Unternehmens

Begründen Sie, weshalb es im Rahmen einer Aktienanalyse notwendig ist, den ausgewiesenen Jahreserfolg eines Unternehmens zu bereinigen!

Lösung

Der ausgewiesene Jahreserfolg eines Unternehmens genügt den aktienanalytischen Anforderungen hinsichtlich Vergleichbarkeit und Nachhaltigkeit nicht, da er durch Bilanzierungs- und Bewertungswahlrechte und durch die Ausübung von Ermessensspielräumen im Rahmen der Aufstellung des Jahresabschlusses stark beeinflusst werden kann. Nach Ansicht von DVFA/SG existieren deshalb drei Faktoren, die eine Bereinigung erforderlich machen, und zwar

- die Vermischung von regelmäßig und unregelmäßig anfallenden Aufwendungen und Erträgen im Jahreserfolg,
- die jahresabschlusspolitische Beeinflussbarkeit des Jahreserfolges und
- die Verzerrungen des Jahreserfolges infolge der Übernahme bzw. Beibehaltung rein steuerlicher Wertansätze (latente Steuern).

Aufgabe 9.26: Innerer Wert eines Unternehmens[80]

Als Absolvent einer renommierten Universität werden Sie von Ihrem Chef aufgefordert, für die nächste Vorstandssitzung den inneren Wert eines Unternehmens zu ermitteln. Folgende Zahlungsüberschüsse (ZÜ) und Wahrscheinlichkeiten (p) werden erwartet:

ZÜ = 100.000 EUR mit p = 30 %;

ZÜ = 150.000 EUR mit p = 40 %;

ZÜ = 200.000 EUR mit p = 30 %.

Der sicher zu erwartende Zins beträgt i = 8 % p. a.

---

[80] Modifiziert entnommen aus *Henselmann, Klaus; Kniest, Wolfgang*: Unternehmensbewertung: Praxisfälle mit Lösungen, 5. Aufl., Herne 2015, S. 203–205.

Stellen Sie die Methode des Risikozuschlags zum Zins und die Methode der Sicherheitsäquivalenz einander vergleichend gegenüber! Welche Angabe(n) benötigen Sie zusätzlich, um den inneren Wert des Unternehmens zu ermitteln?

Lösung

Der Erwartungswert (EW) der Zahlungsüberschüsse (gewichteter Durchschnitt) beträgt:

$$\begin{aligned} EW &= 100.000\text{ EUR} \cdot 0{,}3 + 150.000\text{ EUR} \cdot 0{,}4 + 200.000\text{ EUR} \cdot 0{,}3 \\ &= 150.000\text{ EUR} \end{aligned}$$

Bei im Durchschnitt erwarteten, aber risikobehafteten Unternehmensüberschüssen muss im Ertragswertverfahren zum Abzinsen ein diesem Risiko entsprechender Kalkulationszinsfuß verwendet werden. Da dieser Zinssatz bei einem risikoscheuen Anleger über der für sichere Geldanlagen geforderten Rendite ($i = 8$ % p. a.) liegt, spricht man auch von einem Risikozuschlag oder einer Risikoprämie zum sicheren Zins.

Nimmt man ergänzend an, dass für Kapitalanlagen mit vergleichbarem Risiko ein Risikozuschlag z von 2 %-Punkten verlangt wird, so ergibt sich ein risikoadäquater Kalkulationszinssatz von 10 % p. a. Hieraus resultiert der innere Wert des Unternehmens (IW_0):

$$IW_0 = \frac{EW}{i+z} = \frac{150.000\text{ EUR}}{0{,}08+0{,}02} = \frac{150.000\text{ EUR}}{0{,}10} = 1.500.000\text{ EUR}$$

Alternativ kann die Berechnung des inneren Wertes des Unternehmens mit Hilfe des sicherheitsäquivalenten Ertrags erfolgen. Unter dem Sicherheitsäquivalent (SÄ) versteht man diejenige Ergebnishöhe, die bei sicherem Eintreten aus Sicht des Bewerters den gleichen Nutzen stiftet wie das volle (unsichere) Ergebnis-Verteilungsspektrum.

Ihr Vorstandschef sei annahmegemäß risikoscheu. Im günstigsten Fall wird ein Ertrag i. H. v. 200.000 EUR, im wahrscheinlichsten Fall von 150.000 EUR und im ungünstigsten Fall von 100.000 EUR erwartet. Diese möglichen Erträge werden als genau gleichwertig zu einer festen Zahlung i. H. v. 120.000 EUR eingeschätzt. Damit stellt der Wert von 120.000 EUR – wie die nachfolgende Berechnung zeigt – das Sicherheitsäquivalent (SÄ) dar (bei Risikoneutralität müsste das Ergebnis dem Erwartungswert von 150.000 EUR entsprechen; dieses Ergebnis darf auch bei hoher Risikoabneigung nie unter dem ungünstigsten Wert – hier 100.000 EUR – liegen).

$$SÄ = \frac{EW}{i+z} \cdot i = \frac{150.000\text{ EUR}}{0{,}08+0{,}02} \cdot 0{,}08 = 120.000\text{ EUR}$$

Dieser sicherheitsäquivalente Periodenüberschuss kann mit Überschüssen aus anderen sicheren Geldanlagen verglichen und folglich mit der Rendite dieser sicheren Geldanlagen als Kalkulationszinssatz diskontiert werden. Den inneren Wert des Unternehmens errechnet man damit wie folgt:

$$IW_0 = \frac{120.000\text{ EUR}}{0{,}08} = \frac{150.000\text{ EUR}}{0{,}08 + 0{,}02} = 1.500.000\text{ EUR}$$

	Methode des Risikozuschlags zum Zins Theoretische Basis: Risikopräferenzfunktion	Methode der sicherheitsäquivalenten Zahlungsüberschüsse Theoretische Basis: Risikonutzenfunktion
Zahlungsüberschuss des Unternehmens (EUR)	Erwartungswert der erwarteten Bandbreite an ZÜ = 150.000	Sicherheitsäquivalent der erwarteten Bandbreite an ZÜ = 120.000
Verzinsung der Alternativanlagen	Geldanlagen gleichen Risikogrades 8 % + 2 % = 10 % p. a.	Sichere Geldanlagen 8 % p. a.
Innerer Wert des Unternehmens (EUR)	$\frac{150.000}{0{,}10} = 1.500.000$	$\frac{120.000}{0{,}08} = 1.500.000$

Aufgabe 9.27: Risikozuschlags- und Sicherheitsäquivalenzmethode

Führen die Risikozuschlags- und die Sicherheitsäquivalenzmethode immer zum gleichen Ergebnis? Wo könnten die Probleme bei Anwendung der Sicherheitsäquivalenzmethode liegen?

Lösung

Bei korrekter Anwendung müssen beide Methoden zum gleichen Ergebnis führen (siehe auch Aufgabe 9.26).

Der Sicherheitsäquivalenzmethode wird in der Bewertungspraxis nicht gefolgt. Die Gründe hierfür liegen in der Abstraktheit des Konzepts der Risikonutzenfunktion zusammen mit zahlreichen praktischen Problemen bei der Bestimmung des konkreten Funktionsverlaufs.

Aufgabe 9.28: Arbitrage Pricing Model (APM) und Capital Asset Pricing Model (CAPM)

Stellen Sie die Vorteile des Arbitrage Pricing Models (APM) im Vergleich zum Capital Asset Pricing Model (CAPM) dar! Wo liegen die spezifischen Nachteile des APM?

Lösung

Die Vorteile des Arbitrage Pricing Models (APM) im Vergleich zum Capital Asset Pricing Model (CAPM):

(1) Mehrdimensionale Risikoquellenanalyse: Dadurch wird eine flexiblere Modellierung und ein differenzierterer Einblick in die Risikostrukturen von Kapitalanlagen möglich.

(2) Eine bessere ökonomische Interpretierbarkeit durch die Auswahl spezifizierter makroökonomischer Faktoren. Als geeignete Teilrisikokomponenten haben sich z. B. erwiesen:

- die Spanne zwischen langfristigem und kurzfristigem Zinssatz,
- die erwartete und unerwartete Rendite,
- die Industrieproduktion und
- die Renditedifferenz zwischen Schuldverschreibungen mit einem hohen Rating und einem niedrigeren Rating.

(3) Das APM liefert insgesamt bessere empirische Testergebnisse. Das Marktportfolio und seine Nicht-Beobachtbarkeit in der Realität stellen im APM keine Probleme dar, da sie keine explizite Rolle im APM spielen. Hingegen kann das APM auch auf Teilmengen eines Portfolios angewendet werden. Die Bewertungsgleichung und daraus abgeleitet die Arbitragefreiheit müssen für jedes Marktsegment erfüllt sein.

Die Nachteile des APM sind insbesondere die inhaltliche Unspezifiziertheit der Risikofaktoren und der erheblich höhere Schätzaufwand.

Aufgabe 9.29: Innerer Wert einer Aktie und Gewinn nach DVFA/SG

Nennen und erläutern Sie wesentliche Kritikpunkte an der Verwendung des Gewinns nach DVFA/SG bei der Ermittlung des inneren Wertes einer Aktie!

Lösung

Die Fundamentalanalyse ist auf öffentlich zugängliche Informationen angewiesen. Das Ergebnis nach DVFA/SG basiert jedoch auf unternehmensinternen Daten, für die keine Veröffentlichungspflicht besteht. Den Unternehmen ist es freigestellt, die notwendigen Daten zu veröffentlichen bzw. die Ermittlung durch Dritte zuzulassen.

Weiterhin ist es schwierig bzw. unmöglich, die methodisch richtige Anwendung des Ergebnisermittlungsschemas nach DVFA/SG zu überprüfen, da sich die Datenbasis aus unternehmensinternen Informationen zusammensetzt.

Obwohl die Bereinigungspositionen im Rahmen der Ergebnisermittlung nach DVFA/SG abschließend aufgezählt sind, verbleiben Spielräume bei der Festlegung, welche Geschäftsvorfälle unter der jeweiligen Bereinigungsposition unterzuordnen sind, sowie bei der Ermittlung der Korrekturbeträge (z. B. bei der Rückstellungsbewertung).

Aufgabe 9.30: Ergebnis nach DVFA/SG

Argumentieren Sie, weshalb das Ergebnis nach DVFA/SG im Rahmen der Aktienbewertung – auch bei berechtigter Kritik an seiner Verwendung – im Vergleich zum Jahresergebnis zu bevorzugen ist!

Lösung

Das Ergebnis nach DVFA/SG ist aus folgenden Gründen zu bevorzugen:

- Unter Vergleichbarkeitsgesichtspunkten hat das Ergebnis nach DVFA/SG gegenüber der „normalen" Gewinnermittlung den Vorteil, dass wichtige jahresabschlusspolitische Spielräume ausgeschaltet werden (z. B. im Bereich der Aufwandsrückstellungen, Herstellungskostenbewertung, Pensionsrückstellungen usw.).
- Die sich aufgrund steuerlicher Abschreibungsmöglichkeiten ergebenden Verzerrungen (latente Steuern) des handelsrechtlichen Jahreserfolges werden durch die Ergebnisermittlung nach DVFA/SG beseitigt.
- Letztlich ist das Ergebnis nach DVFA/SG bei der Aktienbewertung auch deshalb überlegen, weil es von nicht nachhaltigen und von unregelmäßigen Erfolgskomponenten befreit ist.

Aufgabe 9.31: Kurs-Gewinn-Verhältnis[81]

In der Tabelle sind die Kurs-Gewinn-Verhältnisse verschiedener Firmen abgebildet. Welche der Aktien ist günstig bewertet?

Unternehmen	Amgen	Biogen	Sun Microsystems	Siebel System
Branche	Biotech	Biotech	Internet-Hardware	Software
Kurs-Gewinn-Verhältnis (KGV) am 15.09.00	63,2	29,98	103,73	330

Lösung

Das KGV des Biotech-Unternehmens Amgen beläuft sich am 15.09.00 auf 63,2 (Ergänzung: Gewinn der zurückliegenden vier Quartale: 1,07 USD pro Aktie; Kurs am 15.09.00: 67,625 USD). Im Vergleich dazu weist die Biotech-Gesellschaft Biogen zum selben Zeitpunkt ein KGV von 29,98 auf (Ergänzung: Gewinn: 2,07 USD; Kurs: 62,0652 USD). Bei ausschließlicher Bewertung der Aktien anhand des KGV ist die Biogen-Aktie billiger bewertet als die Amgen-Aktie. Bei einem KGV von über 60 zahlen Anleger für 1 USD Gewinn, den Amgen in den zurückliegenden Monaten erwirtschaftet hat, mehr als 60 USD. Bei Biogen geben sie für 1 USD Gewinn weniger als die Hälfte aus, nämlich 29,98 USD.

Anders ausgedrückt: Wenn Amgen den gesamten Gewinn in diesem Jahr als Dividende ausschüttet und sich der Gewinn in den kommenden Jahren nicht verändert (und immer wieder in voller Höhe ausgeschüttet wird), so müssen Amgen-Aktionäre über 60 Jahre warten, bis sie ihre Anfangsinvestition durch Gewinnausschüttungen zurückerhalten. Bei Biogen verkürzt sich der Zeitraum auf etwa 30 Jahre. In Relation zur Amgen-Aktie ist daher der Titel von Biogen derzeit sehr günstig bewertet.

Da allerdings die KGV verschiedener Branchen aufgrund der unterschiedlichen Bedingungen innerhalb der betreffenden Branchen zum Teil erheblich voneinander abweichen, ist ein Vergleich zwischen verschiedenen Sektoren nicht ohne Probleme möglich.

So erscheinen die Aktien der Biotech-Branche auf den ersten Blick relativ günstiger bewertet als die Aktien der Internet-Hardware- bzw. der Software-Branche. Um zu sachgerechten Ergebnissen zu gelangen, ist es daher erfor-

---

[81] Modifiziert entnommen aus *Beike, Rolf; Schlütz, Johannes*: Finanznachrichten lesen – verstehen – nutzen: Ein Wegweiser durch Kursnotierungen und Marktberichte, 6. Aufl., Stuttgart 2015, S. 146.

derlich, bei KGV-Vergleichen Brancheneffekte herauszurechnen, da nicht davon auszugehen ist, dass bei Unternehmen aus verschiedenen Branchen unterschiedliche KGV alleine auf voneinander abweichende Unternehmenssituationen zurückzuführen sind.

Anhang: Englische Terminologie

Englisch	Deutsch
accounting rate of return method	Rentabilitätsvergleichsrechnung
annual equivalent factor	Kapitalwiedergewinnungsfaktor
annuity	Annuität
annuity method	Annuitätenmethode
annuity present value factor	Rentenbarwertfaktor
anticipated average life	prognostizierte Nutzungsdauer
average annual profit	Durchschnittsgewinn (pro Jahr)
average capital employed	durchschnittlich gebundenes/eingesetztes Kapital
capital costs	Kapitalkosten (Abschreibungen und Zinsen)
compounding	aufzinsen
cost comparison method	Kostenvergleichsrechnung
cost function	Kostenfunktion
critical quantity	kritische (Ausbringungs-)Menge
critical value	kritischer Wert
discounting	abzinsen
discounting methods of investment appraisal	dynamische Investitionsrechnung
discounting payback method	dynamische Amortisationsrechnung
equate	gleichsetzen
equation	Gleichung
fixed costs	fixe Kosten
future value	Endwert
future value factor	Aufzinsungsfaktor
imputed	kalkulatorisch
imputed depreciation per period	kalk. Abschreibungen pro Periode

Englisch	Deutsch
imputed interest per period	kalk. Zinsen pro Periode
initial outlay	Anschaffungskosten
internal rate of return method	Methode des internen Zinsfußes
investment mathematics	Finanzmathematik
net present value	Kapitalwert
net present value method	Kapitalwertmethode
non-discounting methods of investment appraisal	statische Verfahren der Investitionsrechnung
payback method	Amortisations(dauer)rechnung (Durchschnittsmethode)
payback period	Amortisationszeitpunkt
present value	Barwert
present value factor	Abzinsungsfaktor
profit	Gewinn
profit comparison method	Gewinnvergleichsrechnung
rate of interest	Zinssatz
replacement decision	Ersatz-/Austauschentscheidung
running costs	laufende Kosten (Personal-, Material-, Instandhaltungs-, Energiekosten etc.)
sales revenues	Verkaufserlöse
salvage value	Liquidationserlös
variable costs	variable Kosten

Literaturverzeichnis

Adam, Dietrich: Investitionscontrolling, 3. Aufl., München/Wien 2000.

Beike, Rolf; Schlütz, Johannes: Finanznachrichten lesen – verstehen – nutzen: Ein Wegweiser durch Kursnotierungen und Marktberichte, 6. Aufl., Stuttgart 2015.

Bieg, Hartmut; Kußmaul, Heinz: Investitions- und Finanzierungsmanagement, Band III: Finanzwirtschaftliche Entscheidungen, München 2000.

Bieg, Hartmut; Kußmaul, Heinz; Waschbusch, Gerd: Investition, 3. Aufl., München 2016.

Bitz, Michael: Übungen in Betriebswirtschaftslehre, 6. Aufl., München 2003.

Bitz, Michael; Ewert, Jürgen: Übungen in Betriebswirtschaftslehre, 8. Aufl., München 2014.

Blohm, Hans; Lüder, Klaus; Schaefer, Christina: Investition, 10. Aufl., München 2012.

Böcking, Hans-Joachim; Nowak, Karsten: Der Beitrag der Discounted Cash-flow-Verfahren zur Lösung der Typisierungsproblematik bei Unternehmensbewertungen, in: Der Betrieb 1998, S. 685–690.

Büschgen, Hans E.: Betriebliche Finanzwirtschaft – Unternehmensinvestitionen, Frankfurt a. M. 1981.

Castedello, Marc: Die Unternehmensbewertung, in: WP-Handbuch, Band II, hrsg. vom Institut der Wirtschaftsprüfer, 14. Aufl., Düsseldorf 2014, S. 1–214.

Däumler, Klaus-Dieter; Grabe, Jürgen: Anwendung von Investitionsrechnungsverfahren in der Praxis, 5. Aufl., Herne 2010.

Däumler, Klaus-Dieter; Grabe, Jürgen; Meinzer, Christoph R.: Investitionsrechnung verstehen, 14. Aufl., Herne 2019.

Ernst, Dietmar; Schneider, Sonja; Thielen, Björn: Unternehmensbewertungen erstellen und verstehen, 6. Aufl., München 2018.

Götze, Uwe: Investitionsrechnung: Modelle und Analysen zur Beurteilung von Investitionsvorhaben, 7. Aufl., Berlin/Heidelberg 2014.

Grundmann, Wolfgang: Finanz- und Versicherungsmathematik, Leipzig 1996.

Günther, Stefan; Moriabadi, Cyrus; Schulte, Jörn; Garz, Hendrik: Portfolio-Management, Theorie und Anwendung, 5. Aufl., Frankfurt a. M. 2012.

Henke, Manfred: Vermögensrentabilität – ein einfaches dynamisches Investitionskalkül, in: Zeitschrift für Betriebswirtschaft 1973, S. 177–198.

Henselmann, Klaus; Kniest, Wolfgang: Unternehmensbewertung: Praxisfälle mit Lösungen, 5. Aufl., Herne/Berlin 2015.

IDW: IDW Standard: Grundsätze zur Durchführung von Unternehmensbewertungen (IDW S1 i. d. F. 2008), in: IDW-Fachnachrichten 2008, S. 271–292.

Kruschwitz, Lutz; Lorenz, Daniela: Investitionsrechnung, 15. Aufl., Berlin/Boston 2019.

Kußmaul, Heinz: Gesamtbewertung von Unternehmen als spezieller Anwendungsfall der Investitionsrechnung (Teil II), in: Der Steuerberater 1996, S. 303–312.

Kußmaul, Heinz: Ermittlung der künftigen Vorteilsströme im Barwertkonzept zur Fundamentalanalyse, in: Der Steuerberater 1999, S. 141–148.

Kußmaul, Heinz: Betriebswirtschaftliche Steuerlehre, 8. Aufl., Berlin/Boston 2020.

Meyersiek, Dietmar: Unternehmenswert und Branchendynamik, in: Betriebswirtschaftliche Forschung und Praxis 1991, S. 233–240.

Olfert, Klaus: Kompakt-Training Investition, 7. Aufl., Herne 2015.

Olfert, Klaus; Reichel, Christopher: Kompakt-Training Investition, 5. Aufl., Ludwigshafen (Rhein) 2009.

Perridon, Louis; Steiner, Manfred; Rathgeber, Andreas: Finanzwirtschaft der Unternehmung, 17. Aufl., München 2017.

Schierenbeck, Henner; Wöhle, Claudia B.: Grundzüge der Betriebswirtschaftslehre, Übungsbuch, 10. Aufl., München 2011.

Schierenbeck, Henner; Wöhle, Claudia B.: Grundzüge der Betriebswirtschaftslehre, 19. Aufl., München 2016.

Teichroew, Daniel; Robichek, Alexander A.; Montalbano, Michael: An Analysis of Criteria for Investment and Financing Decisions under Certainty, in: Management Science 1965/66, S. 151–179.

Troßmann, Ernst; Werkmeister, Clemens: Arbeitsbuch Investition, Stuttgart 2001.

Vormbaum, Herbert: Finanzierung der Betriebe, 9. Aufl., Wiesbaden 1995.

Wöhe, Günter; Kaiser, Hans; Döring, Ulrich: Übungsbuch zur Einführung in die Allgemeine Betriebswirtschaftslehre, 16. Aufl., München 2020.

Stichwortverzeichnis

G

H

I

J

K

L

M

N

P

R